유네스코회관
건축이야기

—

박경립, 한경구, 위행복, 신미아, 이왕기, 길지혜 저

United Nations
Educational, Scientific and
Cultural Organization

국제연합
교육과학문화기구

Korean
National Commission
for UNESCO

유네스코
한국위원회

목차

발간사

유네스코회관과 명동 이야기

김광호
유네스코한국위원회 사무총장

서울 명동은 많은 한국인들의 소중한 첫사랑의 추억은 물론이고, 문화와 예술, 경제 발전을 담고 있는 거리다. 명동을 걷다 보면 많은 역사와 추억의 장소들을 만나게 된다.

유네스코길로 명명된 명동길 26번지에 있는 유네스코회관은 1967년 준공되어 사용되고 있는 대한민국 유네스코 활동의 요람이자, 명동성당, 명동예술극장 등과 더불어 유서 깊은 명동의 얼굴 중 하나다. 유네스코회관은 1954년 유네스코한국위원회가 창립되면서 건축 논의가 시작되었고, 설계 공모와 함께 1959년 공사에 들어가 1967년에 준공되었다. 1950년대~1960년대 우리나라의 건축 스타일, 재료, 공법, 내장 기자재를 확인할 수 있는 귀한 건물일 뿐만 아니라, 1960년대부터 명동성당과 교구청 구역, YWCA, 향린교회, 명동예술극장, 한국전력, 메트로호텔, 화교 학교, 챔피언빌딩, 새로 지어진 명동문화공원 등과 함께 많은 예술인들을 포함한 한국인들의 아름답고 소중한 문화와 추억을 담고 있다.

더불어 유네스코회관은 유네스코한국위원회의 재정적 원천이자 대한민국 유네스코 활동의 요람으로서의 역할도 톡톡히 해내고 있다. 1950년대~1990년대에 교육, 과학, 문화, 정보커뮤니케이션 분야에서 우리나라의 국제 교류와 원조의 창구로 국가 발전에 많은 기여를 하였고, 2000년대 이후 대한민국이 세계에서 가장 모범적인 유네스코 회원국으로 국제 사회에 적극적으로 참여하고 기여하게 한, 아울러 유네스코한국위원회가 전 세계 국가위원회 중에 가장 크고 모범적인 국가위원회로 인정받게 한 결정적인 원천이다.

유네스코한국위원회는 2020년 대한민국 유네스코 가입 70주년 기념 사업의 하나로 현재 서울미래유산인 유네스코회관을 국가 등록 문화재로 신청하기로 하였다. 이 유서 깊은 건축물을 허물고 그 터에 더 효율이 높은 건물을 새로 지어 수익을 높이자는 의견도 있었지만, 많은 한국인들의 정성과 정신, 소중한 추억이 담겨있는 이 건축물을 정밀안전진단 및 리모델링을 통해 오래오래 사용할 수 있도록 하자는 데에 의견이 모아졌다. 뜻깊은 결정을 한 유네스코한국위원회 위원들과 준비 작업에 기꺼이 참여해 주신 회관소위원회 박경립 위원장님과 이왕기, 위행복, 한경구 위원님들께 깊이 감사드린다.

위원들은 전문가로서 열정과 시간, 네트워크, 지식을 활용하여 이 회관의 기원과 건축의 과정, 현존하는 건축물의 가치 등을 확인하고, 회관의 기획과정, 건축가, 시방서, 변경 내역, 건축 과정, 청사진, 입면도, 측면도 등을 발굴하고 되살려내었을 뿐만 아니라, 회관과 명동에 담긴 많은 이야기들을 발굴하여 정리하였고, 앞으로 회관의 유지와 미래 활용 방안까지도 제시하여 주었다. 건축물의 영혼을 불러와 현대인들이 공감하고 대화할 수 있도록 하는 전문가들의 예술과 같은 뜻 깊은 작업이었다. 깊이 감사드린다. 이 책은 유네스코와 인연을 가진 분들이나 건축학도뿐만 아니라, 명동에 추억을 가지고 있는 분들이 읽어 보아도 좋을 것이다.

편찬사

'유네스코회관 건축이야기' 편찬에 즈음하여

박경립
유네스코회관소위원회 위원장
유네스코한국위원회 집행위원

유네스코회관은 대한민국의 역사를 뒤돌아보게 하는 귀중한 지표 중의 하나이다. 세상에서 가장 가난한 국가에서 세상을 움직이는 문화와 경제의 강국이 되기까지 수도 서울의 한복판 중심에 자리 잡은 유네스코회관은 유네스코한국위원회의 든든한 그릇이 되어 묵묵히 주어진 역할을 수행하였다.

건축을 이야기할 때마다 떠오르는 문구가 있다. "건축은 삶을 담는 그릇이다", "건축은 사회의 거울이다", "한 시대가 아무리 그 시대를 위장하려 하여도 그 시대의 진면목은 건축과 도시의 모습에서 드러난다", "우리가 건축을 만들지만 다시 그 건축이 우리를 만든다." 모두 건축이라는 구축 환경이 우리 삶에 미치는 지대한 영향력에 대한 이야기이다. 만일 유네스코회관이 당시 그 어려운 환경을 극복하며 지어지지 않았다면 우리의 유네스코 활동은 지금까지와 같이 이어지며 발전할 수 있었을까?

'유네스코회관소위원회' 위원장을 맡고 이를 수행하는 과정에서 선배들의 업적을 되돌아보는 기회를 가진 것은 행운이었다. 무모하다고 말할 정도의 용기를 갖고 이를 관철해 낸 선배 위원들과 사무처의 열정과 노력에 감탄하며 지금 누리고 있는 상황이 그냥 이루어지지 않았음을 확인하였다. 참여한 건축가들의 시대를 뛰어 넘으려는 도전과 용기에도 감탄을 하게 되었다.

상량식 사진에서 볼 수 있듯이 당시 서울 도심의 가장 높은 건축물로 근대화의 상징처럼 여겨지던 랜드마크가 세월이 흐르며 오래되어 낡은 건물로만 치부되고 있음에 한숨을 쉬기도 하였다. 건축도 생로병사의 과정을 거치며,

꾸준히 관리하지 않으면 급속히 쇠락한다. 건축은 시대의 변화에 맞추어 끊임없이 변화하며 대응하여야 한다. 지금은 장소의 이점만을 갖고 건축을 평가하지는 않는 시대가 되었다. 에너지 성능부터 구조의 안전성, 공간의 기능성과 효율에 이르기까지 물리적 성능은 물론 건물 사용자의 프라이버시와 접근성, 공간 사용의 편리성, 변화에 대응하는 가변성 등이 함께 논해진다. 이와 함께 건축이 주변의 환경에 어떻게 기여하고 있으며 형태와 색상, 높이가 주변과 조화되는지, 열려진 마음으로 공공성에 기여하고 있는지가 중요한 시대가 되었다.

내 건물의 옥상이 다른 빌딩의 시선에서 어떻게 보이고 주변 경관에 어떻게 작동하는지도 중요해진 시대이다. 건물의 저층 공간은 이제 공공의 장으로 주변과 함께 하며 열려진 개방성이 반영되는 시대가 되었다. 좋은 건축이란 물리적 그릇으로서의 건축적 특성과 그 공간과 장소에서 이루어지는 콘텐츠와의 결합이 적절히 만나 시너지 효과가 극대화 되는 건축이다. 건축은 사람이 사람답게 살 수 있게 하는 역할뿐만 아니라 그 과정에서 이루어지는 많은 기억을 담은 그릇이기도 하다. 뒤돌아보면 유네스코회관은 대한민국 발전의 모든 여정을 함께 한 역사의 현장이다.

유네스코한국위원회 위원이 되고 문화정보커뮤니케이션 분과위원장을 맡으며 집행위원이라는 무거운 임무를 함께 맡게 되었다. 이에 더하여 전문분야와 관계되는 일이라는 명목으로 유네스코회관소위원회 위원장도 맡게 되었다. 어린 시절 유네스코회관 부근에서 자랐고 선친의 회사 또한 회관 근처에 있어 자연스럽게 회관이 올라가는 모습을 볼 수 있었는데, 다시 유서 깊은 이 건축에 대하여 공부를 하게 되었으니 이 또한 인연이라 생각하고 주어진 일을 감사하며 임하게 되었다.

60년 전 도심 어디에서나 볼 수 있었던 이 건축은 주변의 고층 빌딩에 둘러싸여 잘 인지되지 않게 되었다. 한 시대의 랜드마크로 각광을 받았던 이 회관 건축도 세월의 힘을 비켜가지 못하고 곳곳에 누수가 생기고 수리하여야 할 곳도 많아졌다. 겉모습이 아직도 그럴듯한 전면과 진입로에서는 잘 파악이 안 되는 관계로 뒤편의 공간과 벽면은 후락한 모습이 되었다. 많은 사람들이 조금 더 좋은 곳으로 한국위원회가 옮겨 가거나 대대적인 리모델링을 통하여 좋은 환경으로 다시 탈바꿈하기를 기대하고 있었다.

소위원회에서는 모든 가능성을 열어 놓고 검토하였으며 이 회관의 가치를 규명하는 일부터 시작하였다. 무엇보다도 고마운 것은 문제를 찾고 대안을 검토하는 과정에서 아직도 회관 건축은 사회·문화사적으로나 건축적으로나 보존할 가치가 있는 건축이며 장소이고, 물리적으로도 기능적으로도 재생을 통하여 앞으로의 시대가 요구하는 사항을 담을 수 있다는 것을 확인한 것이다. 정밀구조안전진단을 시행하기로 결정하고 그 결과에 따라 보수 보강을 하고 재원을 확보하여 새로운 60년을 준비하기로 하였다. 중요한 가치가 있는 것은 보존하고 새롭게 필요한 부분은 리모델링하여 새로운 미래를 열기로 한 것이다. 연구과정에서 많은 자료가 모아지고 분석되었다. 국가등록문화재 신청을 통하여 이 건축을 보존하기로 한 것은 매우 다행스러우며 의미 있는 일이었다.

그리고 이 같은 노력은 역사적 건축물을 단순히 보존하는 일에 그치지 않고 유네스코회관이 다시 한 번 유네스코가 추구하고 있는 다양한 가치를 구체적으로 실현시키는 출발지이자 중심 장소가 되는 것으로 이어져야 한다. 이 공간과 장소가 지속가능한 발전의 산실은 물론 문화다양성의 보호, 성평등과 장애 없는 접근의 공간적 실현의 장이 되어야 한다. 아울러 에너지 효율을 높이고 실사용자들을 위한 환경 제고는 물론 유지관리의 효율성을 높일 수 있는 변화도 함께 수용하여야 한다.

이는 변화하는 시대가 요구하는 중요한 가치로 유네스코회관도 이에 맞추어 진화하여야 한다. 가치있는 건축적 유산의 지속적인 보존과 지혜로운 변화와 수용을 통해 새로운 가치도 반영하여야 하는 것이다. 그동안 일부 진행되었던 석면을 포함한 유해물질 제거 사업의 경우도 진행하지 못한 공간까지 교체가 계속되어야 한다. 여러 측면에서 많은 지원과 노력이 함께 하여야 할 것이다.

한편, 소위원회 위원들은 이 좋은 자료를 기록으로 남기고 널리 알리는 것에 흔쾌히 동의하였다. 이 책자는 소위원회 위원들과 사무처 직원들이 합심하여 이루어진 결과물이다. 초창기 한국위원회 위원들도 중요 과제를 함께 협의하고 결정해 나간 시기가 있었다. 이번처럼 위원들이 다양한 전문성을 발휘하며 더욱 시너지 효과가 있고 의미 있는 협동을 함께 할 기회가 많이 부여되었으면 한다.

이 같은 중요한 일에 참여할 수 있게 하여주고 소위원회 회의에 항상 배석하시어 묵묵히 지원하여 주신 김광호 사무총장님께 감사드린다. 현실적인 문제를 다루느라 의견이 다를 수 있음에도 지원을 하여주고 소위원회의 간사를 맡아준 윤병순 기획경영본부장님, 이 긴 작업을 함께 하고 귀중한 원고도 집필하여 주신 신미아 개발협력본부장님, 먼 길 출장 와서 같이 숙식도 하며 함께 한 이왕기 위원님, 현장을 같이 돌고 좋은 원고로 답하여주시고 출장 중에 대신 보고하여 주신 위행복 위원님, 바쁜 와중에 좋은 의견도 내어주고 짧은 시간의 청탁에도 좋은 원고로 답하여주신 한경구 위원님, 회의록 작성하며 모든 회의를 준비하여 준 김보선 전문관님, 자료정리와 분석은 물론 원고까지 써준 길지혜 박사님, 행정 절차를 도맡아 모두 깔끔하게 정리하여 준 이동현 전문관님, 초기에 참여하여 도움 주신 노지원 실장님, 뒤늦게 참여하였지만 관련된 일을 성실하게 처리하여 주신 손정일 팀장님, 사진 자료를 정리하여 준 김현철 선생님 모두에게 마음 깊은 감사를 드린다. 항상 응원하며 힘이 되어 준 '문화정보커뮤니케이션 분과'의 김귀배 본부장님, 전진성 팀장님, 김영은 팀장님을 비롯한 전문관님들에게도 감사를 드린다.

유네스코회관 자료를 보존하고 있으며 자료를 흔쾌하게 제공하여 주신 '목천건축아카이브'의 건축가 김정식 선생님과 우동선 선생님, 김태형 선생님을 비롯한 위원분께도 감사의 말씀을 드린다.

귀담아 들어주시고 배려와 지원을 아끼지 않으신 유은혜 유네스코한국위원회 위원장님, 안병욱 부위원장님, 항상 응원하여 주신 안미리 위원님, 강경숙 위원님, 정정숙 위원님을 비롯한 유네스코한국위원회 위원님들에게도 깊은 감사의 말씀을 드린다.

기록을 남기는 것은 기억하기 위함이고, 그를 바탕으로 앞으로 나아가기 위함일 것이다. 이를 계기로 유네스코회관이 유네스코한국위원회가 또 한 번의 더 큰 도약을 하는 산실이 되기를 기원한다.

유네스코한국위원회의 시대사적 의미와 역할

한경구
서울대학교 자유전공학부 교수

하버드대학에서 인류학 박사 학위를 취득하였으며, 현재 서울대학교 자유전공학부 교수로 재직하고 있다. 한국국제이해교육학회 회장, 교육부 자문위원회 국제협력분과위원, 유네스코한국위원회『KOREA JOURNAL』편집위원, 유네스코한국위원회 문화분과위원을 역임하였다. 현재 유네스코회관소위원회 위원으로서 유네스코회관의 문화적 가치를 보존하면서도 지속가능하게 활용할 수 있는 방안을 모색하고 있다.

*

"유네스코회관소위원회 박경립위원장으로부터 글 제목을 받으면서 글의 마감 독촉도 함께 받고 생각해보니, 마침 2020년 유네스코 가입 70주년 기념 전시 <평화를 심다 세계를 품다>의 도록(圖錄)을 만들면서 유네스코한국위원회의 요청으로 쓴 졸고(拙稿) "대한민국의 유네스코 가입의 의미"라는 거의 취지가 동일한 글이 있었다. 이 글은 그 내용을 기반으로 약간의 수정과 보완을 거쳐 완성한 것이다. 창립 이래 지금까지의 유네스코한국위원회의 시대사적 역할과 의미에 대해서는 2014년 유네스코한국위원회가 창립60년을 맞이하여 발간한『'대한민국 발전' 초석에서 '지구촌 나눔' 주역으로: 유네스코한국위원회 60년사』의 내용을 참고했으며, 현재와 미래의 시대사적 의미와 역할에 대해서는 2018년 <한국의 유네스코 협력 비전 연구>를 수행하며 본인이 작성했던 보고서를 기반으로 서술했다."

1. 유네스코 국가위원회와 한국

유네스코는 국제기구 가운데 매우 독특한 조직이다. 국민국가들의 합의에 의해 국민국가를 넘어서려는 노력이기 때문이다. 아름다운 뜻이지만 현실적으로는 모순에 가까울 정도로 어려운 일이라고나 할까? 유엔의 여러 전문기구들 중 오직 유네스코만 국가위원회를 가지고 있는데, 이는 교육, 과학, 문화 분야의 특성상 정부 못지않게 시민사회와 지식인, 전문가들의 역할도 중요하기 때문이다.

유네스코는 헌장 제7조 제1항에서 회원국이 자국의 주요한 교육, 과학, 문화계가 유네스코 사업에 참여할 수 있도록 정부와 민간 대표자들로 구성된 국가위원회(national commission)를 두도록 하고 있다. 국가위원회는 유네스코에 관한 사항에 대해 유네스코 총회에 참가하는 자국 대표단과 정부에 자문하고 유네스코와 관계된 모든 사항에 대해 연락 기구로서의 임무를 수행한다. 이는 다른 유엔의 전문기구들에서는 찾아볼 수 없는 독특한 제도로서 유네스코의 목적과 설립취지를 생각할 때 매우 중요한 제도이다.

한국은 유네스코 가입과 동시에 유네스코 활동의 본격적 전개를 위한 국가위원회의 조직 등 제반 준비가 시작되어야 했으나, 1950년 6월 14일에 가입이 승인되고 불과 열하루 만에 6.25가 발발하고 말았다. 그러나 전황이 조금 안정되자 정부는 유네스코 활동과 국가위원회 조직을 위한 준비에 착수했다. 국회는 1952년 11월 10일 정부가 요청한 유네스코 헌장 준수 서약 건을 만장일치로 가결했고 유진오 등 전문가들이 법령의 초안 등 준비 작업을 진행하였다. 1953년 7월 6일에 대통령령으로 <한국유네스코위원회 설치령>이 공포되었으며(1963년 유네스코 활동에 관한 법률 공포), 초대 유네스코한국위원회의 위원 위촉 작업이 이루어졌다. 초대 위원장에는 김법린 문교부장관, 초대 사무총장에 정대위 박사가 취임하였고 1954년 1월에 서울대 강당에서 창립기념총회를 개최함으로써 한국에서도 유네스코국가위원회가 출범하였다.

한국의 유네스코 가입의 의미와 평화에 대한 한국인의 염원

유네스코는 두 차례의 참혹한 세계 대전을 겪은 직후에 설립된 평화를 위한 국제기구이다. 정치·경제·군사력이 아니라 교육·과학·문화를 통해 전쟁을 방지하고 세계 평화를 이룩한다는 목표가 당시 많은 사람들에게는 비현실적 이상이 아니라 당연하고도 필요한 것처럼 보였다. 가차 없는 국가이익의 추구라는 국제정치의 냉혹한 현실 속에서, 국경을 넘어 인류 공동의 목표를 위해 교류와 협력을 한다는 꿈이 유엔 산하의 전문적 국제조직이라는 형태로 결실을 본 것이다.

비록 유네스코가 창설된 것은 1945년이지만, 교육과 과학과 문화를 통해 세계평화를 이룩한다는 생각은 매우 오래된 것이다. 계몽시대 유럽의 지식인들과 과학자들은 국경을 넘는 교류와 협력을 통해 이성과 교육으로 무지와 편견을 극복하며, 전쟁을 방지하고 평화를 통해 보다 나은 삶을 성취할 수 있을 것을 기대했다. 이러한 평화를 위한 희망은 제1차 대전이라는 끔찍한 충격을 계기로 1922년 지식인협조국제위원회(The International Committee on Intellectual Co-operation, CICI), 1925년 국제지식협조연구위원회(The International Institute for Intellectual Cooperation, IICI), 1925년 국제교육국(International Bureau of Education, IBE) 등으로 결실을 맺었다. 유네스코는 이렇게 직접적으로는 서구의 계몽사상에 뿌리를 두고 있다. 그렇지만, 무력을 사용하기보다는 가르치고, 스스로 깨우치고, 갈고 닦아서 보다 나은 세상을 만든다는 생각은 동아시아인들에게도 익숙한 것이며, 어찌 보면 문화적 존재로서의 인류의 보편적 염원을 담고 있는 것이기도 하다.

일제의 압박에서 해방되어 새로운 나라를 일구어나간다는 벅찬 희망에 부풀어 있던 한국인들은 어느 의미에서는 이미 이러한 유네스코라는 인류적 프로젝트에 깊이 공감하고 있었다고 할 수 있다. 일제강점기에도 뜻있는 한국인들은 학교를 세워 교육에 투자했고 과학기술을 연마했으며 문화를 꽃피우기 위해 노력했다.

평생을 비타협 무장투쟁에 헌신했던 김구 선생조차 『백범일지』 말미에서 피력했던 <나의 소원>은 ‘가장 부강한 나라’가 아니라 ‘가장 아름다운 나라’였다. “내가 남의 침략에 가슴 아팠으니 내 나라가 남을 침략하는 것을 원치 아니"하고 부력과 강력이 아닌 문화의 힘으로 "우리 자신을 행복하게 하고 나아가 남에게 행복을" 주기를 원했다. "진정한 세계의 평화가 우리나라에서, 우리나라로 말미암아서 세계에 실현"되는 것은 아마도 당시의 뜻있는 사람들 모두의 간절한 소망을 대변한 것이리라. 한없는 문화의 힘을 가진 아름다운 나라는 교육과 과학과 문화를 통해 이루어지는 것이니, 비록 표현은 달랐지만 한국인들이야말로 유네스코의 이상에 가장 깊이 공감하고 그 실현을 가장 절실히 바라고 있었던 것이 아닐까?

유네스코 가입 추진이라는 선견지명

그러므로 유네스코에 가입하여 활동한다는 것은 신생 한국이 당면하고 있던 국가건설에 크게 도움이 되는 것은 물론 장차 한국이 세계평화에 기여하는 방안으로서도 매우 적절한 것이었다. 당시 한국은 세계 각국과의 활발한 교류와 협력을 열망하고 있었고 또한 모든 분야에서 새로운 지식과 정보와 기술의 도입을 필요로 하고 있었다. 정부가 수립되자 백낙준, 유진오, 김호식, 이하윤, 김두헌, 현제명, 오종식 등 각계 인사들은 한국의 유네스코 가입 필요성에 뜻을 모으고 이를 추진하게 되었다.

이러한 가입 추진 노력은 지금 생각해 보면 뛰어난 선견지명이었다. 한국은 1950년 6월에 55번째 회원국으로 유네스코에 가입했는데, 이는 독일(서독), 일본, 베트남, 칠레, 스페인, 핀란드, 포르투갈 등보다 앞선 것이었다. 심지어는 소련보다도 앞선 것이었으며, 북한은 1974년에야 가입했다.

한국은 1905년에 외교권을 빼앗긴 이후 일제강점기 하에서, 더구나 1931년 만주사변부터 1945년 해방 때까지 소위 '15년 전쟁'의 기간 동안은 외국과의 교류와 협력이 극도로 제한되어 있었고 바깥 세계에 대한 정보도 어두웠다. 그럼에도 불구하고 한국인들은 새로이 창설된 유네스코의 이상과 그 가능성을 이해하고 그 목적에 깊이 공감하면서 정부가 수립되자 곧 유네스코 가입을 추진한 것이다. 비록 6.25가 발발하면서 가입 당시에 의도했던 활발한 교류와 협력보다는 일방적 지원을 받는 것이 한동안 더 중요하기는 했으나, 신생 한국의 유네스코 가입 추진은 지금 생각해도 대단한 일이 아닐 수 없다.

유엔 가입이 좌절되었던 한국, 유네스코를 통해 국제무대에!

더구나 한국의 유엔 가입이 계속 좌절되었던 탓에 남북 동시가입이 실현되는 1991년까지의 40여 년 동안은 유네스코야말로 신생 한국이 다양한 국제 활동을 전개할 수 있는 대표적 유엔 기구이자 해외로 열린 통로였다. 대한민국 정부는 유엔 결의와 유엔한국임시위원단의 감시하에 실시된 선거를 통해 수립되었음에도 불구하고 1949년 1월에 신청한 유엔 가입은 2월 안전보장이사회에서 소련의 거부권 행사로 좌절되었다. 이후에도 유엔 가입 노력은 번번이 좌절되다가 1991년에야 비로소 남북의 동시가입이 성사되었다.

물론 한국은 이미 1949년에 세계보건기구(WHO), 유엔식량농업기구(FAO), 만국우편연합(UPU) 등 3개의 유엔전문기구에 가입을 하고 있었지만 이들의 활동은 각각의 전문 분야에 한정되어 있었다. 반면에 유네스코는 교육, 과학, 문화 등 다루는 범위가 매우 넓어 거의 모든 이슈를 망라하고 있었고 그 사회적 함의도 매우 컸다. 그리하여 유네스코는 유엔 비회원국이던 한국이 유엔 회원국들과 어깨를 나란히 하며 다양한 활동을 할 수 있는 매우 중요한 국제무대를 40년 간 제공해주었다.

비록 유엔 가입은 좌절되었으나 정부는 유네스코 가입을 적극 추진하여 1949년 7월에 신청서를 제출했다. 유네스코의 경우 유엔 비회원국의 가입은 경제사회이사회의 심사를 통과하면 유네스코 총회의 결정으로 가입이 확정되었으며 거부권 같은 문제는 없었다. 1950년 2월 유엔 경제사회이사회에서 한국의 유네스코 가입안이 통과되었으며 5월에 피렌체에서 열린 제5회 유네스코 총회에서 유고슬라비아 등 일부 공산권 국가의 반대가 있었으나 압도적 다수결로 한국은 1950년 6월 14일 55번째 유네스코의 회원국이 되었다.

유네스코 가입은 신생 대한민국에게 매우 의미도 크고 또한 감격스러운 일이었다. 비록 유엔의 회원국이 되지는 못했으나 유엔의 주요 전문기구의 회원국이 되어 국제무대에서 다양한 활동이 가능해졌기 때문이었다. 더구나 6.25 발발 직전에 가입한 유네스코가 전쟁의 참화 속에서 교육을 건설하고 인재를 기르는데 그렇게 커다란 도움을 주게 될 줄이야!

2. 대한민국의 역사와 유네스코한국위원회

6.25로 인하여 한국은 엄청난 인적, 물적 피해를 입었고, 이러한 참혹한 상황을 맞이하여 유네스코는 1950년 제23차 집행이사회와 1951년 제6차 총회에서 한국에 초등학교용 교과서를 공급할 인쇄시설 건립 자금으로 미화 10만 달러의 지원을 결정했다. 또한 유네스코는 유엔한국재건단(UNKRA)과 협력하여 교육재건 및 지원활동을 전개했으며 특히 1952년에는 사절단을 파견하여 한국의 교육현황을 조사하고 교육재건을 위한 건의안을 작성했다. 한국과 유네스코의 관계는 이렇게 한국이 가장 어렵고 고통스러웠던 시기에 유네스코가 한국의 초등교육의 발전과 문해 교육에 결정적 도움을 주는 것으로 시작되었다.

유네스코한국위원회의 조직은 앞서 언급한 바와 같이 전쟁 중에 제반 준비가 시작되었다. 1952년 11월에 국회는 만장일치로 유네스코 헌장 준수 서약을 가결했고 1953년 7월에는 <한국유네스코위원회 설치령>이 공포되었으며, 유네스코한국위원회는 1954년 1월에 서울대 강당에서 창립기념총회를 개최하며 출범했다.

유네스코한국위원회가 2014년에 창립 60년을 맞이하여 발간한 『'대한민국 발전' 초석에서 '지구촌 나눔' 주역으로: 유네스코한국위원회 60년사』는 유네스코한국위원회의 역사를 15년씩 크게 네 시기로 나누어 서술하고 있다. 제1부(1954-1969)는 '잿더미에서 찾은 평화와 희망' 제2부(1970-1985)는 '유네스코, 세계로 열린 창' 제3부(1986-2000)는 '문화 간 대화의 시대' 그리고 제4부(2001-2013)는 '도움 받는 나라에서 도움 주는 나라로'라는 제목을 붙였는데, 시대사적으로 중요한 특징을 찾아낸 제목 아래에 각 시기의 중요한 활동들을 선정하여 기술하고 있다.

제1기(1954-1969) 잿더미에서 찾은 평화와 희망

이 시기의 가장 중요한 사실은 유네스코에 가입한 한국이 유네스코한국위원회를 창립하고 전후 교육재건 활동을 시작한 것이다. 유네스코 학생건설대를 통해서 한국에서 청년 봉사활동을 시작한 것, 한국외국어학원과 신생활교육원 등 전후 교육 재건에 노력했고 명동에 유네스코회관을 건립하여 이후 유네스코 활동의 발판을 마련했다.

한편 세계명화 순회전시회를 통해서 세계의 문화를 맛보는 기회도 가졌으며 초등의무교육을 향한 노력인 카라치플랜, 『유네스코뉴스』와 「유네스코 아워」를 통한 유네스코 소식의 전달, 한국을 세계에 알리는 『코리아 저널』(Korea Journal)과 『르뷔 드 코레』(Revue de Corée)의 창간, 『유네스코 한국총람』의 발간을 통해 세계에 한국의 민족문화를 알리는 작업, 세계 시민을 꿈꾸는 유네스코학교 활동, 과학 진흥의 밑거름이 되었던 한국과학기술진흥정보센터와 한국해양학위원회의 발족, 외화의 부족 상황에서 외국의 도서 등의 구입을 가능하게 해준 유네스코 쿠폰 사업, 유네스코 활동의 법적 기반이 되는 <유네스코 활동에 관한 법률>의 제정, 유네스코학생회(KUSA)의 조직과 활동, 풀뿌리 유네스코 활동을 전개하는 유네스코협회의 출범, 세계의 젊은이들이 모이는 국제청년야영(IYC) 등 다양한 활동을 전개한 시기이다.

제2기(1970-1985) 유네스코, 세계로 열린 창

이 시기에는 평생교육의 개념이 유네스코를 통해 도입되었고 확산되었으며 『UNESCO Courier』의 한국어판이 발간되어 세계의 움직임을 보다 잘 알게 되었다. 아태 교육혁신사업(APEID)과 아태 모두를 위한 교육사업(APPEAL) 등 교육의 발전에 노력했으며, 한국의 문학, 역사, 예술 도서의 번역사업을 통해 한국이 세계에 다가서는데 기여했다.

청소년 활동으로는 유네스코청년원을 개원했으며 조국순례대행진을 전개했고 사회과학의 발전을 위해 한국 사회에 대한 논의를 주도하고 자생적 발전 및 발전을 위한 사회과학 등을 고민했다. 동남아 과학기술 네트워크를 통해 과학으로 동남아를 품으려는 노력을 주도했고 유네스코 커뮤니케이션 이념의 국내 보급 사업을 전개했다. 발전과 보전을 어떻게 동시에 이룰 것인가를 고민하는 인간과 생물권계획(MAB)을 국내에 소개하기 시작했으며, 문화적 자존심을 되찾기 위해 해외 유출 문화재의 실태 조사와 환수 노력을 주도했다.

한편 해외 한국인의 삶을 조사하는 해외 교민 연구를 주도했고 아태지역 협력을 이끌기 위해 국가위원회의 교류、협력을 추진했으며 아시아 국가와의 문화 협력을 통해 아시아 국가들 간의 관계를 돈독히 하는데 기여했다.

제3기(1986-2000) 문화 간 대화의 시대

아시안 게임과 서울 올림픽을 치르면서 한국인들의 세계에 대한 인식이 달라지고 다른 문화에 대한 관심이 증가한 것과 보조를 맞추어 실크로드 종합연구, 동서양 문화 비교 사업 등이 시작되었고, 문화 산업 및 문화와 발전 사업 등의 전개는 한국에서 문화예술정책을 수립하는 디딤돌이 되었다.

한편 관용, 민주주의, 인권, 문명 간 대화를 통해 우리 마음에 평화의 길을 닦으려는 노력을 주도했고 세계유산 등재 및 보호 활동과 무형문화유산 보호 활동에 적극 참여했는데 특히 후자는 한국 무형유산 제도의 확산이라는 의미도 크다.

한국청년해외봉사단을 창설했으며 '다름'을 배워 지구촌을 돕는 국제자원활동을 주도함으로써 1991년 국제협력단의 출범에 큰 역할을 했다. 또한 한국유네스코문화교류센터(KUCES) 활동을 통해 다문화 사회에서 더불어 살기 위한 노력에 기여했고 서울청소년문화교류센터(MIZY)는 명동 유네스코회관에서 개관했다. 누구나 교육을 받을 권리가 있다는 이상, 즉 '모두를 위한 교육'(EFA)을 추구하고 직업기술교육에도 노력했다. 한편 국내에서 과학과 사회, 생명윤리, 과학기술윤리 등에 대한 관심과 연구를 지원하면서 과학에서 윤리와 가치를 생각하는 움직임을 촉발했다.

제4기(2001-2013) 도움 받는 나라에서 도움 주는 나라로

유네스코한국위원회 60년사가 설정한 제4기의 표제어 '도움 받는 나라에서 도움 주는 나라로'는 한국이 과거에는 각종 활동을 옵서버처럼 관망하거나 수동적으로 따라가는 입장을 벗어나 이제는 유네스코의 주역이 되었음을 강조하고 있다. 과연 브릿지 사업을 통해서 저개발국을 지원하며 희망의 씨앗을 뿌리기도 하고 삼성-유네스코 교육기금사업과 북한교과서 발간 지원 사업 등을 통해 북한과 국제사회에 교육의 손길을 내미는 등 한국은 활발한 유네스코 활동을 전개하고 있다.

한편 정보사회 성찰 포럼을 개최하여 정보사회가 갈 길을 묻고 유네스코 동아시아 어린이 공연예술 축제를 개최하여 평화를 위한 노력에 기여했다. 한국문화의 소개로 출발하여 본격적인 학술지로서 한국학 진흥에 기여해왔던

『Korea Journal』(코리아저널)을 발간하였고 미래의 주역들이 참여하는 유엔대학 글로벌 세미나와 아리랑 청소년 캠프를 개최했다.

특히 2000년에는 아시아태평양국제이해교육원(APCEIU)을 유네스코 카테고리 II 기관으로 설립하여 국제이해교육과 세계시민교육의 발전에 기여했다. 또한 과학 대중화와 과학교육에 노력하는 한편 지속가능한 미래를 위한 과학의 역할을 강조하는 유네스코 정부 간 과학사업을 전개했다. 2010년에는 유네스코 세계문화예술교육대회를 한국에서 개최하고 2011년부터는 세계인문학포럼을 교육부와 유네스코와 함께 개최하였으며, 2014년에는 유엔의 지속가능발전교육 10년에 적극 참여한 성과를 결산하는 보고서를 발간했다. 또한 동아시아 역사화해 국제 포럼과 청년 포럼을 통해 역사 갈등 문제를 연구하고 해소하는 노력에 기여했고 유네스코 레인보우 프로젝트와 모의 유네스코 총회, 유네스코 키즈 프로그램 등을 통해 청소년의 세계 이해와 평화를 위한 교육을 지원했다. 한편 지구촌 평화마을 설립과 한·호 지구촌 영어교사 연수도 단순한 영어 교육을 넘어 문화 간 이해 교육을 시도했다.

유네스코한국위원회는 특히 세계기록문화유산 사업에 적극적으로 참여하면서 한국의 기록유산의 등재뿐 아니라 세계기록유산 선도국가로서 기록물의 보존과 등재에 어려움을 겪고 있는 국가들을 돕기 위한 세계기록유산 역량 강화 워크숍을 개최하고 있다. 한편 유네스코 창의도시 네트워크 사업에도 적극 참여하여 한국 도시들의 가입 신청을 자문하고 지원했으며 도시의 지속가능발전을 모색하는 노력에 기여하고 있다.

주제와 영역 별로 정리한다면...

유네스코한국위원회의 활동과 의미를 시대적으로 시기를 구분하여 표제어를 통하여 살펴보았다. 이번에는 유네스코한국위원회의 다양한 활동을 주제와 영역 별로 정리해보겠다.

첫째, 교육 지원과 문해 활동이다. 앞서 언급한 유네스코의 지원과 운크라의 도움으로 교과서를 연간 3천만 부 인쇄하는 공장이 가동을 시작했고, 교육 관련 조사와 연구 활동을 통해 초등교육을 발전시키기 위한 각종 정책과 제도의 제안과 정착이 가능했다. 한국은 흔히 교육으로 일어선 나라라고 하는데, 한국인의 교육열도 대단했지만 유네스코의 도움은 참으로 소중한 것이었다. 교과서가 공급되지 않았더라면 아무리 공부가 하고 싶다고 한들 얼마나 어려웠을 것인가?

둘째, 유네스코는 교육은 물론 학술과 문화예술 분야에서도 1980년대 후반에 이르기까지는 '세계로 열린 창'의 역할을 통해 한국을 국제사회와 연결시켜 주었다. 1950년대와 60년대의 열악한 상황에서 해외 선진 문물에 접근할 실질적으로 거의 유일한 기회를 열어주었던 것은 유네스코였다. 세계 10위권의 경제대국이 된 오늘날의 교사, 학자, 문화예술인들에게는 너무나 당연하고 손쉬운 외국 자료의 구입, 국제회의 참가와 해외방문 등이 당대를 살았던 사람들에게는 유네스코의 도움 없이는 거의 불가능했었다고 해도 과언이 아니다. 유네스코의 이러한 역할은 한국의 경제가 어느 정도 성장하고 국제적 지위가 향상되며 학술과 문화 교류가 활성화되는 1980년대 후반에 이르기까지 매우 긴요한 것이었다.

특히 한국이 1961년에 가입한 유네스코 쿠폰 사업은 이와 관련하여 이루 말할 수 없이 큰 도움을 주었다. 외환이 절대적으로 부족한 상황에서 유네스코 쿠폰은 문화, 교육, 과학 분야의 학술서적과 학술지, 각종 실험기기와 교육기자재를 구입할 수 있는 국제통화로 사용할 수 있었다. 한국이 사용하는 유네스코 쿠폰의 90% 이상이 과학 기자재 구입에 사용되었다고 하며 한국은 한동안 유네스코 쿠폰의 세계 1위 사용국이었다고 한다.

셋째, 유네스코는 이렇게 한국의 과학의 발전과 과학 교육에도 큰 도움을 주었으며 또한 원자력과 물리학, 국제수문개발, 해양, 환경 등 중요한 연구 분야는 물론 과학기술자의 사회적 책임, 평화를 위한 과학기술, 과학기술과 인권 등 중요한 주제에 대한 인식을 제고하고 국내의 논의를 활성화하는데 기여하였다. 또한 정보커뮤니케이션 분야에서도 직지상의 시행과 국제기록유산센터의 설립 등 다양한 활동을 전개해왔다.

넷째, 문화 분야에서는 해외 선진국 문화에 접근하는 기회를 제공하는 것 외에도 초기에는 한국의 문화를 외국에 소개하고 문화 분야의 각종 정책을 개발하는데 유네스코가 결정적으로 중요한 역할을 하였다. 또한 해외 유출 문화재의 환수와 문화유산의 보호와 관련해서도 중요한 역할을 했는데, 특히 무형문화유산(Intangible Cultural Heritage) 등재 사업의 추진을 통해 '걸작'이나 '문화재' 등 기념물적, 고고학적, 예술적, 경제적 가치를 강조하던 문화재(Kulturgut) 개념에서 사회적 과정과 가치를 강조하는 '유산(heritage)' 개념으로 초점을 바꾸는 과정에서도 한국이 국제적으로 중요한 기여를 했다. 문화다양성 관련 논의와 협약의 추진 과정에서도 한국의 스크린쿼터 운동이 크게 기여했으며 문화 섹터의 신탁기금 사업을 지원하고 문화적 표현의 다양성 협약의 이행을 위한 여러 노력을 전개하고 있다.

3. 현재: 한국은 유네스코 최고의 "모범생"이며 가장 뛰어난 국가위원회를 가진 나라

한국은 유네스코의 도움을 많이 받기도 했지만, 다른 한편으로 한국만큼 유네스코의 지원이 성공적이었고 효과가 컸던 곳도 드물다. 또한 한국은 1990년대 초까지 유엔에 회원국으로 가입하지 못하던 상황에서 주요 유엔 기구인 유네스코에서 매우 열심히 활동을 했다. 특히 교육과 과학과 문화라는 유네스코의 활동 분야는 나라를 잃은 일제강점기에도 한국인들이 희망과 기대를 걸고 노력하고 헌신을 아끼지 않았던 분야이기도 했다.

한국은 경제 성장 및 국제적 지위 향상과 더불어 원조를 받던 국가에서 과연 이제는 원조를 공여하는 국가가 되었다. 유네스코에 대한 정규 분담금이나 자발적 기여금 규모는 계속 증가하고 있으며 한국의 유네스코 활동 또한 매우 다양하고 활발하게 펼쳐지고 있다. 교육 면에서는 문해교육과 관련하여 세종대왕문해상(UNESCO King Sejong Literacy Prize)을 지원하고 있고 유네스코아시아태평양국제이해교육원(APCEIU)을 설립하여 세계시민교육을 적극적으로 추진하고 있으며, 2010년부터는 지구촌 교육 지원 사업을 시작했으며 2015년에는 195개 유네스코 회원국이 참석하는 세계교육회의를 주최했다. 생물권보전지역, 세계지질공원, 세계유산, 무형문화유산, 세계기록유산, 창의도시네트워크 등 다양한 유네스코의 사업에도 적극적으로 참여해왔으며 기록유산 분야의 직지상(直指賞, Jikji Memory of the World Prize)을 지원하고 있다. APCEIU 외에 유네스코아시아태평양무형유산센터(ICHCAP), 국제무예센터(ICM), 유네스코물안보센터(i-WSSM)에 이어 국제기록유산센터(ICDH)까지 총 5개의 '카테고리 2 센터'를 유치하는 등, 유네스코의 다양한 기구에도 진출하여 활동하고 있으며 2017년부터는 다시 집행이사국으로 활동하고 있다.

이러한 지난 70년간 한국과 유네스코의 관계를 한마디로 요약한다면, 한국은 '유네스코의 가장 훌륭한 학생'이었다고 할 수 있을 것이다. 소련의 거부권 행사로 유엔 가입이 거부당한 상황에서 한국인들은 교육과 과학과 문화에 대한 기대와 희망으로 유네스코 가입을 추진했다. 비록 가입 직후에 발발한 전쟁으로 잿더미가 되었지만, 한국은 유네스코의 지원으로 교육을 재건하고 인재를 키울 수 있었으며 유네스코와의 긴밀한 협력과 지원을 통해 과학기술의 발전과 문화의 창달에 진력할 수 있었다. 유네스코가 각종 지원과 기회를 제공한 것도 사실이지만, 한국만큼 그러한 지원과 기회를 적극적으로 잘 활용한 국가가 또 있을까? 한국은 경제·문화대국의 하나로 성장했고 이제는 "가장 모범적이고 활기찬 국가위원회"를 통하여 유네스코의 주요 사업에 적극 참여하며 활발한 활동을 전개하고 있는 유네스코의 주요 회원국이다.

4. 미래에 대한 전망: 훌륭한 모범생을 넘어 "지도적 시민"으로

한국은 유엔의 결의와 후견으로 탄생했으나 1991년까지 유엔에 가입하지 못한 채, 1950년부터 40년 가까운 세월을 유엔의 회원국이 아닌 상태에서 유네스코 회원국으로 활동을 했었다. 한국이 잿더미에서 세계 10위권의 경제대국으로 성장하고 올림픽을 개최한 것도 이 시기이며 OECD와 DAC에 가입할 기초를 만들고 한류를 유행시킬 문화적 저력을 축적한 것도 이 시기이다. 바로 그렇기에 한국과 유네스코의 관계는 매우 특별하다. 유네스코는 한국의 교육과 과학, 문화를 발전시키고 이를 국제사회와 연결시켜주는 통로였으며 교류와 협력의 장을 마련해주었다. 그렇게 성장한 한국은 이제 지구적 차원에서 유네스코 활동을 지원하고 실천하는 중요한 회원국이 되었다.

앞에서 살펴보았듯이 한국은 유네스코의 최고의 모범생이라 할 수 있으며 유네스코한국위원회는 국가위원회 가운데 가장 규모가 크고 모범적이며 활기찬 조직이다. 그러나 여기에 만족하고 있을 것인가? 원조를 받던 국가가 원조를 주는 국가가 된 것은 매우 중요한 일이지만, 원조의 확대가 과연 유네스코한국위원회의 시대적 과제이고 사명인가? 세계유산 사업, 무형유산 사업, 세계기록유산 사업에 적극 참여하며 한국의 수많은 문화유산을 등재하는 것에 만족할 것인가?

유네스코는 창립 이후 급격한 국제정치적 환경의 변화를 겪어왔다. 유네스코는 전시 연합국 중심으로 출발했지만 냉전, 구 식민지들의 독립, 사회주의권의 몰락, 세계화의 진전 등을 겪으면서 회원국이 급증하고 구성이 변화되었다. 이러한 환경적 요인도 크게 작용했지만 유네스코는 현재 심각한 위기에 처해있다. 재정위기가 지속되는 가운데 국제적 영향력은 약화되었고, 관료주의적 행정체계와 조직문화, 사업의 정치화, 도덕적 권위의 실추와 전문성의 약화 등 많은 문제를 안고 있다. 무엇보다도 심각한 문제는 유네스코의 지적, 도덕적 리더십이 너무나 약화되었다는 사실이다.

한국의 유네스코 활동은 모범적이라는 평가를 받고 있지만 냉정하게 돌이켜보면 국제사회의 인정에 목말라하며 기회와 상황에 따라 국가홍보와 이미지 개선에 진력해왔다고 볼 수 있다. 이러한 "추수적(追隨的)" 활동으로는 칭찬 받는 훌륭한 학생이 될 수는 있으나 국제사회에서 존경을 받는 진정한 주역이나 지도자가 되기는 어렵다.

유네스코한국위원회는 국제적으로는 유네스코의 국가위원회들 가운데 가장 규모가 크고 모범적이며 활기찬 조직이지만, 실제 국내에서의 위상과 영향력은 상당히 아쉬운 점이 많다. 이는 한국 사회 각 부문의 성장에 따른 당연한 결과라고 볼 수 있지만, 유네스코한국위원회의 지적·도덕적 영향력 또한 초창기와 비교하면 매우 약화된 것이 사실이다. 유네스코한국위원회는 한국의 학계와 문화계를 대표하는 위원들로 구성되어 있으나 위원들의 활발한 참여는 부족한 실정이며, 위원회 차원에서 위원들의 역량과 네트워크를 충분히 활용하고 있다고 평가하기는 어렵다. 일각에서는 유네스코한국위원회가 지나칠 정도로 사무국에 의존하고 있다는 우려의 목소리도 들리고 있다.

한국이 유네스코 활동을 통해 국제적으로 진정한 주역이나 지도자가 되기 위해서는 유네스코본부와 국제사회가 공감하고 관심을 가질 화두의 발굴과 메시지 발신을 통해 지지와 존경을 받을 수 있어야 한다. 또한 한국이 투입한 자원과 노력의 임팩트를 증대시킬 필요가 있다.

유네스코한국위원회는 이러한 노력의 중심이 되어야 하며, 이를 위해서는 무엇보다도 국내에서 지적, 도덕적 리더십을 회복해야 한다. 유네스코한국위원회는 학계와 지식인들과의 연대와 협력의 활성화를 통해 유네스코 본연의 지적·도덕적 연대와 지도력을 회복해야 한다. 세계는 개별 국가 차원에서 해결 불가능한 기후변화(물·식량 부족, 환경파괴, 기후난민, 감염질환), 사회적 불안정(과학기술의 급속한 진보), 2030년까지 SDGs 달성 등 다양한 문제에 직면해 있다. 이러한 글로벌한 문제들은 우리 자신들의 문제이기도 하며, 그 해결은 인류를 위한 것이기도 하지만 바로 우리 자신을 위한 것이기도 하다.

인류공동체에 도움이 될 의제의 발굴과 설정에 앞장서 논의를 선도하고 정책과 프로그램의 개발과 운영의 중심이 되어야 한다. 인류의 미래 비전을 적극적으로 제시하면서 한국의 국가 경제력에 상응하는 자원을 스마트하게 제공하는 것은 궁극적으로 한국의 지적、도덕적 힘과 발언권의 강화로 이어질 것이다.

5. 맺음말

명동의 유네스코회관은 이러한 학계와 지식인과의 협력과 연대, 지적·도덕적 리더십의 회복, 위원들의 참여의 활성화, 사무국의 혁신과 탄력성의 회복 등 유네스코한국위원회의 혁신과 비전을 담아내는 공간이 되어야 한다. 나아가 한국의 유네스코 활동의 중심이며 상징이 되어야 한다. 명동이라는 장소성은 이러한 의미에서 매우 중요하다.

전쟁 속에서 잉태되어 1954년 1월에 출범한 유네스코한국위원회가 창립 직후부터 회관의 건립에 노력한 것은 주목할 일이다. 회관 건립을 위해 1958년 사단법인 한국유네스코후원회가 출범했고 1959년에 공사가 시작되어 각고의 노력 끝에 1967년에 명동 유네스코회관이 완공되었다. 그런데 준공 당시 서울의 몇 안 되는 현대적 고층빌딩이었던 명동 유네스코회관은 현재 노후화의 진전과 구조안전 등 심각한 문제에 직면해 있다. 재정구조가 취약하며 임대수입에 크게 의지하고 있는 유네스코한국위원회로서 이는 커다란 문제이다.

이러한 가운데 회관소위원회는 김광호 사무총장의 각별한 관심과 지원 속에서 박경립 위원장의 헌신적인 노력으로 드디어 회관에 관한 보고서를 작성했으며 국가등록문화재로 등록하기 위한 신청서도 제출했다. 이러한 회관소위원회의 노력이 결실을 거두어 명동 유네스코회관이 유네스코한국위원회의 새로운 시대적 사명과 과제를 위한 노력을 잘 담아내고 지원하는 멋진 장소가 되기를 기원한다.

유네스코회관이 대한민국의 아우라를 풍기도록 가꿔야 한다.

위행복
한양대학교 국제문화대학 중국학과 교수

한양대 중국학과 교수로서 한국인문학총연합회 대표회장, 한·중인문학포럼 기획위원회 및 운영위원회 위원장을 역임하였다. 현재 유네스코한국위원회 집행위원이자 한국연구재단 인문학진흥 자문위원회 위원장이다.

명동 일대의 다양한 문화적 유산과 명동예술극장, 명동성당이 한국의 문화적·경제적 성장과 민주화의 성과를 보여주는 상징으로 내세우기에 부족함이 없게 느껴지는 반면, 유네스코회관의 현재 모습은 유네스코한국위원회가 남겨 온 뚜렷한 족적을 느끼게 하지 못하며, 교육·과학·문화의 발전을 모범적으로 달성한 나라 대한민국의 아우라를 느끼게 하지 못한다고 생각한다. 유네스코회관 다운 모습을 회복하고 유지하는 데 약간의 재원이 투입되어야겠지만, 훨씬 높은 유무형의 가치를 창출할 것이라는 믿음을 갖고 있다.

1. 대한민국은 유네스코의 이념 구현에 힘써 기여하는 나라이다

유네스코헌장은 "인종·성별·언어·종교의 구분 없이 전 세계 모든 이들에게 보장된 기본적 자유를 증진하기 위해 교육·과학·문화를 통한 국가 간 협력을 촉진함으로써 평화와 안보에 기여"할 것임을 선언했다. 또한 유엔의 '지속가능한 발전 목표'의 설명 속에는 "아무도 소외되지 않는(no one is left behind)" 인류사회를 지향하는 이념이 담겨 있다. 그러나 유네스코가 지향하는 목표는 여전히 '이상(理想)'으로서의 모습을 띠고 있으며, 지역·문화권·계층 간 격차와 소외는 오히려 심화되고 있는 것이 작금의 현실이다.

국제구호기구 옥스팜(Oxfarm)이 2020년 1월에 발표한 자료에 의하면, 세계 상위 1%의 부자가 전 세계 인구 90%에 해당하는 사람들이 보유한 재산의 2배 이상을 차지하고 있다고 한다. 기술이 고도로 발달한 환경 하에서 노동의 생산성은 증가했지만, 자동화와 인공지능 관련 유무형의 자산을 보유한 소수의 자본가나 기업에게 그 혜택이 집중된 결과이다. 이른바 '세계화'가 걷잡을 수 없는 속도로 진행되는 과정 속에서 ICT 등의 발전한 과학기술이 불평등의 심화와 소외의 확대에 기여하고 있는 것이다.

한국 정부 역시 '사람중심 지속성장'을 강조하고 있거니와, 과학기술의 발전이 인간의 존엄을 훼손하지 않도록 하는 문제는 지금의 인류에게 부과된 숙제이다. 전쟁이 인간의 마음에서 비롯되는 것처럼, 고도의 인공지능이나 정밀한 기계들이 운용되는 세상에서도 인간을 소외하거나 인류를 위기에 빠뜨리는 것은 결국 인간의 생각일 수밖에 없다. 과학기술의 발전이 인간의 자유를 신장하고 삶의 질 향상에 기여하도록 하려면, 과학기술과 인문사회 분야가 머리를 맞대고 지혜를 모아야 하는 것이다. 2017년 유엔총회의 주제 '사람을 근본으로(Focusing on people)'는 과학기술 발전과 관련한 '사회안전망' 구축 논의를 본격적으로 전개해야 할 때가 도래했음을 보여주었는데, 그래서 2020년에 유네스코한국위원회가 개최한 'AI 윤리규범 제정을 위한 아태지역 회의'는 시의적절하면서도 괄목할만한 성과였다.

최근 ‘코로나19’로 명명된 병이 만연하는 상황도 유네스코의 목표가 아직은 구호에 머물고 있음을 보여주었다. 지역과 국가를 막론하고 단절과 혐오가 증폭되었고 약자층에게 고통이 전가되었으며, 기계가 사람의 노동을 대치하는 현상이 빠른 속도로 진행되었다. 그 결과, 이번의 사태 속에서 줄어든 일자리들이 회복될 수 없을 것이라는 불안까지도 조성되었으며, 노동계는 ‘재난자본주의’를 경계하고 있다.

코로나19로 인해 빚어진 혼란 속에서 기업이 약탈적인 이익 증대를 꾀하고 격차와 소외가 심해지지나 않을까 우려하는 것인데, 이러한 과정을 통해 “아무도 소외되지 않는”다는 구호가 얼마나 허망한지도 드러났다. 감염병 만연이 시작될 때는 치료제나 백신이 인류사회의 ‘공유재’로 다루어져야 한다고 운운했지만, 막상 약이 만들어질 기미가 보이자 경제적으로 여유가 있는 나라들은 자국민에게 사용할 치료제나 백신을 확보하기에만 여념이 없음을 뉴스들이 알려주었다. 인종적·지역적·문화적 경계를 허물고 편견과 차별을 극복하는 일은 여전히 유네스코의 미래적 과업으로 남아 있는 것이다.

한국은 이번에도 특유의 공동체 의식을 발휘함으로써 민주적 절차를 훼손하지 않는 방역 사례를 보여줄 수 있었고, 서구사회와 대비되었으며, 인류가 다시 닥쳐올 수도 있는 거대한 재난에 어떻게 대처해야 하는지를 보여주었다. 한국의 성공을 ‘감시’, ‘통제’, ‘동아시아적 집단주의’ 등의 결과로 낮춰보려는 시각이 없지 않지만, 이는 오리엔탈리즘에 의한 왜곡에 지나지 않는다. 구성원들이 고르고 조화롭게 살아가는 ‘대동(大同)’의 세상은 동아시아가 오래전부터 꿈꿔온 사회였으며, 우리는 지금도 공동체적 관계망 속에서 대상을 파악하며 스스로에 대해서도 같은 방식을 적용하는 경향을 보인다. ‘조화’를 중시하고, ‘집단 속의 좋은 구성원’이기를 추구하는 의식은 늘 난관을 극복할 힘을 모으는 원리로 작용하곤 했다.

새뮤얼 헌팅턴은 한국이 높은 문화적 기반이 있었기 때문에 고도성장이 가능했다고 분석했는데, 이번에도 한국은 인류를 위협하는 재난에 대처하려면 대다수 사람들의 단결된 실천이 가장 중요하다는 점을 실증적으로 보여주었다. 과학기술 발전의 성과를 독차지하는 소수의 횡포를 막으려면 대중이 파편화된 개인으로 남아 있어서는 안 되며, 단절과 고립의 일상화가 ‘뉴노멀’로 포장되는 것도 용납하지 않아야 하는 것이다.

김구 선생이 "우리나라가 세계에서 가장 아름다운 나라가 되기를 원한다. 가장 부강한 나라가 되기를 원하는 것이 아니다."라고 염원한 것처럼, 한국은 인류의 보편가치 구현에 애쓰고 있다. 십수 년 동안 자살율이 OECD 국가 중 가장 높다거나 '삶의 질'이 여전히 낮은 단계에 머물러 있는 등 압축적 고도성장의 후유증을 앓고 있기도 하지만, 한국은 민주화와 경제성장을 동시에 달성한 문화적 저력과 재난이 닥칠 때마다 발휘되는 공동체의식을 지닌 국가이다. 『소프트파워』의 저자 조지프 나이는 한국이 경제 분야와 정치적 민주화의 진척으로 다른 국가들의 호감을 사고 있다고 평가했는데, 한국인은 5.18민주화운동과 촛불혁명을 통해 고난과 희생을 감내하면서도 가치를 구현하는 문화적 저력과 시민의식을 세계에 보여주었고, 프리드리히 에버트 재단(Friedrich Ebert Stiftung)의 인권상을 수상했다.

한국은 전쟁과 분단을 직접 겪었으며, 남북갈등 해소의 과정을 통해 인류의 영원한 과업인 전쟁종식과 평화정착에 기여할 가치를 발굴하고 인류 공동의 자산으로 승화시킬 자산을 풍부하게 보유한 국가이기도 하다. 1994년에 40여 명의 국내외 저명인사들이 참여한 '민주주의와 관용에 관한 국제회의'를 서울에서 개최해 <관용에 관한 서울 권고>를 채택했고, 최근에도 『한반도 세계시민성 담론 연구』를 출판하고 '평화를 향한 유네스코 포럼'을 서울에서 개최하였으며, 대통령 역시 2017년 이래 해마다 유엔총회에 참석하면서 인류평화 달성의 중요성을 국제사회에 인식시켜 왔다. 그렇기 때문에 외국인의 발길이 끊이지 않는 명동의 복판에 자리한 유네스코회관이 인류의 보편가치를 구현하고 공영(共榮)을 실현하기 위해 애쓰고 있는 대한민국과 유네스코한국위원회의 아우라를 풍길 수 있다면, 그것을 위해 투입되는 노력과 비용이 거두는 효과는 막대할 것이다.

2. 대한민국과 유네스코한국위원회의 정신을 보여줄 상징성을 유네스코회관에 부여해야 한다

한국은 1950년에 유네스코 회원국으로 가입했지만, 곧이어 한국전쟁이 발발했기 때문에 한국위원회는 한국전쟁이 종식된 후인 1954년 1월 30일에야 출범했고, 유네스코회관은 1967년 2월 15일에 준공되었다. 한국이 유네스코에 가입한 지 17년에 가까운 세월이 지난 후에야 비로소 한국위원회가 어엿한 일터를 갖게 된 것이지만, 이제는 어언 50년의 역사를 보유하게 되었고, 2010년에는 유네스코회관 앞 500미터 남짓의 '명동길'이 '유네스코길'이라는 이름을 갖게 되었고, 2014년 말에는 유네스코회관이 '서울미래유산'으로 지정되었다.

유네스코회관은 국내 건축가와 기술자가 국산 재료를 사용해 지은 우리나라 최초의 13층 빌딩으로서, 본디부터 한국의 문화적 자존심을 담은 건물이었다. 유네스코회관 준공 당시 건물 옥상에서 찍은 것으로 추정되는 사진을 보면, 상당히 먼 위치에 있는 인왕산이 산 아랫자락까지 고스란히 렌즈 속으로 들어와 있다. 인왕산을 향한 시야를 방해할 건물이 주변에 없었음을 보여주는 증거이다. 유네스코회관은 당시 한국위원회 위원들의 모금 활동을 비롯해 각계의 지원을 통해 조성된 것으로 기록되어 있는데, 이런 과정을 통해 오랜 기간 명동의 랜드마크로 자리잡을 수 있을 정도의 규모를 갖춘 건물이 탄생했다는 것은, 한국위원회 위원들은 물론이요 우리 사회가 그만큼 유엔과 유네스코를 중시했음을 알려준다. 지금도 한국위원회가 세계적으로도 규모가 큰 국가위원회의 모습을 갖추고 있으며 부총리가 위원장을 맡고 있다는 점도 한국 사회가 유네스코를 바라보는 시각을 알게 한다.

한국은 지원을 받던 나라에서 GDP 순위 10위의 지원을 제공하는 나라로 변신했고, 현재의 국력과 국가 위상에 맞도록 인류공영과 세계평화에 이바지하는 책무를 열심히 수행하고 있다. 유네스코의 이념을 구현하는 제반 사업을 국내외에서 다양하게 추진하면서 지속가능발전의 이념을 실천하고 있고, 1990년에 처음 한국청년해외봉사단을 파견한 이래 많은 한국의 젊은이들이 소외되고 낙후한 지역에서 희생적 활동을 펼치고 있다. 2018년과 2020년의 유엔총회에서는 방탄소년단이 '새로운 세상을 만들자'는 메시지를 세계의 젊은이들에게 전함으로써 한국의 문화적 저력을 다시 확인시키면서 국제사회에서 한국의 위상을 높이기도 했다. 이처럼 많은 성과들을 축적해 온 결과, 유네스코 내 한국의 위상은 크게 격상되었고, 한국은 현재 '무형문화유산 보호 정부 간 위원회 위원국', '유네스코 집행이사국'으로서의 역할을 수행하고 있으며, 2017년에는 한국의 주유네스코 대사가 유네스코 집행이사회 의장으로 선출되었고, 한국위원회의 과학문화본부장이 '유네스코 세계기록유산 아태위원장'을 맡게 되었다.

한국의 국가이미지와 국제사회에서의 위상이 대폭 높아졌기 때문에 많은 외국인들이 한국을 찾아오고 있고, 2019년에 한국을 방문한 외국인은 1,750만으로 집계되었다. 그들이 가장 많이 찾는 장소가 근현대 시기 한국의 역사와 현대의 새로운 문화가 공존하는 명동이고, 명동을 방문하는 관광객 대부분이 유네스코회관을 보게 될 것임은 명동에 가보면 누구라도 쉽게 알 수 있다. 그렇기 때문에 유네스코회관은 대한민국과 한국위원회의 '실재(實在)'를 외국인들에게 보여줄 수 있는 명소로 가꾸어져야 한다.

한국위원회는 유네스코회관과 유네스코평화센터 두 곳을 일터로 쓰고 있는데, 유네스코회관은 한국위원회의 모든 사업이 토론되고 결정되는 본부이며, 한국위원회의 본부가 자리한 일터이다. 1997년부터 2003년까지 '한국유네스코문화교류센터'의 사무실이 이곳에 있었고, 한국의 전통문화와 유네스코의 정신을 확산하는 발표회·연주회·전시회 등이 간헐적으로 열리기도 하지만, 주로는 한국위원회의 일상적 사무가 처리되고, 총회·집행위원회·분과위원회 및 한국위원회의 운영과 관련된 회의들 및 전문적인 학술토론회와 세미나가 연중 개최되는 곳으로 쓰이고 있다. 한국위원회가 주관하는 대규모의 행사들은 대부분 유네스코평화센터 혹은 여타의 장소를 빌려 치러져 왔는데, 이는 현재의 유네스코회관이 이러한 행사들을 치를 만한 여건을 갖추지 못했기 때문이다.

유네스코회관 앞의 유네스코길은 명동예술극장을 지나 명동성당까지 이어지는데, 명동예술극장이나 명동성당은 그 외관부터 강한 문화적 향취를 풍기고 있다. 그러나 스포츠용품과 화장품 가게가 1, 2층을 차지하고 있는 유네스코회관은 주변의 여느 상업빌딩과 다르지 않으며, 마치 한국위원회가 이 상업빌딩에 세 들어 있기나 하는 듯한 모양새를 하고 있다. 애초부터 극장, 백화점, 스카이라운지 등 건물의 수익성을 고려한 구조를 갖추기도 했지만, 회관의 현재 모습은 한국위원회가 소요 경비의 대부분을 임대수입에 의존해야 하기 때문에 초래된 결과로 생각된다. 건물의 장기적 보존에 부정적 영향을 미칠 수 있는 임차자나 '유네스코회관'이라는 이미지와는 그다지 어울리지 않는 업체의 입주도 마다할 수 없는 상황에 유네스코회관이 처해 있고, 그 결과 밖에서 보는 유네스코회관의 현재 모습에서는 대한민국과 유네스코한국위원회의 위상이 거의 느껴지지 않는다고 해도 과언이 아닐 정도이다.

유네스코회관이 대한민국과 한국위원회의 아우라를 풍길 수 있는 외양과 내용을 갖출 수 있도록 지원해야 한다. 회관이 위치한 명동은 한때 한국 문화의 산실이요 민주화의 거점이었는데, 명동을 찾는 외국인들로 하여금 유네스코회관으로부터도 이러한 역사와 문화를 느끼도록 하는 것이 바람직하다. 최근 주한헝가리문화원을 유네스코회관 8층으로 맞아들이는 반가운 일이 있었는데, '유네스코적 콘텐츠'로 회관을 채우는 일이 계속 추진되고, 유네스코회관이 '유네스코의 이념을 구현하는 국가로서의 한국'을 보여주는 상징이 될 외양과 내실을 갖추려면, 한국위원회 운영을 위한 외부의 재정적 지원이 강화돼야 한다. 유네스코회관의 등록문화재 등재가 한국위원회의 정신을 상징적으로 보여줄 명소로 발전하는 계기가 될 수 있기를 희망한다.

한국의 국가 위상이 훌쩍 높아졌고 한국위원회에 대한 국제사회의 신망이 갈수록 높아지고 있는 만큼, 한국위원회에 대한 정부 차원의 지원을 확대함으로써 건물의 외관을 보존하고 유지하는 차원을 넘어 유네스코회관이 '한국위원회의 본부'라는 이미지와 걸맞는 무늬를 입힐 수 있기를 기대한다. 한국위원회는 2020년에 '유네스코 가입 70주년'을 맞았으며, "유네스코 가입 70년! 평화를 심다 세계를 품다"라는 슬로건 하에 많은 행사를 성공적으로 치렀는데, 유네스코 가입 70주년을 계기로 해서 유네스코회관이 한국의 국격과 한국위원회의 미래를 보여주는 곳으로 발전할 수 있도록 적극적 관심과 지원을 제공할 것을 촉구한다.

한국위원회는 1961년에 『KOREA JOURNAL』을 창간해 30주년이 되는 해에 한국학 국제학술지로 전환했고, 1989년부터는 '세종대왕 문해상'을, 2005년부터는 '유네스코 직지상' 운영을 지원하고 있으며, 2011년과 2012년에는 '세계인문학포럼'을 주관했고, 많은 한국의 문화를 세계유산으로 등재함으로써 우리의 경험과 성과를 인류사회와 공유해 왔다. 현재 세계 각국은 소프트파워(soft power)를 높이기 위해 공공외교는 물론이요 민간외교에도 지대한 노력을 기울이고 있고, 다양한 측면에서 국제사회의 우호적 인식과 지지가 필요한 한국으로서는 소프트파워 강화에 항시적 관심과 노력을 기울여야 하는데, 명동을 찾은 관광객을 향해 유네스코회관이 발하는 아우라는 소프트파워 신장의 측면에서도 높은 효과를 거둘 것이다.

유네스코회관 건립 과정과 그 의미

신미아
유네스코한국위원회 개발협력본부장

건국대학교 부동산학과를 졸업하고 동국대학교 미술사학과에서 석사학위를 받았다. '북한과 중국내 고구려 유적 세계유산 등재 관련 주요쟁점 연구', '발해 상경성 세계유산 등재 전망' 논문을 발표한 바 있으며, 현재 유네스코한국위원회 개발협력본부장으로 재직 중이다. 도시 발전과 문화유산 보존의 조화에 관심을 두고 있다.

1. 들어가며

1967년 2월 17일 서울의 중심 명동에서 유네스코회관 준공 기념식이 열렸다. 1957년 9월 유네스코한국위원회가 서울 동숭동 서울대학교 치과대학내 단칸방 사무실에서 기자회견을 열고 국제문화교류의 전당을 짓겠다고 선포한 지 십여 년 만의 일이었다. 그 사이 숱한 난관과 고비가 있었지만 유네스코한국위원회 위원들과 사무처 직원들, 한국유네스코후원회라는 이름으로 힘을 모아준 사회, 문화, 경제계 인사들, 문교부를 비롯한 정부 각 부처, 그리고 누구보다 앞장서서 정부의 관심과 지원을 촉구하고, 유네스코회관이라는 국제문화교류센터를 꼭 건립해야 한다고 역설한 언론이 있었기에 끝내 이뤄낸 결실이었다.

이들처럼 무대의 전면에 나서지 않았지만, 더없이 소중한 주역이 또 있었다. 바로 국민이다. 무대 위 주역들이 온갖 역경 속에서도 좌절하지 않고 마침내 회관을 완공할 수 있게 한 힘은 그 시대 이름 없는 국민들에게서 나왔다. 전쟁을 겪은 뒤 당장 먹고 살기 어려워 외국의 원조를 받는 형편이었지만, 우리 문화를 세계에 알리고 또 우리도 인류사회 발전에 공헌하겠다는 국민들의 당당한 포부가 유네스코회관 건립 의지로 표출되었다. 1957년 유네스코한국위원회가 기자회견을 열어 무모하고도 거의 허황된 수준의 유네스코회관 건립 계획을 발표했을 때 모든 언론이 환호한 것은, 유네스코회관에 그런 국민들의 열망과 공감이 투영되어 있었기 때문이었다.

유네스코회관이 완공된 지 오십여 년이 흐르면서 그런 국민적 지지와 소망은 잊혀 갔다. 건립과정 중에 있었던 파란곡절들도 사람들의 기억에서 점점 사라졌다. 회관 자체도 노후화되어 대수선이 필요한 상황이다. 이 시점에서 희미해진 회관 건립의 역사를 기록하고, 그 근본적인 취지를 상기하며 앞으로 나아갈 방향을 모색하는 일은 상당한 의미가 있다.

이 글은 『한국유네스코활동십년사』, 『유네스코뉴스』 같은 유네스코한국위원회 발간 자료 및 문서, 재판 판결문 및 당시 일간신문이나 인터넷 자료들을 주로 참고해 작성하였다. 자료 수집에 도움을 주신 분들에게 감사드린다. 안타깝게도 자료를 찾을 수 없어 정확한 내용을 알기 어려운 부분도 많았다. 이 글에서 비약이나 잘못된 부분이 있다면 앞으로 다른 분들이 바로 잡아주기를 바란다.

2. 유네스코회관 건립의 꿈 (1954~1958)

회관 건립 논의의 시초

유네스코한국위원회는 언제부터 회관을 짓고 싶어했을까? 보통 회사나 단체가 만들어지면, 그 안에 있는 사람들은 자연스럽게 자체 사옥을 짓고 싶어한다. 유네스코한국위원회도 마찬가지였다. 1950년 6월 14일 한국이 유네스코에 가입한 지 보름도 지나지 않아 처참한 전쟁이 터졌다. 많은 사람이 목숨을 잃고, 국토는 폐허로 변하였다. 유네스코는 1950년 8월 이 전쟁이 북한의 침입으로 시작되었음을 천명하며 많은 회원국들에게 한국을 지원해줄 것을 호소하였다. 유네스코 자체적으로도 미화 십만 달러를 지원하여 교과서 인쇄공장 설립을 돕는 등 전쟁 후 한국의 교육 체제를 재건하는 데 상당한 원조를 제공하였다.

한국 정부는 유네스코의 지원을 크게 환영하였고, 1953년 7월 6일 전쟁이 채 끝나지도 않은 가운데 〈한국유네스코위원회 설치령〉을 제정하였다. 설치령에 따르면 문교부장관이 한국유네스코위원회 위원장이 되며, 문교부차관과 외무부차관은 부위원장이 되고, 위원은 이들을 포함해 교육, 과학, 문화계 단체 대표와 전문가 등 전체 60인이었다. 사무국(현재 사무처)도 두었다. 총회는 1년에 2회, 집행위원회는 위원 25인으로 구성하여 2개월에 한 번씩 회의를 개최하는 등 위원들의 참여가 활발한 구조였다. 드디어 전쟁이 끝나고 1954년 1월 30일, "교육, 과학, 문화의 재건과 전진"을 약속하며 유네스코한국위원회가 창립되었다.

1954년 1월 유네스코한국위원회 창립총회 때 채택한 표어. 한동안 보고서 표지 등에 쓰였다. ©유네스코한국위원회

유네스코한국위원회 국고보조금 현황(1954~1959)

연도	1954	1955	1956	1957	1958	1959
금액 (원)	1,369,800	3,600,000	2,700,000	5,300,000	4,600,000	4,000,000

출처 : 유네스코한국위원회(1961), 「1961年度 活動과 業績」, 6쪽.

원대한 꿈을 안고 출발했지만, 한국위원회의 형편은 여의치 않았다. 운영재원은 국고보조금이 주였는데, 나라 사정이 어렵다보니 넉넉하지 않았다. 사무국은 정부 보조금 외에 위원이나 사무국장 등 관계자들이 경비를 조금씩 부담하며 사무실을 운영해나갔다. 사무실이라고 하지만 서울대학교 치과대학에서 방 하나를 얻어서 사무국장과 직원이 같이 쓰는 처지였다. 난방이 좋지 않아 손에 장갑을 끼고 글을 쓸 정도였다고 한다. 주변의 도움을 받아 조금씩 사무실을 넓혀갔지만, 여전히 더부살이 신세였다. 그럼에도 불구하고, 한국위원회 위원과 사무국 관계자들은 위원회 창립 직후부터 유네스코 활동에 필요한 제반 시설을 갖춘 유네스코회관을 짓겠다는 포부를 밝혔다.

먼저 유네스코한국위원회 창립 직후인 1954년 4월 26일 열린 제2차 집행위원회는 "유네스코회관 결정에 대해 진지하게 토의"하였다.[1] 토의내용을 구체적으로 알 수는 없으나, 이때부터 유네스코회관이라는 용어를 사용했음을 알 수 있다. 1956년 1월 20일에는 유네스코한국위원회 제3차 총회에서 채택한 대정부 건의안을 정부에 제출하였는데, 첫 번째 건의사항이 유네스코한국위원회에 대한 정부보조금을 늘려달라는 것이고, 다섯번째가 "유네스코회관을 건립할 것" 이었다.[2]

1) 경향신문, 1954. 4. 29.

2) 조선일보, 1956. 1. 22.

한국위원회가 생각했던 유네스코회관의 대략적인 모습은 1956년 유네스코한국위원회가 발간한 영문 자료 『UNESCO ACTIVITIES in KOREA』에 어느 정도 나와있다.[3] "도서관, 전시관, 극장과 강당, 사무실을 갖춘 유네스코회관을 오랫동안 염원했지만(the need for UNESCO House equipped with a library, art gallery, motion picture room and an auditorium as well as an administrative office has long been felt)" 현실은 여의치 않았고, 다행히 1957년에는 "임시 막사 같은 곳(Quonset-hut)"이지만 독자공간을 확보하고자 정부 관계 부처들과 협의하고 있다고 하였다. 보고서 말미에는 "유네스코회관이 실현되려면 아직도 한참 멀었다(Realization of UNESCO

3) 유네스코한국위원회(1956), 『UNESCO ACTIVITIES in KOREA』, 19쪽.

4) 경향신문, 1957. 3. 30.

5) 유네스코한국위원회(1964), 『韓國유네스코活動十年史』, 45쪽.

House is still far away)"며 아쉬움을 토로하였다. 그래도 한국위원회는 회관을 짓는 꿈을 포기하지 않았다. 1957년 3월 개최된 제13차 유네스코한국위원회 집행위원회는 다시 "유네스코회관 건축을 촉진할 것"을 의결하였다.[4]

일각에서는 1958년 11월 프랑스 파리에 있는 유네스코본부 청사가 완공되자 이에 자극을 받아 한국에서도 유네스코회관을 짓자는 논의가 시작되었다고 보는 데, 유네스코본부와 무관하게 유네스코한국위원회 창설 직후부터 꾸준히 회관 건립 계획을 공식적으로 토의했음을 위에서 볼 수 있다. 당시 한국위원회는 레오나르도 다빈치 전시회나 과학전시회, 강연회 등을 자주 개최하였으며, 『유네스코 한국총람』같은 대규모 출판사업을 진행하고 있었기에 안정적인 사무공간이 간절했을 것이다.

"유네스코한국위원회를 우선 수용하고, 유네스코활동에 필수적인 부수시설 예를 들면 회의실, 전시장, 도서실 및 각종 센터 등을 동시에 갖출 수 있는 하나의 큰 건물 소유의 절실한 필요성은 역대 유네스코 위원들 뿐만 아니라 관계 정부당국이나 인사들의 염원이 되어 왔었다."[5] 하지만 전쟁으로 모든 것이 파괴되고, 많은 사람들이 혹독한 굶주림에 시달리는 시절에 유네스코회관을 짓는 일은 아득한 꿈만 같았고, 몇 년째 아무런 진전이 없었다.

문화예술의 중심지, 명동에 부지를 확보하다

6) 전우용(2012), 「역사 속의 명동; 명동의 역사지리학」, 『제21기 서울역사박물관대학자료집』, 서울역사박물관, 24쪽.

1957년 8월 기적같은 일이 일어났다. 당시 최고의 번화가이자 문화의 중심지인 서울 명동 2가 81번지 땅 372평(실제는 369.94평)을 성업사(현 한국자산관리공사의 전신)에서 빌려 쓰고 있던 신영순이라는 독지가가 아무런 조건 없이 자신의 임차권을 유네스코한국위원회에 양도하겠다는 의사를 밝힌 것이다. 이 땅은 원래 중국인 담정택씨의 소유인데, 담정택씨는 일제강점기 중일전쟁이 발발하자 조선식산은행 부설 성업사에 재산 관리를 맡긴 후 중국으로 돌아갔다가 행방불명된 상태였다. 이곳에는 동순루를 비롯해 중화정, 덕화루라는 유명한 중국 음식점 세 곳이 나란히 있었는데,[6] 한국전쟁 중에 모두 불에 타 부서진 상태였다. 성업사로서는 주인인 담정택씨가 행방불명된 상태라 재건축을 할 수도 없어 땅을 그대로 내버려두고 있던 중 신영순 신한주식회사 사장에게 1954년 9월, 5년 계약 기간으로 이 토지를 임대해주었다.[7] 신영순 사장은 이 임차권을 유네스코한국위원회에 양도한 것이다.

아무 연고도 없는 유네스코한국위원회에 임차권을 조건 없이 양도한 신영순 사장은 당시 57세로서 명동 2가 81번지에 살고 있었으며, 고향은 황해도 신천군이었다.[8] 그의 조부와 부친은 독립운동에 헌신하였으며, 신영순 사장도 19세 나이에 정든 고향과 가정을 버리고 만주로 망명하였다. 독립군이 되어 항일투쟁에 힘쓰다 해방이 되어 조국으로 돌아와 여러 사람들과 한청을 조직하였으며 이승만 대통령의 신임을 받아 감찰위원회의 감찰관이 되었다.[9] 생활은 누추하지는 않았으나, 판자집에 살면서 부인이 남대문시장에서 노점을 하는 처지였으며, 우연히 명동 대지의 임차권을 확보하게 되자 이 귀한 땅을 꼭 국가와 민족을 위하여 사용하겠다고 다짐했다고 한다. 그러던 중 유엔에 가입하려고 노력중인 우리나라에서 정부나 민간의 힘으로 벌써 세워졌어야 할 유네스코회관을 지을 땅이 없어 아직까지 짓지 못했다는 이야기를 듣고, 흔연히 이 토지에 대한 권리를 양도하기로 마음먹었다고 한다. 당시 언론들은 신영순 사장이 토지 소유권을 기증한 것으로 서술하고 있으나, 사실은 임차권을 양도한 것이며, 한동안 사람들이 이를 혼동하였다.

신영순 신한주식회사 사장
©동아일보 1957. 9. 29.

7) 성업사, 「부재지주 재산 관리인 개임신청 관련 진술서(서울지방법원 제출용)」, 1960. 9. 7.

8) 동아일보, 1957. 9. 29. 신영순에 대한 내용은 동 기사에 따름

9) 중앙일보, 1980. 9. 18.

유네스코한국위원회로서는 비록 소유권을 기증받은 것은 아니었지만, 일단 건물을 지을 수 있는 땅을 비교적 낮은 임차료에 확보했다는 점에서 큰 성과였다. 당시 명동은 문인과 예술가, 기자들이 드나드는 음악다방과 술집들이 있었고, 크고 작은 음악회, 전시회, 시낭송회, 문학토론회가 수시로 열리는 곳이었다. 명동예술극장이 한가운데 자리잡고 있는 명동은 광복 이후 1960년대까지 우리나라 문학, 음악, 미술, 연극영화, 사진 등 문화예술의 중심지였다. 한국의 문화 발전에 기여하고, 세계 문화 교류의 중심지가 될 유네스코회관이 들어서기에 이보다 더 적당한 곳을 찾기도 어려웠을 것이다. 언론에서도 신영순 사장을 참된 애국자라고 칭송하였다. 유네스코한국위원회와 신영순 사장은 1957년 8월 23일, 유네스코회관 신축을 위해 신영순 사장의 임차권을 한국위원회에 양도한다는 약정을 체결하였다. 유네스코한국위원회를 대표하여 유진오 부위원장과 장내원 사무국장이 서명하고, 입회인도 여러 명 참여하였다. 이로써 유네스코회관 건립을 향한 대장정의 첫 발을 내딛게 되었다.

신영순의 토지 임차권 양도 내역

대상토지 주소	면적(평)	소유자	재산관리인	임차권 양도인	임차권 양수인
서울 중구 명동 2가 82번지	372	담정택	주식회사 성업사	신영순	유네스코한국위원회

출처 : 유네스코한국위원회, 「신영순-유네스코한국위원회 토지 임차권 양도 약정서」, 1957.

성업사와 유네스코한국위원회의 토지 임대차계약 내역

대상토지 주소	면적(평)	소유자 (임대인)	재산관리인	전 임차인	현 임차인
서울 중구 명동 2가 81번지	22.20	담정택	주식회사 성업사	신영순	유네스코한국위원회
서울 중구 명동 2가 82번지의 1	347.74	담정택	주식회사 성업사	신영순	유네스코한국위원회
합계	369.94				

출처 : 유네스코한국위원회, 「성업사-유네스코한국위원회 토지 임대차계약서」, 1957.

신영순 사장과 임차권 양도양수 약정을 체결한 유네스코한국위원회는 이어서 1957년 9월 10일, 장내원 사무국장 명의로 이 토지의 법정재산관리인인 성업사와 정식 임대차계약을 체결하였다.[10]

이 계약서에 따르면 토지 임대차계약기간은 계약체결일인 1957년 9월 10일로부터 2년이며, 임차료는 매월 75,000원인데 성업사 사무소를 직접 방문해서 납부해야 했다. 성업사는 유네스코회관 부지를 1962년 7월 22일까지 관리하였다.[11] 다음날인 7월 23일부터는 한일은행이 법정재산관리인 지위를 승계하였으며, 유네스코한국위원회는 1962년 10월 4일 한일은행과 다시 부지 임대차계약을 체결하고, 매월 18,500원씩 임차료를 납부하였다.[12] 임차료가 인하된 사정은 정확히 알 수 없으나, 성업사가 1960년 8월경 임대료를 재조정한 적이 있는데, 이때 임대료를 깎아주었고, 한일은행은 이를 승계한 것이 아닌가 한다. 한국위원회는 1966년 유네스코회관 공사가 끝날 때까지 부지 소유권을 확보하지 못하고, 임차권만 계속 연장하였다. 한국위원회가 이 부지를 매입한 시기는 훨씬 나중인 1978년이다.

10) 유네스코한국위원회, 「성업사-유네스코한국위원회 토지임대차계약서」, 1957. 9. 10. 이하 계약 내용은 동 계약서에 따름.

11) 한일은행, 「임차대지 법정관리인 참고사항에 관한 통지」, 1964. 4. 7.

12) 유네스코한국위원회, 「담정택-유네스코한국위원회 임대차계약서」, 1962. 10. 4.

회관 건립 기자회견과 초기 계획

성업사와 정식 임대차계약을 체결한 유네스코한국위원회는 서둘러 이 기쁜 소식을 세상에 공표하기로 결정하였다. 계약일로부터 겨우 열흘 후인 1957년 9월 20일 아침 열시 반 유네스코한국위원회 유진오 부위원장 주재로 서울 동숭동 유네스코한국위원회 사무실에서 기자회견이 열렸다.[13]

이 자리에서 한국위원회는 당장 내년 4월부터 공사를 시작해 3년 안에 지하 2층, 지상 10층, 연면적 4,464평에 이르는 대규모 유네스코회관을 짓겠다고 발표하였다. 당시에는 서울에서 가장 높은 건물이었다. 회관 안에는 "매스커뮤니케이션센터를 비롯하여 강당, 도서관, 영화관, 미술실, 음악실, 편집실, 소극장, 국제문화재조사연구소, TV 방송실 등 국제 문화 교류와 일반 대중의 지적, 정서적 요구에 응할 수 있는 필요한 온갖 시설을 전부 갖추리라"고 선포하였다. 총공사비는 약 삼억 환인데, 주로 유네스코본부와 록펠러재단, 아세아재단의 원조로 충당할 예정이었다. 유진오 부위원장은 일반인들도 많이 찬조해 줄 것을 요청하였다.[14] 회관 건축 전반을 관리하기 위해 유네스코회관건축추진위원회도 구성했는데, 유진오 부위원장 외 14명이었다.[15] 신영순 사장과 임차권 약정을 체결한 지 채 한 달도 안된 시점이었다.

13) 경향신문, 1957. 9. 21. 이하 기자회견 내용은 동 기사에 따름.

14) 조선일보, 1957. 8. 27.

15) 경향신문, 1957. 9. 21.

유네스코회관 건축 계획을 발표한 유진오
당시 유네스코한국위원회 부위원장
©유네스코한국위원회

3. 착공, 설계, 그리고 공사 중단 (1959~1962)

초기 건축주체, 한국유네스코후원회

유네스코회관 논의가 구체화되자 유네스코한국위원회는 회관 건축 사업을 전담할 조직을 따로 만들기로 하였다. 1957년 10월 29일 제15차 유네스코한국위원회 집행위원회는 다음과 같이 결정했다.

16) 조선일보, 1957. 11. 5.

> **"국제문화교류의 중요한 센터가 될 유네스코 국제문화회관 건축의 적극 추진을 사업추진위원회에 위임키로 하되, 본 건의 중대성에 감하여 동추진위원회의 원안대로 '사단법인 한국유네스코협력회'를 조속히 설치하여 본 사업을 이관할 것"**[16]

17) 조선일보, 1957. 12. 24.

장내원 사무국장도 언론 인터뷰를 통해 강력한 유네스코 후원단체를 만들어 3년 안에 회관을 건립할 계획이라고 밝혔다.[17] 아마도 당시 사무국 규모나 역량면에서 막대한 비용이 소요되는 대형 건축공사를 직접 담당하기 어려웠던 것으로 보인다. 때마침 그 당시 몇 년 전부터 국내에서 유네스코사업을 활발히 하려면 정부의 예산 지원만으로는 어려우니, 후원회 성격의 민간 사단법인을 창설하여 유네스코한국위원회에 예산도 지원하고, 유네스코활동을 널리 민간으로 확산시키자는 논의가 진행중이었다. 유네스코회관을 건축할 수 있는 부지가 생기고, 이 막중한 사업을 담당할 조직이 필요하게 되자 한국위원회는 본격적으로 후원회를 만드는 일에 나서게 되었다.

18) 한국유네스코후원회, 「한국유네스코후원회 창립총회 회의록」, 1958. 이하 총회 내용은 모두 동 회의록에 따름.

1958년 9월 26일 유네스코한국위원회는 후원회 준비위원회를 구성하고, 이어서 10월 2일에는 서울신문사 사장실에서 제1차 준비위원회를 개최하여 정관기초위원을 선출하였다.[18] 닷새 만에 정관작업이 모두 끝나고, 1958년 10월 7일 후원회 창립총회가 서울 반도호텔에서 열렸다. 참석자는 41명이었다. 창립총회에서 김법린 전 문교부장관이자 초대 유네스코한국위원회 위원장이 임시의장으로서 회의 사회를 보고, 전예용 한국은행 부총재가 경과보고를 하였다. 이어서 후원회 정관을 통과시키고 폐회에 앞서 후원회 임원을 선정하는 심사위원회를 구성하였는데, 심사위원으로 김선기 문교부차관, 윤인상 전 재무부차관, 오임근 당시 재무부차관, 윤성순 국회의원, 전예용 한국은행 부총재, 기업가이자 전 상공부장관인 전택보 사장 등이 선정되었다. 이 회의에는 회관 부지 임차권을 양도한 신영순 사장도 참석하였다. 이 날 채택된 후원회 정관의 첫머리에 있는 설립취지문에는 후원회의 창립 목적과 포부가 잘 드러나 있다.

> 세계평화 및 인류복지를 달성하려는 국제연합의 근본목적에 입각하여 전 세계 민중들의 교육적 과학적 및 문화적 유대를 통하여 이 목적을 추진키 위하여 탄생한 유네스코의 헌장 및 근본 정신을 따라 서기 1953년 7월에 대통령령 제801호로써 한국유네스코위원회의 설치를 보게 된 지도 어언 5개 성상이 되었다. 그러나 가혹하던 전화와 핍박한 경제로 인하여 동 위원회가 마땅히 계획하고 추진하고 달성했어야 할 여러 사업이 지지부진으로 일관하였음을 시인하지 않을 수 없는 사실을 슬퍼하는 바이다.
>
> 이제 그 근인을 살피건대 참으로 강력한 협력단체가 해외 각국의 예에 비추어 조속히 또 적시에 조직되지 못하여 반관 반민적인 동 위원회 자체로서는 도저히 해결치 못할 제반 난관이 중첩되어 온 바를 특히 주목해야 할 것이다.
>
> 이로써 본 사단법인 한국유네스코후원회는 동 위원회와 불가불리의 쌍벽을 이루어 우리나라에 있어서의 유네스코 소관의 광범한 사업 일체를 국제적 수준으로 이끌고, 또 모든 유네스코 국내외 활동의 근거가 되며 최중심이 될 유네스코 국제문화회관의 건설을 본회 발기의 기념사업으로 추진하는 동시에 나아가 우리 대한의 참된 교육 과학 문화의 모습을 널리 전 세계에 선양토록 과감하고 강력한 실천으로 일관하려는 바이다. … 널리 강호 제위의 적극적인 참여를 기구하여 마지 않는 바이며 아울러 유네스코의 근본 이념이 전 세계 가운데 제일 먼저 우리 대한의 강토에서 아름다운 꽃을 피우게 되도록 일심 협력하기를 기약하는 바이다.

정관에는 후원회 창립 기념사업도 명시하였는데, 유네스코회관 건립과 유네스코의 동서문화교류 10년 계획에 관한 국내사업 추진이었다. 재원은 정회원으로

부터 받는 회비와 기타 찬조금이며, 후원회의 사무를 처리할 수 있도록 사무총국을 따로 설치하고 여기에 사무총장도 임명하도록 규정하였다. 창립총회가 있은 지 한 달여 만인 1958년 11월 12일 문교부장관이 후원회 설립인가를 하고, 이어서 다음달 1958년 12월 15일 설립등기를 마침으로써 한국유네스코후원회(The Korean UNESCO Association)가 정식으로 탄생하였다. 초대 회장에는 창립총회 사회를 보았던 김법린 전 장관이 취임하였으며, 사무총장은 장내원 유네스코한국위원회 사무국장이 겸임하였다. 후원회 사무실은 일단 유네스코한국위원회가 입주해있던 광화문 새문안교회 옆 교육회관 3층 사무실을 같이 사용하였다.

1959년 교육회관. 후원회와 유네스코한국위원회가 함께 이곳 3층에 있었다. ©한국교총

2020년 현재 교육회관 모습 ©신미아

창립과정에서 볼 수 있듯이 초기 후원회 창립을 주도한 인물들은 대부분 기존 유네스코한국위원회 위원들이었다. 김법린 초대 회장을 비롯해 이사인 전예용 한국은행 부총재, 현제명 서울대 음대 교수, 그리고 장내원 사무총장은 모두 한국위원회 창립 초기부터 적극적으로 위원 활동을 해오던 인물들이었다. 여기에 송대순 대한상공회의소회장 등 경제계 인사들이 참여하는 형태였다. 재무부장관이 후원회 명예회장을 맡는 등 초기 후원회에는 정부 관계자들도 명예회원이라는 이름으로 다수 참여하였다. 정관상 후원회 회원이 되려면 이사회 심의를 거치도록 되어 있어 후원회는 누구에게나 열린 단체가 아니라 "유네스코 활동 촉진에 뜻이 있고, 성의있는 재계, 산업계, 문화계의 지도자"들의 모임이었다.[19]

19) 유네스코한국위원회, 『韓國유네스코活動十年史』, 1964, 45쪽.

특히 김법린 초대 회장은 당시 후원회의 위상을 잘 보여준다. 김법린 회장은 1919년 불교 승려이자 만해 한용운 선생의 제자로서 부산에서 만세운동을 주도하고, 상하이로 망명하여 상해임시정부에서 활동하는 등 일제강점기 불교계를 대표하는 독립투사였다. 1921년 프랑스 파리로 유학을 떠나 철학을 공부하고 8년 만인 1928년 귀국하였다. 이후 불교 연구와 함께 독립운동을 계속하다 1938년 투옥되었다가 풀려났으며, 1942년 다시 조선어학회 사건에 연루되어 경찰에 연행되면서 모진 고문을 당하였다. 해방 후 1952년에는 문교부장관에 임명되었는데, 1954년 1월 30일 유네스코한국위원회가 창설되면서 당연직 제1대 위원장으로 취임하며 한국위원회와 인연을 맺었다. 후원회장에 취임한 다음해인 1959년 1월에는 새로 설립된 원자력원(현 한국원자력연구원) 초대 원장에 임명되었는데, 철학자이자 투철한 독립운동가였던 김법린 장관이 원자력원

김법린 초대 유네스코한국위원회 위원장이자 초대 한국유네스코후원회 회장
©중앙일보 2018. 10. 18.

20) 중앙일보, 2018. 10. 18.

21) 경향신문, 1962. 7. 25.

장에 임명된 것은 큰 화제였다.[20] 김법린 회장은 문교부장관 직을 떠난 뒤에도 유네스코회관 기공식에서 첫 삽을 뜨고, 상량식에서는 회관 건립의 뜻을 찬양하는 축사를 하는 등[21] 1964년 사망시까지 십여 년 간 유네스코한국위원회 위원을 역임하며 유네스코회관 건립을 지원하였다. 그 공로로 한국위원회는 회관 건립 후 유공표창을 수여하였다.

22) 장내원, 「동흥공무사 관련 진술서」, 1960. 9. 27.

후원회 창립총회가 끝나고, 문교부의 설립허가도 나오자 이듬해 1959년 1월 30일 개최된 유네스코한국위원회 제7차 총회는 당초 계획한 대로 유네스코회관 건축을 후원회에 일임하기로 의결한다.[22] 이것은 회관 건축공사 뿐 아니라, 건물이 완공되면 소유권도 후원회에 이관한다는 뜻이었다. 이후 한국유네스코후원회는 1964년 8월 정부에 의해 강제 해산될 때까지 유네스코회관 공사의 주체로서 현상설계 공모 및 시공사 선정, 각종 계약 체결 및 건축비용 마련 등 유네스코회관 건축 공사 일체를 담당하였다.

회관 공사의 첫 삽을 뜬 동흥공무사

23) 한국유네스코후원회, 「유네스코 會館 建築公事 現況에 關하여」, 1960. 이하 동흥공무사 계약 관련 내용은 동 자료에 따름.

보통 건물을 지을 때면 설계를 모두 마치고 설계도에 따라 시공업체를 선정한 다음 공사를 시작한다. 대형 건물은 더욱 그러하다. 유네스코회관을 지을 때는 달랐다. 후원회는 아직 설계자도, 구체적인 설계도면도 정해지지 않았지만 우선 1959년 3월 30일 동흥공무사와 유네스코회관 기초공사 계약을 체결하였다.[23] 처음부터 지하 1층에 지상 8층 정도 건물을 생각하고 있었기에 설계와 무관하게 우선 터파기 공사라도 시작하려고 한 것으로 보인다.

동흥공무사의 공사범위는 지하 1층부터 지상 5층까지 골조공사 및 지상 2층까지 수장공사를 마치는 것이었으며, 계약기간은 1959년 3월 30일부터 1959년 12월 15일까지 약 9개월이었다. 동흥공무사가 자체 예산으로 먼저 공사를 진행한 후 후원회에 공사비 지불을 요청하면, 후원회는 회관건축위원회의 검사를 거쳐 지불하는 방식이었다. 공사비 한도액은 3억 5천만 원인데, 이 가운데 공사비가 2억 8천만 원이며, 이자 비용으로 7천만 원을 책정해두었다. 이율은 무려 2할 5푼(25%)을 적용하였다.

기공식에 참석한 후원회 주요 인사들. 오른쪽부터 장내원 사무총장, 김법린 회장, 전예용 이사(추정), 미상, 현제명 이사
©유네스코한국위원회

이어서 1959년 4월 11일 후원회는 성대한 기공식을 개최하였다. 후원회는 언론에 삼년 계획에 공사비 약 삼억 칠천만 원을 들여 지하 1층, 지상 8층에 연면적 약 2,700평인 유네스코회관을 짓는다고 발표하였다. 투시도도 공개하였는데, 당시 후원회가 설립된 지 얼마 되지 않았고, 아직 현상설계는 진행중이었기에 이 투시도는 유네스코한국위원회가 1957년 기자회견 이후 미리 만들어 둔 것이 아닌가 생각된다. 투시도를 보면 건물 오른쪽면이 길게 이어지는 데, 이곳은 충무로쪽으로 이어지는 좁은 골목길에 접한 회관 서쪽면으로서, 이 벽면 위쪽에 UNESCO 로고를 부착한 것으로 보아 명동 큰길에 접한 북면이 아닌 회관 서쪽면이 정문이었던 것으로 보인다.

기공식 당시 유네스코회관 투시도
©조선일보 1959. 4. 11

기공식 전경 ©유네스코한국위원회

설계 공모

기공식이 끝나자 후원회는 본격적으로 유네스코회관 현상설계를 추진하였다. 후원회 건축위원장 명의로 대한민국의 저명한 건축설계가들을 지명해서 다음과 같이 공문을 보내어 설계안을 제출해달라고 요청하였다.

24) 한국유네스코후원회, 「유네스코회관 설계도안 현상모집 안내공문」, 1959.

> **서울특별시 중구 명동 2가(경찰관파출소 옆) 소재의 대지 상에 다년간의 현안이던 유네스코회관을 건축하게 되었으므로 동 회관에 부여된 국제적 문화교류 사명의 중요성에 비추어 귀하를 특히 지명코자하오니 별첨 「유네스코회관 신축공사 설계도안 현상모집 규정」을 참조하시와 우수한 작품을 응모하여 주시기 바라나이다.**[24]

25) 한국유네스코후원회, 「유네스코會館 新築工事 設計圖案 懸賞募集 規定」, 1959.

공문에 첨부한 현상모집 규정에는 유네스코회관의 기본 규모 및 배치 계획이 구체적으로 나와있었다. 층고는 지하 1층, 지상 8층이었으며, 연면적은 2,700평으로 하되, 10% 정도 증감을 허용하였다.[25] 상금은 당선작 1점 1백만 원이었고, 가작 2점은 각 30만 원이었다.

당초 설계안 제출 마감은 1959년 5월 5일까지였으나, 한 차례 연장하여 5월 20일까지로 조금 늦추어졌다. 마감일에 작품을 접수하고보니 8명이 응모하였고, 출품작은 모두 9점이었다.[26] 세 차례에 걸친 심사 끝에 당선작 없이 배기형, 이광로, 김종식 3인의 작품이 가작으로 선정되었다. 유네스코회관 설계안은 가작으로 선정된 작품 세 점 중에서 배기형의 구조사건축기술연구소 작품으로 최종 결정되었는데, 가작 중에서 가장 높은 점수를 받았기 때문이었다.[27]

26) 박길룡, 「건축산책」, 『건축가』 1992. 10월호, 58쪽.

27) 한국유네스코후원회, 「1962年度 活動과 業績 및 1963年度 重點事業計劃」, 1962, 8쪽.

그런데 구조사가 현상설계에 작품을 내기 전, 구조사 사내에서도 먼저 내부 경합이 있었다고 한다. 여기에서 윤도근(홍익대학교 건축학과 명예교수) 안이 우승하여 현상공모전에 나가게 됐는데, 그 안이 최종 당선된 것이다.[28] 이 안은 을지로쪽에서 명동성당으로 이어지는 명동 큰길에 접한 회관 전면의 기둥이 보이지 않고 유리창으로 외부를 덮는 커튼월 공법을 도입한 최신 디자인이었다. 당시 우리나라 건축기술로는 구현하기 쉽지 않은 공법이었지만 구조사가 이름처럼 구조설계를 잘하고, 최종 시공을 맡은 풍전산업주식회사의 기술력이 합쳐져 성공할 수 있었다. 설계 당선 후 얼마 안있어 윤도근은 구조사를 그만두고, 이후 배기형이 중심이 되어 유네스코회관 공사의 긴 긴 과정을 함께 하게 된다. 구조사는 후반 공사 감리도 담당하였다.

28) 박길룡, 「건축산책」, 『건축가』 1992. 10월호, 58쪽.

구조사의 현상설계 당선작은 후원회가 제시한 설계지침을 충실히 따랐다. 지하 1층, 지상 9층(기계실 포함 지상 11층)에 약 2,800평 규모였으며, 3, 4층에 500석 규모의 대강당을 배치하고, 7, 8층 전체를 호텔로, 9층에는 연회실과 옥상정원을 배치하였다. 하지만 이 설계안은 공사 과정을 거치며 대폭 수정된다. 한국유네스코후원회는 1959년 6월 3일 서울 소공동에 있던 중앙공보관에서 입선 작품 3점에 대한 시상식을 개최하고, 그날부터 6월 7일까지 닷새간 입선작 전시회를 개최하였다.

현상설계 규정상 층별 배치 시설

층수	배치시설
지하층	전기, 난냉방의 일체 시설, 창고, 식당(약 100평), 점포(약 150평)
1, 2, 3층	백화점 형식의 점포 (약 230평), 단 1층에는 안내소, 은행, 우체국 등 입점
4층	전시장 (약 100평), 도서실 (약 100평), 사무실 (약 50평)
5층	사무실 (약 50평), 회의실 3실 (500명석, 100명석, 50명석)
6층	살롱, 기타 외국인에 적합한 휴게 오락시설
7, 8층	호텔 (20~30실 정도)

출처 : 한국유네스코후원회, 「유네스코會館 新築工事 設計圖案 懸賞募集 規定」, 1959.

유네스코회관 현상설계 당선작 투시도 ©목천김정식문화재재단

1959년 기공식을 시작으로 본격적으로 유네스코회관 공사가 시작되자, 세간의 이목이 집중되었다. 아직 우리나라가 유엔에 가입하지 못해, 유네스코가 국제기구의 대표 역할을 하고 있던 시기였다. 유네스코회관 건립이 국내 문화계, 과학계 발전을 돕고, 또 우리나라가 문화 분야에서 세계에 공헌할 수 있는 길을 찾는 계기가 되기를 바라는 주문이 밀려들었다. 조선일보는 서울이 아직 현대적 도시의 면모를 갖추기에는 부족하고, 우리 처지도 곤궁하지만 이왕 유네스코회관을 크게 짓는 것이니, 좀 더 도시미를 자랑할 수 있도록 설계나 시공에 정성을 다했으면 좋겠다고 하면서, "부디 크게, 아름답게 어서 서거라"며 기대와 지지를 보냈다.[29]

29) 조선일보, 1959. 4. 12.

경향신문은 한 발짝 더 나아갔다. "우리나라가 정치적인 면에서나 또는 경제적인 면에 있어서 세계에서 제패하기를 바랄 수는 없을 것 같다. 그러므로 우리가 인류에게 공헌할 수 있는 유일한 길은 문화 방면 밖에 없는 것 같은데 이와 같은 의미에서 이번 유네스코회관 기공은 우리 국민에게 중대한 사명을 준 것 같다."고 하면서 "유네스코회관을 기공함에 있어서 다만 아름답고 큰 건물을 짓는 것에만 유의할 것이 아니라 우리 국민들의 문화창조력을 계발시키는 계기를 마련해주는 데 더욱 힘써야 할 것"이라고 당부하였다.[30]

30) 경향신문, 1959. 4. 13.

유네스코회관이 완공되면 서울시민회관, 드라마센터와 더불어 메말랐던 서울을 풍요롭게 해주고 국민 문화에 크게 기여할 수 있는 공공 문화시설이 또 하나 탄생할 것이라는 기대가 가득하였다.[31] 이때만 해도 유네스코회관에는 유네스코한국위원회는 물론, 후원회와 각종 국제협회, 학회들이 입주하고, 통역시설을 갖춘 국제회의장 및 크고 작은 회의장, 전시실, 음악실, 유네스코 영화를 상영하는 매스커뮤니케이션센터, 각종 문헌자료를 정리하고 정기간행물을 발간하는 신문연구센터 등이 들어설 계획이었다.[32] 유네스코회관은 장차 우리가 문화 국가임을 세계에 보여줄 "민족 문화 상징의 기념탑"이자 우리도 인류 발전에 기여할 "동양 제일의 국제문화교류센터"가 될 터였다.[33]

31) 조선일보, 1961. 11. 6.

32) 조선일보, 1961. 11. 6.

33) 조선일보, 1961. 11. 6.

이 같은 당시 사회 분위기를 보여주는 일화가 있는데, 1950년대 말 유네스코한국위원회 사무국에 근무하였던 홍봉룡씨가 2012년 인터넷 블로그에 올린 내용이다. 당시 사회 현안이었던 '반값 등록금'이라는 말을 들으니 이 일이 떠오른다며 소개하였는데, 아마도 1958년에 있었던 일로 보인다.

> "하루는 사무국장 장내원 선생께서 내게 말씀하시기를 명동의 UNESCO 회관 건물 예정지에 누군가가 우리 모르는 사이에 나무판자로 울타리를 치고 그 곳을 우리의 허락없이 사용하려 하는데 그걸 철수시키려 해도 상대가 주먹을 무기로 하는 그런 인물이라 참 다루기 어려워서 고심중이라시더군. 난 어렸을 때부터 누군가가 왼쪽 뺨을 때리거든 오른쪽 뺨까지 때리게 내어맡기라는 식의 가정 교육을 받아 철들어서는 누구와 붙들고 싸워 본 일이 없을 뿐더러 …중략… 주먹패와 마주서 본 일이 있을 리 없으나, 국장께서 거북하시거든 그럼 제가 한 번 그를 만나 볼까요? 하고 여쭈었더니, 아, 홍선생이 한 번 만나 주겠어? 하시면서, 그냥 나가라 한들 들을 상대가 아니니 한 60만 원 정도로 철거비용을 보상해도 좋다고 하시더라고.
>
> 명동에 가서 상대를 만났는데, 키는 6척이 넘고 얼굴에 칼자국이 없다뿐, 도무지 우리와는 종류가 다른 거한인데, 기왕에 투자하신 것이 얼마 정돈가 묻는 내게 한 120만 원 정도란다. 나는 그저 우리 국장님이 한 60만 원 정도는 보상하실 용의가 있으시다고 전했더니, 대뜸 하는 말이 "아니 이거 왜 이러실까. 뭐 도떼기시장에서 물건값 깎듯이 확 절반으로 후려치시는 건가!"하고 분기를 드러내더군.
>
> 그래서 난 설명했지. "그런 게 아니라, 우리가 지금 지출을 이리 깎고 저리 줄이고 가능한 노력을 다 해도 겨우 60만 원 정도 밖에는 짜낼 수가 없어서 하는 말이고, 그 이상은 우리 형편에 도저히 어떻게도 할 수 없어서 드리는 말씀이외다. 그러면서 UN에서 한반도 상 유일한 합법정부를 가진 국가로 당당히 승인되었음에도 불구하고 정작 UN회원국은 되지 못하고 있기 때문에, 우리나라가 국제무대에서 제대로 활동을 못하고 있는 현실과 그러면서도 다행히 UNESCO에는 정식 회원국이 되어 있어서 현재로서는 이 UNESCO를 유일한 창구로 뭔가를 이루고자 하는 형편임을 잘 설명한 다음, 그의 결단을 구했던 것이다.

다 듣고 나서 그는 그저 단 한마디, "알았오!"하고 머리를 끄덕이더라. 문제는 즉석에서 해결됐다. 당시 그 거한의 이름은 지금 기억을 못하고, 또 그 후의 그의 인생역정은 내가 전혀 알지를 못하지만, 지금도 어쩌다 명동을 지나노라면 그때 그의 단 한 마디, "알았오!"가 잘못하면 꽤 복잡해질 수도 있었을 일을 단숨에 해결해버린 옛날이 생각난다."[34]

34) 홍봉룡, '반값등록금', http://blog.daum.net/korealion4th/252.

시련의 시작, 동흥공무사 공사비 분쟁 및 시공업체 변경

세간의 기대를 한 몸에 받고 착공했지만, 유네스코회관 건축공사는 곧바로 난관에 부딪혔다. 건축비용이 문제였다. 시공사인 동흥공무사는 착공한 지 6개월도 되지 않아 자금난에 봉착해 지하층 땅만 파놓고 현장을 방치하다시피 하였다.[35] 이로 인해 유네스코회관 부지 주변에 있는 건물들의 지반이 약해져 무너질 위험이 있었다. 여기에 추위 때문에 공사를 할 수 없는 겨울이 다가오자 후원회는 어쩔 수 없이 한일은행에서 받은 회관 일부에 대한 전세금 (다른 자료에서는 후원회 자체 자금)[36] 약 3천만 원을 투입하여 직접 자재를 구입하는 등 "반직영제"로 지하실 옹벽공사를 완료하였다. 급한 불을 끈 후원회는 동흥공무사쪽에 수차례 공사 이행을 독촉하였으나 허사였다. 시공업체가 공사를 할 수 있는 능력이 없다는 것을 알게 되자 후원회는 동흥 쪽에 차라리 다른 업체를 추천해줄 것을 요청하였다. 동흥도 이를 수락해 한 차례 추천하였으나 무자격자였다. 그런데 갑자기 동흥공무사가 유네스코회관 부지 법정관리인인 성업사를 다른 사람으로 교체해달라고 법원에 소송을 제기하면서 분쟁이 확대되었다.

35) 한국유네스코후원회, 「유네스코 會館 建築公事 現況에 關하여」, 1960. 동흥공무사 공사 현황 관련 내용은 동 자료에 따름.

36) 한국유네스코후원회, 「1962年度 活動과 業績 및 1963年度 重點事業計劃」, 1962, 8쪽.

동흥공무사는 후원회가 당초 재일동포의 기부금과 국민 모금 등을 통해 공사비를 조달한다고 하더니 모두 수포로 돌아가고, 제대로 된 설계도면이나 시방서도 없이 공사를 시키고 있다고 오히려 후원회를 비난하였다. 이에 후원회 장내원 사무총장은 동흥공무사가 무슨 의도에서 재산관리인 변경을 신청하는지는 알 수 없으나, 교육과학문화사업의 국제적 센터를 건설하려는 숭고한 이상을 실현하는 국가적 공공사업에 협조는 못할 망정 "밑져도 본전" 식으로 방해하는 것은 신청자의 양심과 국적을 의심하지 않을 수 없는 괴이한 처사라며 극력 비난하였다.[37] 성업사도 동흥공무사가 자사에게 유리한 사람으로 갑

37) 장내원, 「동흥공무사 관련 진술서」, 1960. 9. 27.

38) 성업사, 「부재지주 재산관리인 개임 신청 관련 진술서 (서울지방법원 제출용)」, 1960. 9. 7.

39) 한국유네스코후원회, 「1962年度 活動과 業績 및 1963年度 重點事業計劃」, 1962, 9쪽.

40) 한국유네스코후원회, 「통고서」, 1960. 10. 6.

41) 한국유네스코후원회, 「유네스코회관 건축공사금에 대한 일」, 1960. 10. 11.

자기 재산관리인을 변경하는 것은 옳지 않다면서 재산관리인 변경에 반대하였다.[38] 양쪽의 갈등으로 1960년 연초부터 가을까지 공사가 중단되다시피 하였다. 결국 후원회는 1960년 9월 30일 동흥공무사와 공사계약을 해약하였다.[39]

동흥공무사는 기성고 공사비를 계속 요청하였는데, 후원회는 오히려 동흥쪽의 공사 불이행으로 손해가 막심하여 해약과 별도로 손해배상청구를 하겠다고 통지하는가 하면,[40] 이미 제일은행 앞으로 미확정채권양도서를 제출하였으니 청구할 일이 있으면 합법적인 절차를 밟으라고 안내하였다.[41] 이후 상황에 대해서는 자료를 찾기 어려운데, 아마도 초기 공사비용은 모두 후원회의 부채로 남아있다가 완공 후 유네스코한국위원회가 청산한 것으로 보인다. 후원회는 같은 해 10월 28일자로 풍전산업주식회사와 시공계약을 체결, 시공업체를 교체하였다.

시공업체 변경과 상량식

42) 조선일보, 1962. 7. 25.

43) 조선일보, 1962. 7. 25.

공사를 이어받은 풍전산업은 1960년 11월 13일부터 공사를 다시 시작하였다. 드디어 1962년 7월 24일 후원회는 지하 1층, 지상 13층 골조공사를 마치고 유네스코회관 11층 스카이라운지에서 상량식을 개최하였다.[42] 착공 후 28개월 만이며, 건축 공정상으로는 약 30% 정도 진척된 상태였다. 조선일보에 이 날 상량식 모습이 나온다.[43]

44) 경향신문, 1962. 7. 24. 이하 회관 층별 시설 배치 내용은 동 기사에 따름.

다시 한번 언론들은 앞다투어 1963년 크리스마스에는 이 '지성의 궁전'이자 '문화교류의 전당'이 완공될 예정이라는 장미빛 전망을 내놓았다. 규모는 지하 1층, 지상 13층이며, 연면적은 약 3,800평, 공사비는 약 2억 7천만 원으로 추산되었다.[44] 이때까지도 우리나라에서 13층 건물이 세워지는 것은 유네스코회관이 처음이었다. 규모는 더 커졌지만 이용계획에는 큰 변화가 없었다. 지하에는 레스토랑과 보일러실, 1층에는 은행과 서점을 들이고 유네스코한국위원회는 3층에 자리 잡으며 4층에는 티살롱, 5층에는 129석의 중강당을 만들고, 이와 별개로 3, 4, 5층을 통틀어 500석 규모로 조성되는 대강당은 우리나라에서 처음으로 한, 영, 불, 독 네 나라 말을 자유롭게 선택해 들을 수 있는 이어폰을 설치한 국제회의장인데, 난방장치도 우리나라에서 제일 좋을 예정이었다.

6층에는 전시실, 도서실, 음악감상실, 레크리에이션센터를 배치하여 모두 일반인에게 공개하고, 7층부터 10층까지는 90실을 갖춘 호텔, 그리고 11층은 스카이라운지. 이 건물이 완공되면 우리나라에서 어떤 규모의 국제회의도 할 수 있으며, 일본 못지 않은 화려한 문화센터를 갖게 될 것이라며 언론들은 자부심 섞인 기대를 나타냈다.

동흥공무사와 건축비 분쟁을 겪고 난 후 한국유네스코후원회는 장내원 사무국장을 비롯한 이사진들이 연대보증 각서까지 써가며 정성을 쏟은 끝에 1961년 산업은행으로부터 삼천만 원 대출을 받을 수 있었다. 이 대출금은 받는 즉시 모두 풍전산업에 공사비로 지급되었다. 공사비가 부족해서 여전히 어려움을 겪는 와중에도 유네스코회관의 규모는 오히려 늘어났다. 장내원 사무총장은 언론 인터뷰에서 "동 회관의 건축자금 조달을 위하여 애초의 계획을 좀 고쳐 13층 건물 중 6층에서 13층까지를 여러 가지 국제문화기구의 사무실 및 그 곳에서 일하는 외국인들의 숙소로 마련키로 했다."고 설계 변경 사유를 밝혔다.[45] 이 기사에는 13층까지 숙소로 사용한다고 했으나, 실제 사용가능한 공간은 11층까지였으므로, 인터뷰 내용에 혼동이 있는 것으로 보인다. 이렇게 규모는 늘어났지만 공사비 마련은 여전히 막막했다.

45) 경향신문, 1963. 6. 4.

건축비 조달 계획과 진행경과

대규모 건축공사를 하려면 치밀한 자금조달계획이 필수겠지만, 1957년 유네스코한국위원회가 회관을 짓겠다는 기자회견을 했을 때, 구체적인 예산 계획은 사실상 전무하였다. 오직 유네스코의 원조와 록펠러재단 같은 외국 재단의 원조, 그리고 정부의 지원, 후원회원들과 일반시민의 기부를 받겠다는 막연한 희망과 포부가 그 자리를 차지하고 있었다. 특히 유네스코에게 거는 기대가 컸다. 이미 유네스코가 상당한 교육 원조를 제공하고 있었기에 한국의 문화 발전과 국제교류에 크게 기여할 유네스코회관을 짓는 데에도 도움을 주리라 낙관한 것으로 보인다.

후원회는 유네스코한국위원회와 협력하여 유네스코 직원들이 한국을 방문할 때마다 회관 건축공사 현장을 둘러 보게 하고, 지원을 요청했다. 그러나 교

1958~1964년 한국유네스코후원회 수입현황

연 도	1958	1959	1960	1961	1962~64	합 계(원)
찬조금	770,000	290,000	190,000	165,000	-	1,415,000
회 비	135,000	175,000	60,000	-	-	370,000
합 계	905,000	465,000	250,000	165,000	-	1,785,000

출처 : 한국유네스코후원회, 「1962年度 活動과 業績 및 1963年度 重點事業計劃」, 1962, 6쪽.

46) 경향신문, 1961. 5. 20.

47) 경향신문, 1959. 2. 17. 이하 강희택 내용은 동 기사에 따름.

48) 한국유네스코후원회, 「제2차 한국유네스코후원회 총회 회의록」, 1959.

과서 인쇄 공장이나 직업기술교육 등 교육 원조에 주력한 유네스코는 대규모 유네스코회관을 짓는 데에는 별 관심이 없었다. 언론들도 유네스코 직원들이 회관 건축 공사 현장을 방문한 일을 상세히 보도하면서[46] 유네스코가 원조를 주지 않을까 지켜보았지만 결국 유네스코는 끝까지 아무런 지원을 하지 않았다.

한편 뜻있는 개인들이 기부를 해줄 것이라는 기대도 있었다. 당시 언론들은 유엔에 가입하지 못한 우리나라에서 유네스코 활동을 적극 후원하고 참여하는 것이 애국이라고 지지해주었다. 이러한 분위기 속에서 1959년 2월 17일에는 재일동포 강희택씨가 유네스코회관 건축기금 일억 환을 유네스코한국위원회에 희사하기로 하고, 기증식도 하였다.[47]

언론에 따르면 강희택씨는 집안이 가난하여 일찍이 일본에 건너가 고학하였으며, 강희택 장학회를 만들어 재일동포들의 교육에 헌신하였다고 한다. 그러던 중 1958년 11월 김법린 후원회장을 단장으로 하는 유네스코총회 한국대표단이 프랑스로 가기 위해 도쿄에 들렀을 때, 유네스코회관 건립 소식을 듣고 "우국일념의 따뜻한 동포애와 뜨거운 교육열"에서 기부를 결정하였다. 하지만 아쉽게도 이 기부는 실제로 이루어지지 않았다. 그 후에도 몇 차례 개인들이 건축비용을 기부하겠다는 의사를 밝힌 적은 있으나, 실제로 후원회가 기부를 받은 적은 없었다. 몇 명이 소액의 입주보증금을 먼저 내거나 잠시 빌려주는 정도였다.

후원회 회원들을 대상으로 한 모금실적도 기대에 못미쳤다. 후원회 설립 초기에는 회원들이 회비도 내고, 찬조금도 들어와 1958년 11월 프랑스에서 열린 유네스코총회에 참석하는 한국 대표단 중 한 명의 경비를 지원하기도 했다.[48] 그러나, 1962년부터는 회비도, 찬조금도 모두 끊어졌다. 후원회가 설립될

유네스코회관 건축비 은행권 융자 및 임대보증금 내역(1962. 12. 31.)

은행명	금액(원)	비 고
한국산업은행	34,300,000	1961. 9. 19. 22,000,000원
		1961. 11. 18. 8,000,000원
		1962. 3. 14. 4,300,000원
제일은행	5,400,000	1959 ~ 1960 (임대보증금)
한일은행	15,000,000	1962. 3. 28. (임대보증금)
합 계	54,700,000	*최종공사비는 약 4억 4천만 원 / 잔여공사비는 대부분 한일은행이 부담

출처 : 한국유네스코후원회, 「1962年度 活動과 業績 및 1963年度 重點事業計劃」, 1962. 10쪽.
유네스코한국위원회, 「유네스코會館 建立 推進計劃案」, 1965. 31쪽을 바탕으로 필자가 재구성

때부터 1964년 해체될 때까지 자체 모금한 실적은 1,785,000원에 불과하여 건축비 마련에도, 유네스코한국위원회 사업에도 거의 도움이 되지 못하였다.

믿었던 유네스코로부터 아무 성과를 거두지 못하고, 개인들의 참여도 저조하자 후원회는 경제기획원을 통해 차관을 신청하기도 하였다. 1962년부터 준비해 미국 Gehrhart & Otis 회사와 1963년 2월 5일자로 200만 불에 대한 외자도입 차관약정을 체결하고, 경제기획원에 정부지불보증신청서를 제출하였다.[49] 하지만 이때는 후원회 내분이 발생하고 있던 시점이라 정부의 지불보증을 받지 못해 차관 도입 계획도 무산된다.[50]

49) 한국유네스코후원회 「1962年度 活動과 業績 및 1963年度 重點事業計劃」, 1962.14쪽.

50) 경향신문, 1963. 9. 4.

실제로 후원회가 유네스코회관 건축자금을 조달한 방법은 은행 융자였다. 하지만 은행 대출을 받는 것 역시 쉬운 일은 아니었다. 유네스코회관의 대지는 행방불명된 중국인 담정택씨의 소유로서 한국위원회가 매월 성업사에 임차료를 납부하고 있었는데, 그 땅을 후원회가 무상으로 사용하는 처지였다. 유네스코회관도 계획뿐이며 아직 건물이 세워진 것은 아니었다. 한 마디로 남이 빌린 땅을 빌려서, 아직 짓지도 않은 건물을 담보로 대출을 받아야 했다. 여기에 유네스코한국위원회가 설립했다고 하나 엄연히 별개 단체인 후원회를 믿고 선뜻 거액을 대출해 줄 은행은 없었다.

공사 시작 후 거의 2년 동안 전혀 대출을 받지 못해 고생하던 후원회는

회장이었던 전택보 전 상공부장관과 이상윤 이사장, 장내원 사무총장, 신영순 이사 등 임원 6명이 어떠한 책임도 지겠다는 연대보증 각서까지 쓰고, 문교부의 융자 추천도 받아 1961년 산업은행에서 30,000,000원, 다시 1962년에 4,300,000원을 대출받는 성과를 거두었다. 여기에 제일은행과 한일은행이 회관 임대보증금을 선납하자 겨우 한숨을 돌릴 수 있게 되었다.

하지만 1962년 7월 상량식을 마친 후 후원회 내분이 격화되자 은행 대출은 다시 중단되었다. 공사비를 마련하지 못하자 공사도 따라서 중단되었다. 1962년말 후원회가 시공사인 풍전산업에 밀린 공사대금은 13,248,888원이었다.[51] 이 공사 미불금은 계속 늘어나 1963년 5월에는 약 이천만 원에 이르렀고, 결국 풍전산업은 1963년 5월 20일, 후원회를 상대로 서울지방법원에 공사비 지급 청구 소송을 제기한다.[52]

51) 한국유네스코후원회, 「1962年度 活動과 業績 및 1963年度 重點事業計劃」, 1962. 11쪽.

52) 조선일보, 1963. 5. 21.

멈춰 선 공사와 쏟아지는 비난 여론

다시 공사는 멈춰 섰다. 공사장은 가마니로 덮어 비만 오면 통행인들이 짜증을 내었다.[53] 기공식을 한 지 삼 년이 넘어 겨우 상량식을 마치는가 했는데 다시 공사가 멈춰서자 이번에는 언론도 비판의 목소리를 높였다. 무엇보다 당초 공사비도 제대로 마련하지 못한 상태에서 무리하게 공사를 추진한 것이 문제라는 취지였다.

1962년 9월 25일 동아일보는 '지지부진 소걸음, 서울의 두 맘모스 공사'라는 기사에서 겨우 뼈대만 갖추어놓은 유네스코회관은 "최초의 자금조달책이 대부분 공수표로 돌아가 은행융자와 새로운 자본주를 학수고대하고 있는 딱한 실정"이라고 언급하였다.[54]

어렵사리 건물 13층 전체 골조 공사를 마무리했지만 이는 전체 공정의 30%밖에 지나지 않았다. 전체 건축면적이 3,800여 평에 예정 공사비는 2억 7천만 원이니 아직 갈 길이 멀었다.[55] 신문은 "처음 계획으로는 총 공사비를 1억 5천만 원으로 잡고, 정부에서 5천만 원, 산업은행에서 5천만 원, 국제 원조로 5천만 원을 계상했는데, 정부 보조는 금년도 예산에서 깎이고, 국제 원조는 아득할 따름이며, 다만 산업은행에서 3천 4백여 만 원을 얻었을 뿐이기에 계획에 차질을 가져온 것이다."[56] 라고 썼다.

53) 조선일보, 1967. 2. 16.

54) 동아일보, 1962. 9. 25.

55) 한국유네스코후원회, 「1962年度 活動과 業績 및 1963年度 重點事業計劃」, 1962. 8쪽.

56) 동아일보, 1962. 9. 25.

다른 언론도 "무에서 유를 창조한다는 기적 속에서 명동의 하늘로 치솟았던 이 13층 빌딩이 공사금 미지불로 건축을 중단한지 3개월. 추위가 밀려와 음산한 데다가 짓다 말아 뼈만 앙상한 이 빌딩에는 현재 20여 명의 인부들이 겨우 지하실 방수작업을 진행하고 있을 뿐이다."라고 하면서 "유네스코후원회는 자기 돈은 한푼도 들이지 않고, 산은과 한은에서 4억 9천 3백만 원을 융자받아 정말 '무'에서 '유'를 만들어 내려고 거대한 공사에 착수했던 것이다."라며 비판하였다.[57] 이 당시 후원회가 예상한 건축비는 약 2억 7천만 원이므로 기사에서 말한 4억 9천만 원은 지나치게 많은 금액이다.[58]

57) 경향신문, 1962. 11. 10.

58) 한국유네스코후원회, 「1962年度 活動과 業績 및 1963年度 重點事業計劃」, 1962. 11쪽.

유네스코 담당 부처인 문교부도 적극 개입하기를 꺼려하였다. 문교부장관은 언론에 내년도(1963년) 예산에는 회관 건축 보조비가 책정되지 않았으나, 조성방법을 강구하고 있다고 하면서도 "유네스코(후원회)가 순수한 민간기구이기 때문에 정부가 개입할 성질은 아니며, 회관을 둘러싼 말썽은 중요시할 것이 못된다"고 말했다.[59] 유네스코회관은 어느새 국가적 자랑거리에서 골칫거리로 바뀌어 있었다.

59) 경향신문, 1962. 10. 3.

시공업체인 풍전산업은 일 년을 기다려봤지만 공사를 재개할 움직임이 없자 1963년 8월 공사비 청구 소송과는 별도로 회관 건물 외벽에 설치해놓은 작업용 발판을 뜯어내고 공사를 완전히 중단하였다. 신영순 후원회 이사는 언론 인터뷰에서 "청부회사에서 공사비를 안준다고 공사를 중단했다. 곧 공사비를 마련할 전망도 없어 통행인의 위험방지를 위해 발판을 튼튼하게 보완하든지 공사를 계속하든지 적당한 조치를 해달라고 요청했더니 결국 발판을 일단 뜯게 되었다."고 상황을 설명하였다.[60]

60) 동아일보, 1963. 8. 24.

사실 자금난은 공사 초반부터 계속 있었다. 그래도 조금씩 공사가 진척되어 오다가 이렇게 완전히 중단된 것은 또다른 암초를 만났기 때문이었다. 언제부터인가 건축주인 한국유네스코후원회 안에 불화가 싹트기 시작하더니 1962년 상량식이 끝난 이후에는 돌이킬 수 없는 지경에 이르러 이사들 사이에 상호비방과 고발이 난무하였다. 보다 못한 정부가 후원회를 해체하고 1965년 11월 한일은행에게 잔여 공사를 인수하도록 개입할 때까지 유네스코회관은 3년간 하릴없이 비바람을 맞으며 명동의 우울한 풍경으로 남아 있었다.

멈춰선 유네스코회관 공사 전면- 북서쪽 ©동아일보, 1964. 8. 21.

멈춰선 유네스코회관 공사 서쪽 ©경향신문, 1964. 12. 2.

멈춰선 유네스코회관 공사 동쪽 ©경향신문, 1964. 8. 27.

4. 한국유네스코후원회의 분규와 해체 (1963~1964)

1964년 8월 24일 문교부가 전격적으로 한국유네스코후원회의 설립허가를 취소하였다. 유네스코회관 건립과 민간 분야 유네스코 활동 확산을 목표로 설립되어 회관 공사를 이끌었던 후원회였다. 문교부는 후원회의 설립 허가를 취소하는 사유로 후원회가 “유네스코회관 건립 능력이 전무하고, 계속되는 쟁투로 사회의 공익을 해하고, 국제적 위신을 손상”시켰다고 밝혔다. 실질적인 강제 해산 조치였다. 김법린 장관 같은 대표적 지식인들은 물론이요, 재무부장관이 명예회장까지 맡아가며 힘을 실어준 한국유네스코후원회는 왜 이렇게 불행한 모습으로 사라졌을까. 뜻있는 인물들이 힘을 합쳐 새로운 유네스코 활동을 펼쳐보고자 애썼지만, 결국 시련 속에 흩어져버린 후원회의 발자취를 따라가보자.

내분의 발단 - 창립 이사진의 등기상 임기 만료

1958년 10월 후원회 창립총회가 끝나자 후원회는 정관에서 정한 임원진을 구성하였다. 직책은 다양했지만 대표적 임원은 김법린 초대 회장과 장내원 사무총장이었다. 부지 임차권 양도자 신영순 사장도 후원회 이사로 참여하였다. 후원회 설립 초기에는 내부에 큰 갈등이 없었던 것으로 보인다.

1962년 2월 28일 제5차 후원회 정기총회에서 송대순 전 대한상공회의소장을 회장으로 하여 장내원 사무총장, 신영순 이사 등이 포함된 임원 스무 명이 새로 선임되었다.[61] 그런데 장내원 사무총장이 새로 선임된 이사진들을 법원에 미처 등기하지 못한 채, 1962년 4월 17일 건강 등의 사유로 유네스코한국위원회 사무국장직을 사임하고, 이어서 한 달도 안 되어 5월 7일, 후원회 사무총장직도 사임하는 일이 발생하였다. 그러자 후원회는 신영순 이사를 사무총장 직무대리로 선임하였다. 유네스코한국위원회 사무국장이 후원회 사무총장을 겸하는 관례가 깨진 것이다. 하지만 그해 8월에 열린 후원회 이사회는 그간 장내원 전 사무총장의 공로를 인정하여 사임을 만류하고 다시 후원회 사무총장으로 임명하였다. 이때부터 문제가 시작되었다. 당시 장내원 총장은 건강이 좋지 않아 업무를 제대로 보기 어려웠다. 여기에 신영순 이사 역시 차일피일 미루며, 장내원 총장에게 후원회 업무를 이관하지 않았다. 새로 선임된 이사진은 등기 수속을 하지 못한 채 우선 업무를 진행할 수밖에 없었는데, 바로 이 신임 이사진을 법원에 제때 등기하기 못한 것이 후원회 내분의 치명적인 불씨가 되었다.

61) 문교부, 『韓國유네스코後援會 監査調書』, 1963. 5. 20. 3~9쪽.

한편, 이 무렵 유네스코한국위원회와 후원회 사이에도 불신이 싹트고 있었다. 한국위원회는 1957년 성업사와 토지임대차계약을 체결한 이래 꼬박꼬박 임차료를 납부해오고 있었다. 1962년 7월 23일 성업사의 요청으로 성업사에서 한일은행으로 담정택씨의 재산관리인이 바뀌자 한국위원회는 당연히 한일은행과 임대차 계약을 체결할 계획이었다. 그런데 후원회가 한국위원회쪽에 아무런 말도 없이 몰래 한일은행과 임대차계약을 체결해버리는 일이 발생하였다. 신영순 이사가 후원회 업무를 맡아보고 있던 때였다. 격노한 한국위원회는 "당 사무국에 일언반구의 협의한 바도 없이 성업사장과 본 위원회 사무국장간에 체결된 동 대지 임대차계약서를 부당 소지하고 있음을 기화로 이를 이용하여 일방적으로 귀회와 한일은행간에 임대차계약을 체결하였음은 위법 부당한 처사이며, 심

62) 유네스코한국위원회, 「유네스코회관 대지 임대차 계약 갱신에 대한 일」, 1962. 10. 2.

히 유감"이라고 공문을 보냈다.[62] 그리고 즉각 계약을 취소하라고 요구하였다.

다행히 후원회는 계약을 취소하였고, 한국위원회는 그해 10월 한일은행과 토지임대차계약을 다시 체결하였다. 유네스코한국위원회로서는 후원회가 회관 건축을 전담하고 있는 상황에서 토지임대차 계약권만은 지키고 싶었던 것으로 보인다. 후원회 운영에 대한 불신은 안팎으로 점점 커져갔다.

후원회 이사진 변경과 "법인 절도 행위"

63) 한국유네스코후원회, 「한국유네스코후원회 운영에 관한 긴급진정서」, 1963. 4.

64) 문교부, 『韓國유네스코後援會 監査調書』, 1963. 5. 20. 9쪽.

해를 넘겨 후원회 내부의 긴장감이 높아지고 있던 1963년 3월 28일, 이번에는 신영순 이사가 기존 이사진을 완전히 배제하고, 새로 임시이사진 9명을 선임하여 기습적으로 서울지방법원에 임원 등기를 해버리는 일이 발생하였다. 이 명단에는 유네스코한국위원회 사무총장도 빠져있었다. 이에 대해 신영순 이사는 후원회 설립 당시 선임된 이사들이 많이 사임하였고, 본인이 후원회를 주도적으로 설립한 당사자로서 회관 건축을 원활히 진행하고자 새로 이사진을 구성하였다고 주장했다.[63] 송대순 회장 등 기존 임원들과 협의하지 않은 것은 이들이 법원에 등기가 되어있지 않아 합법적 임원이 아니므로 굳이 사전 협의를 할 필요를 느끼지 못했다고 하였다.[64]

65) 한국유네스코후원회, 「한국유네스코후원회 운영에 관한 긴급진정서」, 1963. 이하 장내원측 입장은 동 자료에 따름.

66) 한국유네스코후원회, 「1963년도 임시총회결의사항 보고의 건」, 1963. 4.

장내원 사무총장을 비롯해 기존 후원회 이사진들과 조민하 유네스코한국위원회 사무총장은 깜짝 놀라 즉시 1963년 4월 26일 대한상공회의소에서 임시총회를 열고, 송대순 당시 대한상공회의소장을 회장으로 하여 유네스코한국위원회 사무총장 등 이사 및 감사 15명을 선임하고 법원에 따로 임원 등기 신청서를 제출하였다.[65] 그러면서 후원회 창립 주도자는 김법린 초대 회장과 전예용, 현제명, 장내원 등이며, 신영순 이사는 후원회 이사 중 한 명일 뿐이라고 반박하였다. 그리고 신영순 이사가 임시 이사진을 구성하면서 한국위원회 사무총장은 물론 산업은행에서 대출받을 때 연대보증 각서까지 썼던 임원들마저 배제한 것은 "법인 절도 행위"나 다름없다고 비난하였다. 장내원 총장 측 이사진은 문교부와 유네스코한국위원회에 진정서를 제출하고, 문교부가 조속히 후원회 운영 실태를 감사해 줄 것을 요청하였다.[66]

당시 후원회는 유네스코회관 공사를 책임지고 있었을 뿐 아니라, 회관이 완공되면 소유권을 가지고 건물을 관리하면서 막대한 임대소득을 창출할 예정이었다. 따라서, 후원회의 주도권을 누가 갖느냐는 극히 민감한 사안이었다. 서울지방법원은 1963년 5월 장내원 사무총장 등 신임 이사진의 취임이 정당하다고 승인하였다. 이로써 신영순 이사가 선임한 임시이사진은 자격을 상실하였다.

문교부도 민첩하게 1963년 5월 6일부터 10일까지 닷새 동안 후원회 운영에 대한 감사를 실시하고, 장내원 사무총장 쪽 이사진을 승인하였다. 신영순 이사에게는 5월 31일 하오 2시까지 송대순 회장쪽에 후원회 사무를 인계하도록 지시하였다.[67] 그리고, "끝내 사무인계를 거부할 경우 신씨측의 이사진을 불법단체로 인정하고 사직당국으로 하여금 해산시킬 법적 절차를 취할 것"이라고 엄중 경고하였다.[68]

하지만 지정한 날짜에도 신영순 이사쪽은 사무인계를 하지 않았다. 오히려 법원에 신임 이사진의 기능 정지를 요구하는 가처분 신청서를 제출하고는 송대순 회장 측의 총회 소집 및 임원 선임 자체가 불법인데, 문교부가 한쪽 편을 들어 사무인계를 하라고 요구하는 것은 지나친 일이라고 맞섰다.[69] 실제로 문교부는 신영순 이사를 중부경찰서에 고발하였고, 신영순 이사는 사회단체 등록에 관한 법률 위반 혐의로 서울지검에 불구속 송치되었다.[70] 그런데 반전이 일어났다. 법원이 이번에는 신영순 이사쪽 주장이 타당하다고 판결한 것이다.[71] 신임 이사진들은 물론이요 적극적으로 신임 이사진 편을 들었던 문교부도 난감한 처지가 되었다.

67) 경향신문, 1963. 6. 4.

68) 경향신문, 1963. 6. 4.

69) 경향신문, 1963. 6. 4.

70) 경향신문, 1963. 6. 13.

71) 경향신문, 1963. 6. 22.

후원회 이사진의 화해 시도

후원회 내분이 계속되자 안그래도 어려웠던 공사비 마련은 더욱 힘들어졌다. 신영순 이사쪽은 자금 조달을 위해 차관 도입을 협의했으나 정부의 지불보증 거부로 뜻을 이루지 못하였다.[72] 사회적으로도 지탄이 쏟아지면서 양쪽 후원회 관계자들은 화해를 시도하게 된다.

유네스코한국위원회의 중재로 양쪽 이사진들은 서로 타협하고, 1963년 10월에 열린 후원회 7차 총회에서 모든 고소를 취하하였다.[73] 이 회의에는 문교부차관도 참석하여 화기애애한 분위기 속에서 진행되었으며, 이사진도 새로

72) 경향신문, 1963. 9. 4.

73) 동아일보, 1963. 10. 24.

74) 유네스코한국위원회, 『유네스코뉴스』, 1963년 11월호. 4~5쪽.

장내원 유네스코한국위원회 2대 사무총장 겸 후원회 초대 사무총장
©유네스코한국위원회

구성하였다.[74] 갈등의 핵심 당사자였던 신영순 이사와 장내원 사무총장은 새 이사진에서 빠지고 대신 양쪽을 대표하는 인물들을 반반씩 포함시켰다. 물론 조민하 유네스코한국위원회 사무총장도 이사진에 참여하였다. 회의가 끝날 무렵에는 그동안 일으켰던 사회적 물의를 일소하고, 새로운 자세에 임한다는 성명서도 발표하였다.

이렇게 후원회의 분규는 해결되는 듯 보였다. 하지만 공사는 여전히 지지부진했고, 새 사무총장에 임명된 김영호씨가 공사 부정 사건으로 서울지검의 조사를 받게 되는 등 후원회 운영은 정상화되지 않았다. 여기에 1964년 6월 6일, 오랫동안 유네스코한국위원회와 후원회를 이끌어온 장내원 사무총장이 갑작스레 세상을 떠나면서 후원회는 완전히 다른 국면을 맞게 되었다. 이것은 후원회 뿐 아니라 유네스코한국위원회로서도 큰 타격이었다.

장내원 사무총장은 유네스코한국위원회 초대 사무총장인 정대위 박사의 고향 선배로, 1954년 한국위원회가 설립될 무렵부터 직원으로 근무하였다. 1956년 7월에는 한국위원회 제2대 사무총장으로 취임하여 1962년 4월까지 근 십년 간 유네스코 사업에 헌신하였다. 일제강점기에는 만주 용정에 있는 광명중학교에서 영어교사로 근무하였는데, 당시 학생 중에는 나중에 국무총리를 지낸 정일권씨도 있었다.[75]

75) 위키백과, https://ko.wikipedia.org/wiki/%EC%A0%95%EC%9D%BC%EA%B6%8C, 2020.12.2.

장내원 사무총장은 1955년 동아일보에서 벌어진 원자력의 평화적 이용과 자주성에 대한 지상논쟁에도 적극 참여하였으며,[76] 1958년 후원회 창립을 주도하고, 후원회 초대 사무총장을 맡아 유네스코회관 공사의 기초를 닦았다. 장내원 사무총장이 사망한 지 며칠 후, 유네스코한국위원회 위원이자 장내원 총장의 오랜 친구였던 김광섭 시인은 조선일보에 '유네스코 사업의 선구자'라는 제목으로 장문의 추도사를 게재하였다.

76) 장내원, '원자력협정의 검토', 동아일보, 1955. 10. 11~16. 6회 연재. 이에 대한 비판은 윤세원 '원자력협정의 진의 - 과학자로써 장씨 소론을 비판함.', 동아일보, 1955. 10. 24~ 27. 4회 연재.

"… 6월 3일 상공회의소 회의실에서 유네스코후원회 이사회를 마치고 비오는 데 잠깐 서서 8일 다시 만나기로 하고 갈라졌는데, 그 8일에 영결식이 거행된다고 할 때 아무리 생각해도 있을 수 없는 맹랑한 일 같았다. 평소에 만나면 '곰이지요, 내가 유네스코를 밀고 가는 곰이지요. 희망의 자세를 가져야 합니다. 염려없습니다.' 하면서 오히려 나를 위로해주던 그의 영전에 분향하고, 조사를 올릴 때 나는 첫마디에 그만 목이 칵 메었다. … 회고컨데 유네스코한국본부가 십여 년 전 창립되어 그 날 그때부터 나는 유네스코의 한 위원으로 그가 서거하는 그때까지 유네스코 사업에 대한 그의 정열과 역량과 지혜에 이끌리면서 일이란 결국 돈만으로 되는 것이 아니고 성심과 성의와 노력으로써 이루어질 수 있다는 신념에 경복했던 것이다.

1957년에 사륙배판 칠백여 면에 달하는 『유네스코 한국총람』을 발간할 때 문교부에서 유네스코에 대한 보조금은 구화로 기백만 환에 불과했는데 집필자 일백 칠십여 명을 동원함으로써 기천만 환이 소요되는 방대한 문헌을 완성하기까지 출판사와의 애로는 더 말할 나위도 없었다. …영문판 총람이 끝나자 그는 유네스코후원회를 조직하고, 곧 유네스코회관 건립에 착수하였다. … 빈손으로 흘러다니는 자원을 조직화하여 드디어 시공식을 거행할 때, 나는 그의 용기와 대담성과 그 기획성에 경탄하였던 것이다. 그것은 나뿐이 아니고, 당시 참석하였던 내외귀빈이 다 놀래었던 것이다.

나는 그의 한 친구로서 또 생존자의 의리로서 유네스코사업의 선구자인 그를 불시에 잃게 된 것을 슬퍼하면서 그의 유지인 유네스코회관이 하루속히 완성되기를 바라마지 않는다."[77]

77) 조선일보, 1963. 6. 14.

78) 유네스코한국위원회, 『유네스코뉴스』, 1967. 3월호. 23쪽.

1964년 유네스코한국위원회는 창립 10주년을 맞아 기념식에서 고인이 된 김법린 초대 후원회장과 장내원 사무총장에게 유공 표창을 수여하였다. 1967년 유네스코회관이 완공되자, 회관 설립에 기여한 공로로 유네스코한국위원회는 다시 한 번 장내원 사무총장 가족에게 감사장을 드렸다.[78]

한국위원회 위원들의 호소와 정부의 2차 후원회 감사

79) 유네스코한국위원회, 『유네스코뉴스』, 1964. 7월호. 12쪽.

후원회의 갈등이 해소되지 않고, 회관 공사는 중단된 채 도저히 나아질 기미가 보이지 않자 한국위원회 위원들이 나섰다. 1964년 6월 15일 유네스코한국위원회 집행위원회는 전체 위원 명의로 유네스코회관 건립에 관한 대정부 건의안을 채택하였다.[79] 주요 건의사항은 다음과 같았다.

1. 순수한 민간인 유지들만의 힘으로 건립해 보려던 당초의 계획은 좋았으나 그간의 예기치 못하였던 객관적인 여건의 변경으로 오늘에 이르러서는 회관이 순조로이 건립될 수 없음이 예견되는 바 회관건립자금의 알선, 건립위원회의 구성문제를 위시하여 제반 문제를 정부가 엄밀히 조사, 검토하여 보다 적극적으로 혹은 정부가 직접 관여하여서라도 준공될 수 있도록 조치하여 주시기 바랍니다.

2. 정부의 알선으로 회관건립자금이 마련되는 경우에는 정부와 본 위원회가 공동운영하여 동 자금은 상환할 것이며, 전액 상환 후의 회관 운영에서 생득되는 수익금은 전액 유네스코 사업비로 충당케 하므로 매년 유네스코 사업을 위하여 정부가 부담하는 유네스코 사업보조금은 자연 경감될 것이오니 이 기회에 본 위원회가 재정적으로 자립 운영될 수 있도록 후원 육성하여 주시기 바랍니다.

그런데 이 당시는 후원회가 여전히 회관 공사를 책임지고 있을 때였다. 하지만 위원들은 후원회로는 공사 진행이 불가능하니, 후원회를 배제하고 정부가 직접 공사를 하거나, 정부와 유네스코한국위원회가 공동으로 회관 공사를 진행하자고 제안한 셈이었다. 한국위원회가 회관을 직접 관리운영하겠다는 의사표시를 공식적으로 한 것이다.

위원들이 이렇게까지 나선 데에는 당시 시대적 배경도 작용했다. 1964년 10월 일본 도쿄에서 열리는 하계 올림픽을 맞아 우리나라에도 해외관광객이 늘어날 것에 대비해 서울에 있는 짓다 만 건물들을 어떻게 처리할 것인지가 사회적 고민거리가 되었다. 유네스코회관도 당연히 이 건물들 중 하나였다. 여기에 관광객이 늘어나면 호텔이 필요할 텐데, 당시 유네스코회관 3개층에 객실 약 100여 개를 조성할 계획인지라 회관을 빨리 건립할 필요가 있었다. 또한 이 무렵 이십 년 가까이 생사조차 알 수 없었던 유네스코회관 부지의 주인 담정택씨가 홍콩에 살아있다는 것이 알려졌다. 담정택씨는 서울에 살던 중국인 지인 정가현씨에게 위임해 1964년 4월 17일, 한일은행을 재산관리인에서 해임하고 대신 정가현씨를 임명하는 소송에서 승소하였다. 유네스코회관 부지의 향방은 가늠할 수 없었고, 후원회 자체로는 해결하기 힘든 난관이었다.

이러한 사회적 여건과 한국위원회 위원들의 호소를 수용하여 1964년 7월 정부는 먼저 후원회 특별감사에 나섰다. 정일권 국무총리의 지시로 경제기획원, 문교부, 재무부가 참여한 합동조사반은 7월 초부터 한 달 동안 강도높은 조사를 벌였다.[80] 그리고 "한국유네스코후원회는 회관 건립 등 유네스코한국위원회에 대한 재정적 지원이라는 본래의 설립목적을 이행할 능력이 없다"고 결론을 내렸다.[81] 당초 후원회가 회관 건립 이외에도 한국위원회 사업 전반에 대해 재정 지원을 하기로 했는데, 그 실적 역시 미미하였기 때문이다. 특히 1963년부터는 그나마도 완전히 중단된 상태였다.

80) 경향신문, 1964. 8. 27.

81) 경향신문, 1964. 8. 27.

감사를 받는 와중에도 갑자기 후원회는 회관 건축자금 모금을 위한 복권 발행을 추진하였다. 언론은 갖가지 말썽을 일으킨 후원회가 건축비 마련을 위해 8월 21일 후원복권 발행허가 신청을 하는 바람에 관계자들이 어리둥절하고 있으며, 복권 발행총액은 약 5억 원인데, 그 중 회관 건립금이 2억 원에 기타경비가 5천만 원으로, 전국 주요 도시의 고궁과 유원지 등에서 판매한다고 전하였다.[82] 시민들은 이런 복권은 사행심을 조장하는 것으로, 유네스코 정신에 어긋날 뿐 아니라 운영경비를 10퍼센트나 계상한 것은 후원회가 회관 건립이 아니라 경비 사용에 눈독을 들이는 것이라고 비난하였다.[83]

82) 동아일보, 1964. 8. 21.

83) 동아일보, 1964. 8. 21.

1958~1962년 후원회의 유네스코한국위원회 예산 지원 현황

연 도	1958	1959	1960	1961	1962	합 계
지원금(원)	747,394	1,278,427	230,022	68,000	306,578	2,630,421

출처 : 한국유네스코후원회,「1962年度 活動과 業績 및 1963年度 重點事業計劃」, 1962, 6쪽.

문교부의 후원회 강제 해산

정부 합동감사반의 발표가 있은 지 약 한 달 뒤인 1964년 8월 27일, 문교부는 전격적으로 한국유네스코후원회의 설립허가를 취소하였다. 실질적인 강제 해산 조치였다. 후원복권 추진도 자연히 물거품이 되었다. 문교부는 이례적으로 후원회를 강력히 비판하면서 후원회 설립 취소사유를 공개하였다.

> 동 법인은 유네스코의 근본 이념에 입각하여 우리나라에 있어서의 유네스코 활동을 지원할 목적으로 발족을 보았으나, 시일이 경과함에 따라 본래의 취지를 망각하고, 회관의 건축을 위요한 사리사욕적인 파벌의 조성과 분규만을 계속하여 왔으며, 이로 인하여 법인의 운영은 공전화되고 본래의 사업목적인 유네스코한국위원회에 대한 재정적인 지원은 명색 뿐이며, 회관 건립은 법인 자체가 확보하는 재원에 의하지 못하고 거개가 은행 융자에 의존하였을 뿐만 아니라 건축업자에 대한 공사비는 미불되었고, 이에 반하여 인건비와 경상비 등은 부당하게 과다히 지출되는 등 세간의 의혹을 사게 하였으며, 다년간 계속된 분규는 상호 고발 등 온갖 추태를 연출하여 유네스코의 근본 이념과 법인의 설립취지를 망각한 행위는 사회적 물의를 야기하고, 국제간에 있어서 우리나라의 위신을 손상케 하여 과거 정부와 유네스코한국위원회가 쌓아올린 공적조차 무너트리는 결과를 가져오게 하였으므로 이는 숭고한 유네스코의 이념을 모독할 뿐 아니라 사회의 공익을 해하는 행위로 인정치 않을 수 없다.[84]

84) 유네스코한국위원회, 『유네스코뉴스』, 1964. 7월호. 12쪽.

동시에 문교부장관 및 차관, 경제기획원차관, 재무부차관, 내무부차관, 산업은행부총재 등 정부 관계인사와 윤일선, 김명선, 최두선, 서정식, 전택보, 문희석, 강서용, 오재경 등 유네스코 관련 인사, 그리고 유네스코한국위원회 사무총장 등 전체 15명으로 새롭게 유네스코회관 건립추진위원회를 구성하였다.[85]

언론에서도 말썽많은 후원회를 해체한 정부의 조치를 환영하였다. 유네스코회관을 건립할 재정적 능력이 없어진 후원회가 "부당하게도 회관 건물에 대한 소유권 내지는 관리권을 주장하는 등 본말이 전도된 사태가 일어나자 당국은 동 후원회의 해체를 결정하기에 이른 것"이라고 보았기 때문이었다.[86]

85) 유네스코한국위원회, 『유네스코뉴스』, 1964. 7월호. 12쪽.

86) 동아일보, 1964. 8. 27.

5. 준공과 한일은행 (1965~1967)

한국위원회 위원들의 재호소 - 제2차 대정부 건의문

문교부가 후원회 설립을 취소하고, 회관건립위원회도 새로 구성하였지만, 회관 공사는 여전히 멈춰있었다. "앙상한 골격미만 드러내놓음으로써 시민들의 시각에 상처를 입혀왔던가" 하면 "폭풍우가 불어닥칠 때는 그 나체건물 주변의 시민들은 전전긍긍, 벼락맞을까 싶어 대피구를 찾아야 했다."[87] 1964년 12월에는 전 후원회 사무총장이 한일은행에서 임대차보증금 1천만 원을 대출한 후, 이사진의 승낙없이 그 중 1백여 만 원을 개인적으로 사용하여 검찰이 업무상배임혐의로 구속영장을 청구하는 일까지 벌어졌다.[88] 게다가 공사가 중단된 지 이 년이 넘어가도록 도심 한 복판에 방치된 폐가같은 건물은 이제 미관문제를 넘어 구조가 약해져서 주변의 안전까지 위협할 것이라는 위기의식이 팽배해졌다.

다시 한번 유네스코한국위원회 위원들이 나섰다. 1965년 5월 한국위원회는 윤천주 문교부장관이 참석한 총회에서 건립 중단 상태에 있는 회관 완성 문제를 토의하고, 1964년에 이어 다시 전체 위원 명의로 정부의 지원을 촉구하는 대정부 건의문을 채택하고 언론에 공표하였다.[89]

87) 경향신문, 1964. 6. 18.

88) 경향신문, 1964. 12. 22.

89) 동아일보, 1965. 6. 3.

90) 유네스코한국위원회, 『유네스코뉴스』, 1965. 6월호. 14쪽.

현하 한국의 실정으로는 민간인들만의 힘으로 동 회관을 건립하려든 당초의 계획은 불가능할 뿐 아니라 사회의 이익을 해할 우려가 있어 정부가 취한 조치에 찬동하는 바입니다.

이와 같은 정부의 조치를 뒷받침하기 위하여 해당 정부관계자 및 관계인사로서 구성된 유네스코회관 건립추진위원회의 건립계획을 찬동하며 협력할 것을 다짐하는 바입니다.

동 계획의 조속한 실현만이 지난 날의 오점을 씻는 길이라 믿으며 정부당국의 보다 적극적인 지원과 과감한 대책으로 동 회관이 완공되도록 특별 강구하여 주시기 바라는 바입니다.[90]

91) 경향신문, 1965. 6. 21.

올해(1965년)를 넘기면 건물을 해체할 수밖에 없다는 의견이 힘을 얻으면서 어서 유네스코회관을 완공하자는 여론도 생겨났다. "유명한 유네스코회관이 6년이 지나도 완성이 못 되어 해골같은 자태가 우로에 노치되어 있는 참상이 명동 복판에 버려져"있는데, "만일 정부 재정에 여유가 있다고 한다면 박람회 같은 신사업보다도 미완상태에 있는 몇 개의 공공건물을 완성시켜 국제적 체면을 세우는 것이 급선무"라고 도와주었다.[91] 그 사이 여러모로 방법을 찾아오던 정부도 드디어 유네스코회관을 완공할 새로운 주체를 찾아냈다. 바로 한일은행이다.

유네스코회관을 완공한 한일은행

92) 조선일보, 1965. 8. 5.

93) 조선일보, 1967. 2. 16.

1965년 8월 4일 장기영 경제기획원장관은 유네스코회관 건립 문제를 언급하며, 유네스코로부터 회관 건립 자금을 지원받는 것이 불가능해졌으므로, 정부에서 민간 자금을 알선하여 완성하기로 했다고 발표하였다.[92] 한일은행으로 자금 대출은행을 정한 정부는 한일은행과 유네스코한국위원회 양쪽에게 계약 초안을 가져오게 했다.[93] 한국위원회는 "모든 건축계획의 설계 변경, 시공, 건물의 용도 설정, 건축자금의 한도액 결정과 관리 행위는 유네스코가 맡아서 하고, 한일은행은 융자만 해주면 된다고 주장"하였지만, 한일은행 측은 막대한 자금을 담보도 없이 융자해 줄 수 없으며, 채권확보를 위해 건축 행위, 설계 변경,

건물의 관리 운영까지 맡아야 한다고 맞섰다.[94]

당시 한국위원회는 회관건립추진위원회를 위원회 안에 특별위원회 형태로 두고, 공사를 1, 2, 3차로 나누어 직접 건축을 추진하려는 계획을 세웠다.[95] 금융권에 공사와 관리를 맡길 경우, 유네스코회관이 당초 목적과 다르게 운영될 수 있고, 또 운영의 묘를 살리지 못해 융자금을 갚는데 시간이 오래 걸릴 수 있다고 판단했기 때문이었다. 하지만 이렇게 하려면 먼저 정부가 풍전산업의 공사미불금(1965. 8월 당시 이자 포함 미불금 47,117,841원)을 갚고, 나머지 공사를 진행할 수 있도록 1억 2천만 원을 마련해주어야 했다. 경험이 부족한 유네스코한국위원회가 공사를 진행하는 것도 쉽지 않은 일이었다. 결국 한일은행의 주장이 받아들여졌다. 한일은행은 공사비 대출은 물론, 회관 시공과 완공 후 건물 운영관리까지 맡는 조건으로 1965년 11월 19일 한국위원회와 부동산관리계약을 체결하고 회관 건립에 참여하게 된다.[96]

당시 한일은행은 유네스코회관이 완공되면 여기에 명동점을 입점시키기로 하고 임대보증금도 미리 후원회에 납부한 상태였다. 1962년부터는 성업사의 뒤를 이어 유네스코회관 부지의 법정재산관리인이 되었고, 한국위원회는 한일은행에 매월 18,500원씩 임차료를 납부하던 중이었다. 따라서 한일은행이 유네스코회관 공사를 맡게 된 것은 자연스러운 면이 있었다. 한일은행 쪽에서도 회관 공사를 맡은 것이 부담을 주는 것만은 아니었던 것 같다. 당시 언론은 "(한일은행이) 최근 건립을 맡은 유네스코회관도 동업자의 시기의 대상이 되고 있는바, 이런 것이 한일은행 주위를 맴돌고 있는 정치적 색채를 냄새맡게 하는 것인지도 모를 일"[97]이라고 언급하였다.

한일은행은 계약 체결 후 곧바로 유네스코회관임시관리본부를 설치하였다. 이미 시공된 골체구조를 포함해 설계도 상당 부분 변경하였다. 회의실이나 서비스 공간을 줄이고 최대한 임대 사무실 공간을 확보하였다. 7층부터 10층을 호텔로 만들려던 계획도 바꾸어 대부분 평범한 사무실 공간이 되었으며, 10층 일부에만 객실을 몇 개 남겨두었다. 국제회의장으로 설계되었던 회관 3, 4, 5층의 대강당은 극장으로 개조해 완공 후 임대해주기로 하였다. 설계자인 구조사도 1966년 3월 최종 설계도면과 시방서를 완성하였다. 구조사는 막바지 공사에

94) 조선일보, 1967. 2. 16.

95) 유네스코한국위원회, 「유네스코會館 建立 推進計劃案」, 1965. 8. 이하 위원회 계획은 동 자료에 따름.

96) 유네스코한국위원회, 「유네스코회관 준공식 안내자료」, 1967. 2. 17.

97) 매일경제, 1966. 7. 8.

98) 매일경제, 1966. 4. 5.

서 감리를 담당하며, 이미 당초 설계안에서 많이 달라져버린 회관의 건축미를 살리고자 노력하였다.

66년 4월 2일, 한일은행은 기존 시공사였던 풍전산업과 그 해 12월 20일까지 공사를 끝내기로 하고, 275,418,000원에 수의계약을 체결하였다.[98] 후원회와 미지급 공사비 청구 소송까지 했던 풍전산업은 곧바로 공사에 착수하였다. 그리고 약 9개월 만인 1966년 12월 20일, 풍전산업은 감리를 맡았던 구조사와 무수한 논의를 거친 끝에, 정해진 기간 안에 유네스코회관 공사를 모두 마쳤다. 한일은행은 공사를 인수하여 총공사비 약 4억 4천만 원 가운데 산업은행 융자금과 후원회가 개인들에게서 빌린 소소한 금액 몇 백만 원을 제외한 나머지 공사비 약 4억 원을 부담하였다. 전체 공사비의 약 90%에 해당하는 금액이었다.

마침내 완공

해가 바뀌어 1967년 2월 15일 중구청이 유네스코회관에 대한 사용승인을 내주면서 공사는 완전히 종료되었다. 1957년 8월 신한산업주식회사 신영순 사장이 명동 대지 임차권을 양도한 지 거의 십 년만이었다. 맨 처음 사업을 기획했던 장내원 사무총장은 세상을 떠났고, 함께 후원회를 이끌었던 김법린 전 장관도 세상을 떠난 후였다. 유네스코한국위원회가 발간한 1967년 3월호 『유네스코뉴스』는 사뭇 자랑스러운 어조로 유네스코회관에 대해 이렇게 소개하였다.

99) 유네스코한국위원회, 『유네스코뉴스』, 1967.3월호. 21쪽.

> 명동 한 복판에 자리잡은 유네스코회관은 지상 11층, 지하 2층, 연건평이 4,109.2평에 이르는 매머드 건물로서, 1959년 3월 30일 기공하여 만 7년 반 이상의 공기를 거쳐 지난 1966년 12월 20일에 공사가 완공되었던 것이다.
>
> 이 웅장한 건물의 구조를 볼 것 같으면 정면을 우리나라 최초로 알루미늄 커튼월로 장식했고, 실내에는 난냉방장치가 겸비되어 있고, 3~5층에는 400명 이상을 수용할 수 있는 대강당을 겸한 소극장까지 마련되어 있다.[99]

유네스코회관 전체 규모 변경과정

시기	최초 기자회견 (1957. 9.)	당초 설계 (1959. 5.)	상량식 (1962. 7.)	사용승인 (1967. 2. 15.)	비고
층수	지하 1층, 지상 8층	지하 1층, 지상 11층	지하 1층, 지상 12층	지하 1층, 지상 13층	옥상 기계실 층수 포함
연면적(평)	4,464	2,855	3,801	4,043	

유네스코회관 층별 규모 변경과정 (단위: 평)

층	1959년(당초)	1960년	1962년 12월말	1967년 (최종)	용도(최종)
지하1층	295.46	295.46	296.09	300.13	기계실, 점포
지하중층	13.51	13.51	17.65	32.84	기계실
1층	279.12	279.12	314.08	309.64	점포, 사무실
중2층	25.12	25.12	25.26	26.87	//
2층	299.82	348.30	343.68	332.03	//
3층	299.82	348.30	343.68	348.55	점포, 대회의실
4층	299.82	348.30	343.68	300.61	사무실, 대회의실
5층	299.82	348.30	343.68	270.58	//
6층	303.74	352.22	343.68	348.55	사무실
7층	299.82	348.30	328.42	348.55	//
8층	299.82	348.30	292.54	348.55	//
9층	63.89	91.49	306.76	348.55	//
10층	50.57	50.57	322.11	334.82	침실, 사무실
11층	25.29	25.29	83.99	275.48	식당, 회의실
12층			71.35	84.08	기계실
13층			25.26	33.72	//
합 계	2,855.62	3,222.58	3,801.91	4,043.55	

출처: 유네스코한국위원회, 「유네스코회관 취득가격 명세표(중구청 취득신고용)」(1967),
한국유네스코후원회, 「1962年度 活動과 業績 및 1963年度 重點事業計劃」을 필자가 재구성

유네스코회관 공사비 개요 (1967. 4. 17.)

번호	항목	금액 (원)
1	구체공사 미청산금	49,773,000
2	건축공사대	283,104,574
3	설계감리비	6,921,171
4	건축공사잡비	4,308,480
5	냉동기	15,419,122
6	승강기	25,182,302
7	보일러	4,995,000
8	콤벡타	1,750,000
9	발전기	9,660,461
10	전화교환대	1,989,000
11	공기조화기	22,621,737
12	위생기	8,732,000
13	자동조정기	3,134,495
	합계	437,591,342

출처 : 유네스코한국위원회, 「유네스코회관 취득가격 명세표 (중구청 취득신고용)」, 1967.

유네스코회관의 규모는 공사비가 없어 모진 고생을 하는 과정에서 오히려 늘어났다. 하지만 더이상 국내 최고층 건물은 아니었다. 공사가 지연되면서 어느새 새로운 마천루들이 서울의 하늘로 솟아있었다.

한 가지 주목할 점은 유네스코회관의 건폐율과 용적율, 그리고 높이이다. 유네스코회관의 건폐율은 85.62%, 용적율은 911.46%이며, 높이는 51.38m인데, 당시 명동에 특별한 건축제한이 없었기에 가능한 규모였다. 현재 건축법규상 명동 지역의 기준 건폐율은 60%, 용적율은 600%이며, 특히 높이는 30m로 엄격히 제한하고 있다.주) 중구청, 명동관광특구 지구단위계획, 2020. 오늘날 명동에 다시 유네스코회관을 짓는다면 절반 규모로 줄여서 지어야 할 것이다.

건물 용도 역시 많이 바뀌었다. 당초 국제회의장과 중소회의실, 시청각실, 도서관, 숙박시설과 사무공간 등 대부분 유네스코 활동을 위한 공간으로 사용하려던 계획은 예산 때문에 포기해야 했다. 중소회의실 공간을 대폭 줄이고,

사무실과 점포 공간을 최대한 확보했다. 건물 고층부에 호텔 객실을 배치하려던 계획은 사라지고 완공된 회관에는 10층 한쪽에 객실이 몇 개 남아 있을 뿐 모두 사무공간으로 바뀌어 있었다. 유네스코회관의 얼굴이 될 대강당은 수차례 설계 변경 속에서도 살아남았으나, 동시통역시설을 갖춘 국제회의장은 명색뿐이며, 곧 상업용 극장으로 변신할 운명이었다.

유네스코회관 공사비는 1959년 착공 초반 약 1억 5천만 원으로 예상했지만 건물 규모가 계속 커지고, 시간도 많이 지나면서 거의 세 배인 약 4억 4천만 원이 되었다. 여기에는 각종 이자비용이나 부지 임차료 등은 포함되어 있지 않다.

준공기념식과 유네스코한국위원회 입주

모든 공사를 마치고, 1967년 2월 17일 마침내 유네스코회관 준공기념식이 성대하게 열렸다. 장소는 유네스코회관 국제회의장(대강당)이고, 주최자는 유네스코한국위원회와 유네스코회관 관리자 한일은행이었다. 이날 행사는 한일은행 명동지점 개소식을 겸하는 자리이기도 했다. 행사에는 장기영 부총리를 비롯해, 성동준 문교부차관, 유네스코한국위원회 위원과 각계 귀빈이 다수 참석하였다.[100] 문홍주 유네스코한국위원회 위원장 겸 문교부장관은 기념식 초청장에서 다음과 같은 소회를 밝혔다.

> **"나는 유네스코회관의 역사적인 준공식에 즈음하여 친애하는 국민과 더불어 무한한 감격과 감개에 서 있습니다. 나는 먼저 오늘의 영광된 시간을 위하여 우리를 적극적으로 후원하여주신 정부의 절대적인 원조와 한일은행의 지원에 대하여 뜨거운 감사를 올립니다. 본 회관이 오늘의 위용과 자태를 갖추기까지 우리에게는 허다한 난관과 시련이 있었습니다. 그러나 이와 같은 난관과 시련은 세계 국민간의 무지와 오해 및 빈곤의 장벽을 허물고 인간의 마음 속에 세계 평화의 터전을 마련해서 인류의 복지 증진에 이바지하려는 숭고한 우리들의 굳은 결의로서 극복한 것입니다."**[101]

100) 유네스코한국위원회, 『유네스코뉴스』, 1967. 3월호. 21~22쪽.

101) 유네스코한국위원회, 「유네스코회관 준공기념식 행사안내자료」, 1967. 2. 17.

구조사의 1967년 준공
회관 투시도
©유네스코한국위원회

기념식에 참석했던 전신용 한일은행장겸 유네스코회관 관리자 역시 초청장의 인사말을 통해 "돌이켜보건대 본 회관의 건립은 파란곡절의 중첩이었다고 아니할 수 없었습니다."라며 "앞으로 본 회관은 명실상부한 유네스코회관으로서 동 기구 본래의 교육 과학 문화 활동을 통하여 국제간의 상호이해와 협조 증진을 도모하고 유네스코의 목적과 사업을 국내에 보급시키는 문화의 전당이 되기를 바라마지 않습니다."면서 회관의 관리운영에 최선을 다하겠다고 하였다.[102] 모두에게 유네스코회관 건축은 고단한 과정이었다. 그 모든 난관을 뚫고 우뚝 선 유네스코회관을 보며 많은 언론이 이제라도 이 웅장한 건물이 우리나라 사회 문화 발전은 물론이요, 국제사회 공헌에도 앞장서는 국제문화교류의 중심이 되기를 바랬다.

102) 유네스코한국위원회, 「유네스코회관 준공기념식 행사안내자료」, 1967. 2. 17.

준공기념식을 치르고 나서 사흘 뒤인 1967년 2월 20일 유네스코한국위원회는 회관 7층으로 이사하였다. 1954년 한국위원회가 설립된 후 10여 년 동안 이삼 년마다 한 번씩 이삿짐을 싸면서도 유네스코회관이 준공될 날만을 꿈꾸던 사무처 직원들은 드디어 회관에 안착할 수 있었다.

낡은 목제 책상과 걸상은 완전히 철제로 바뀌었고 직원들의 업무 공간도 넓직해져서 외국인 사무실처럼 화려하다고 느낄 정도였다.[103] 유네스코회관에서 근무한다는 것만으로도 사무처 직원들은 자부심을 느꼈다. 6월에는 한국위원회 집행위원회에서 유네스코회관관리위원회규정을 제정하고, 회관관리위원회 발족을 승인하였다. 비록 한일은행이 관리권을 가지고 있는 상태였지만 소유자로서 최선을 다하고자 하였다.[104]

103) 유네스코한국위원회, 『유네스코뉴스』(격주), 1975. 2. 12. 2쪽.

104) 유네스코한국위원회, 『제17차 유네스코한국위원회 정기총회 의안』, 1968. 2. 1. 38쪽.

이후 유네스코회관은 1994년부터 1999년까지 유네스코한국위원회가 잠시 명동을 떠나 강남 생활을 하던 기간을 제외하고는 약 50년 동안 한국위원회 사무처 직원들의 생활의 터전이자, 국내 유네스코 활동의 요람이 되어왔다.

회관 공사를 위해 자리를 옮긴 명동파출소

유네스코회관 동쪽 옆에는 작은 골목을 사이에 두고 명동파출소가 있다. 무심한 듯 나란히 서 있는 이 두 건물은 사실 하나로 합쳐질 뻔 했다. 유네스코회관 초기 도면에는 1층 내부 한켠에 파출소가 자리잡고 있다가 최종 도면에는 파출소가 사라지고, 평범한 사무공간이 그 자리를 대신하였다. 무슨 일이 있었을까? 유네스코회관을 짓기 위해 각계각층에서 보이지 않는 많은 도움을 주었는데, 명동 파출소 이전 사연도 그 중 하나이다.

원래 명동파출소는 지금 유네스코회관 부지 동쪽 모퉁이에 있던 시유지 20평에 자리잡고 있었다. 그러다보니 파출소 건물과 바짝 붙여서 회관을 건축하기가 쉽지 않았다. 고민하던 후원회는 명동파출소를 관할하던 중부경찰서를 찾아가 새로 짓는 유네스코회관 안에 파출소 공간을 마련해줄테니 파출소는 철거하고 그 부지를 후원회가 사용할 수 있도록 도와달라고 간곡히 요청하였다. 중부경찰서는 내무부장관의 승인을 얻어 후원회의 요청을 받아들였다.[105] 1960년 11월 29일 후원회와 중부경찰서는 명동파출소 이전 및 유네스코회관 내 파출소 신축에 관한 계약을 체결하였는데, 주요 내용은 다음과 같다.

105) 중부경찰서, 「명동경찰관 파출소 청사 건축 의뢰」, 1966. 1. 12.

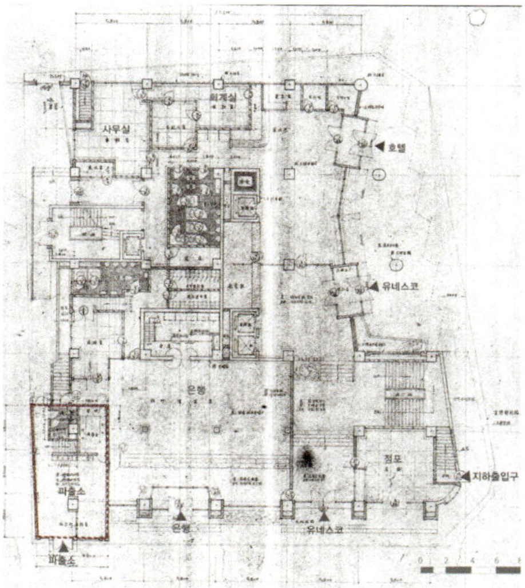

유네스코회관 초기 1층 평면도, 빨간선이 파출소 공간.
©유네스코한국위원회

유네스코회관과 명동파출소 전경 ©신미아

1) 후원회는 후원회 비용으로 명동파출소를 철거하고, 파출소 부지 약 20평을 유네스코회관 부지로 사용한다.

2) 후원회는 1961년 4월까지 기존 명동파출소가 있던 대지에 1층 20평, 2층 20평, 총 40평 규모 건물을 준공하여 중부경찰서에 무상기증한다.

3) 후원회는 신축한 명동파출소 위로 유네스코회관을 건축하여 무상으로 사용할 수 있다.

4) 파출소 건축기간 중 명동파출소가 임시 사용할 공간은 후원회가 제공한다.

5) 중부경찰서는 유네스코회관 건축공사를 적극 협조한다.

안타깝게도 약속했던 1961년 4월이 지나고, 다시 몇 년이 흘러도 명동파출소를 다 지었다는 소식은 들려오지 않았다. 애타게 기다리던 중부경찰서는 한일은행이 새로 유네스코회관 건축을 맡았다는 소식을 듣고, 1966년 1월 한일은행

명동파출소와 유네스코한국위원회의 대지 교환 내역

전 소유권자	현 소유권자	부동산 내용		소재지	감정가액(원)	비고
		토지(평)	건물(평)			
서울특별시	유네스코 한국위원회	20.2	-	명동 2가 50-14	14,140,000	원 명동 파출소 부지
유네스코 한국위원회	서울특별시	16.6	46.08 -1층:15.36 -2층:15.36 -3층:15.36	명동 2가 50-13	14,384,800 (토지 + 건물)	현 명동 파출소 부지

에 공문을 보냈다. 그리고 후원회의 요청으로 기존 파출소 자리를 내어주고 임시파출소를 운영한 지 어언 5년이 다 되어가는 상황에서 "관내 치안업무 수행상 막심한 지장이 있음을 재고" 해달라면서 유네스코회관 건물 공사에 우선해서라도 명동파출소 청사를 준공해달라고 요청했다.[106]

106) 중부경찰서, 「명동경찰관 파출소 청사 건축 의뢰」, 1966. 1. 12.

한일은행은 중부경찰서의 요청을 검토한 끝에 명동파출소를 회관 안에 두는 것보다는 차라리 비슷한 규모의 다른 땅을 사서 중부경찰서에 주고, 기존 명동파출소 부지는 한국위원회가 매입하는 쪽이 낫겠다고 판단하였다. 중부경찰서도 이 제안에 동의하였다. 적당한 부지를 물색하던 한일은행은 66년 4월 22일 유네스코회관 바로 옆에 있는 현 명동파출소 부지와 그 부지에 있던 삼층 건물을 유네스코한국위원회 명의로 13,690,000원에 매입하였다. 그리고 66년 10월 21일(교환계약서 기준. 등기부상 교환일은 66년 11월 1일) 유네스코회관 공사가 끝나갈 무렵, 유네스코한국위원회와 김현옥 서울특별시장은 이 두 토지의 소유권을 교환하는 계약을 체결하였다. 후원회가 약속했던 입주 시점에서 어느덧 5년 하고도 6개월이 지나 있었다. 지금도 유네스코회관과 명동파출소는 좁은 골목을 사이에 두고 나란히 서있다.

6. 유네스코회관 관리권을 되찾다 (1968~1973)

또다시 소송을 제기한 후원회

1964년 8월 문교부가 후원회 설립허가를 취소하자 후원회 신영순 이사는 문교부장관을 상대로 서울고등법원에 설립취소 처분 취소 소송을 제기하였다.[107] 그 사이 유네스코회관은 완공되었고, 준공기념식이 열린 지 한 달 후인 1967년 3월, 서울고등법원은 문교부의 후원회 설립허가 취소 처분이 정당하였다는 판결을 내리고 신영순 이사가 제기한 소송을 기각하였다.[108] 신영순 이사는 즉각 대법원에 상고하였다. 1968년 5월 파란이 일어났다. 뜻밖에도 대법원에서 신영순 이사가 승소하고, 사건이 다시 서울고등법원으로 파기환송된 것이다.[109] 1969년 8월 서울고법은 대법원의 판결을 존중하여 신영순 이사의 주장을 받아들였고, 신영순 이사가 최종 승소하였다.[110]

107) 조선일보, 1967. 3. 24.

108) 중앙일보, 1967. 3.23., 서울고등법원, 「선고 64구218 판결」, 1967. 3. 2.

109) 대법원, 「선고 67누55 판결 사단법인설립허가취소처분취소」 1968. 5. 28.

110) 서울고등법원, 「선고 68구302 제1특별부판결 사단법인설립인가취소청구사건」, 1969. 8. 20.

이 재판에서 쟁점은 두 가지였는데, 하나는 신영순 이사가 후원회를 대신하여 소송을 제기할 자격이 있는가 하는 것이었고, 다른 하나는 후원회가 1964년 설립허가 취소 처분을 받기 전까지 했던 일들이 설립허가 취소 요건인 "공익을 해하는 행위"에 해당하는가 였다.

먼저 법원은 신영순씨가 후원회 이사 중 한 명이므로 이해관계가 있다고 보아 소송자격을 인정하였다. 다음으로 후원회의 행위에 대해서는 비록 사실상 모든 돈은 은행 융자에 의지한 채, 후원회 주도권 쟁탈을 둘러싸고 임원간 분규와 경리 부정 등으로 당초 설립목적을 달성하기 어려웠지만, 이같은 행태가 법인 해산 사유에는 해당될지 몰라도, 거슬러 올라가 법인 설립허가 취소 사유에는 해당되지 않는다고 판결하였다.

이렇게 되자 유네스코회관 운영에 대한 갈등이 다시 점화될 수도 있었다. 하지만 다른 소송으로 이어진 기록은 찾아볼 수 없다. 그렇다고 후원회가 포기한 것은 아니었다. 1972년 3월 제73차 유네스코한국위원회 집행위원회는 당시까지도 후원회가 "회관 건물 인도 운운"하는 주장을 하자 "유네스코한국위원회는 동 후원회의 후원을 받을 의사나 필요가 없다"고 결의하였다.[111] 1972년 5월에 개최된 정기총회에서는 "후원회 측에서 대법원 확정판결에 따라 유네스코회관

111) 유네스코한국위원회, 「제21차 유네스코한국위원회 정기총회 회의록」중 경과보고, 1972.

을 인수할 목적으로 전개할 처사에 대하여 집행부에서는 보다 강력한 대응책을 강구하여야 된다"는 요청이 나왔다.[112] 유네스코한국위원회 사무총장은 후원회가 승소한 것은 문교부장관의 후원회 설립허가 취소 부분이며, 유네스코회관 인수 문제와는 완전히 다른 사항이라고 설명하면서 이러한 제 문제에 대하여 집행부 및 문교부에서도 대책을 강구하고 있다고 답변하였다.[113]

112) 유네스코한국위원회, 「제21차 유네스코한국위원회 정기총회 회의록」, 1972.

113) 유네스코한국위원회, 「제21차 유네스코한국위원회 정기총회 회의록」, 1972.

이후 유네스코한국위원회 공식 석상에서 후원회에 대한 논의는 사라졌다. 아마도 1974년 <유네스코활동에 관한 법률>에 유네스코한국위원회 소관사항 중 하나로 유네스코회관 관리가 포함되는데, 그것으로 후원회와 유네스코회관, 유네스코한국위원회의 인연은 다했던 것으로 보인다.

한일은행의 국제회의장 용도 변경 및 코리아극장 임대

유네스코회관이 준공되고 일 년이 지나 1968년 1월이 되자 문교부는 공개적으로 유네스코회관 관리권을 한국위원회에 돌려주기로 방침을 세우고, 정부가 지불보증을 하거나, 외국에서 현금 차관을 도입하여 한일은행의 대출금을 갚는 방법 등을 검토하기 시작했다.[114] 정부에서 한일은행 대출금 상환을 서두르게 된 것은 한국위원회에서 준공 직후부터 집행위원회 결의 등을 통해 관리권 회수를 적극 요구한 데다가[115] 한국위원회와 한일은행이 상당히 갈등을 빚기 시작했기 때문이었다. 먼저 당초 국제회의장으로 설계되었던 3~5층 대강당을 한일은행이 코리아극장에 임대해주기로 하자 갈등이 표출되었다.

114) 경향신문, 1968. 1. 10.

115) 유네스코한국위원회, 『유네스코뉴스』, 1967년 3월호, 23쪽; 유네스코한국위원회, 『제17차 유네스코한국위원회 정기총회의안』, 1968, 38쪽.

유네스코한국위원회는 1968년 3월 성명서를 발표하여 한일은행이 일방적인 관리권을 행사하면서 소유자인 한국위원회의 동의도 없이 학술 강연과 문화적인 모임에 쓰여지기로 된 강당을 극장으로 개조하였다고 주장하였다.[116] 이어서 이러한 처사는 유네스코의 숭고한 정신에 위배될 뿐 아니라 국제적인 체면까지 손상시키는 것이라고 강력히 비난하면서, 관계당국에 극장 허가를 취소하여 줄 것을 요구했다.[117]

116) 동아일보, 1968. 3. 8.

117) 동아일보, 1968. 3. 8.

118) 경향신문, 1968. 3. 9.

한일은행은 즉각 반박하였다. 한일은행과 코리아극장이 임대차계약을 체결한 것은 약 1년 전인 1967년 4월이며, 당시 한국위원회는 아무런 반응이 없다가 이제 와서 비난성명을 발표하는 것은 "빚은 갚지 않고 관리권만 되찾겠

119) 경향신문, 1968. 3. 9.

다는 술책"이라고 원색적으로 비난하였다.[118] 한일은행은 한국위원회와 체결한 부동산관리계약 제1조에 "관리라 함은 관리 건물의 미완성 부분의 준공을 위한 시공 및 시공 중이나 시공 후의 모든 운영에 관한 일체의 행위를 말한다."라고 되어있는 점을 들어, 강당을 개조해 극장으로 임대하는 것이 법적으로 아무런 문제가 없다고 주장하였다.[119]

120) 매일경제, 1966. 11. 21; 동아일보, 1967. 2. 17.

사실 국제회의장을 극장으로 변경한다는 소식은 이미 회관 준공 전부터 여러 차례 언론에도 기사로 나온 적이 있었다.[120] 그럼에도 불구하고, 한국위원회에서 성명서까지 채택하며 저지하려 한 것은 회관을 처음 지을 때부터 대강당이 유네스코회관의 상징이었기 때문이었다. 당시 서울에는 통역시설을 갖춘 변변한 회의장을 찾아보기 힘들었기에, 유네스코회관이 완공되면 한국위원회뿐 아니라 많은 단체들이 이 국제회의장을 활용할 수 있으리라고 기대하였다. 언론이 유네스코회관 건립을 지지했던 이유 중 하나이기도 했다.

논란 속에서도 코리아극장은 합법적 허가를 취득해 1968년 3월부터 유네스코회관에서 영화를 상영하였다. 1970년대 들어서는 중간 중간 연극도 공연하며, 수십 년 동안 명동의 문화공간으로 자리를 지켰으나 1990년대 중반 이후 경영 악화로 어려움을 겪으면서 2002년 8월말, 완전히 문을 닫고 유네스코회관과 명동을 떠났다.

한일은행의 회관 부실 관리 및 매입 추진 의혹

121) 동아일보, 1968. 2. 3.

코리아극장 입주 사건은 그렇게 끝났지만 더 큰 문제는 다른 곳에 있었다. 한일은행이 유네스코회관 관리를 시작했는데, 첫 해부터 적자가 났다. 그런데 어찌된 일인지 문교부가 한일은행 쪽에 대출금을 조기에 상환받고 유네스코회관 관리권을 한국위원회에 되돌려주는 방안을 제안하자 한일은행은 이를 완강히 거절하고 회관 관리권을 포기할 의사가 없음을 분명히 하였다.[121]

122) 조선일보, 1967. 2. 16.

그러자 세간에는 한일은행이 일부러 건물 관리를 태만히 해서 적자를 낸 다음, 한국위원회가 대출 이자와 원금을 갚지 못하게 되면 건물을 경매에 내놓아 매각하거나 한일은행 쪽에서 헐값에 매입하려는 것이 아니냐는 의혹이 생겨나기 시작했다. 이미 그전부터 한일은행이 채무 상환계획을 세우지 않아 한국위원회는 매년 늘어나는 이자를 물어나갈 능력이 전혀 없다는 얘기도 있었다.[122] 당시 한국위원회는 한일은행에 회관 7층에 대한 보증금 13,000,000원, 임차료 월 1,300,000원씩 납부하는 월세 임차인 신세였다.[123]

123) 경향신문, 1967. 2. 10.

1968년 2월이 되자 여러 언론에서 한일은행의 부당한 처사를 공개적으로 비판하였다. 동아일보는 "애당초 돈을 빌려줄 때부터 물샐틈 없는 계약으로 발목을 단단히 잡아놓은 은행은 관리권을 틀어잡고 건물의 많은 부분을 무상으로 사용할 뿐 아니라 적자가 나도 상관없다는 식으로 운영을 하고 있다 한다."면서 "역설같은 이야기지마는 적자가 이익이 될 수도 있다는 것이다. 연간 상당액의 적자를 내는 판이라, 원금은 고사하고 이자도 갚지 못하게 되면 앞으로 일, 이 년 내에 은행빚은 누적되어 이 회관의 사정가격에 도달한다. 그렇게 되면 은행은 스스로 차지하건, 경매에 붙이건 마음대로 할 수 있다. 적자가 이익이 될 수도 있다는 소이연은 여기 있는 것이다"라고 전하였다.[124] 그러면서 "아무리 돈이 제일이라는 세상일망정 이래서야 되겠는가."라고 한탄하며 합리적으로 운영하면 단시일내에 은행빚을 갚고도 남음이 있다는 것이 전문가들의 조사결론이므로, 정부가 마땅히 개입할 것을 강력히 촉구하였다.[125]

124) 동아일보, 1968. 2. 7.

125) 동아일보, 1968. 2.7.

정부의 개입 및 회관 관리운영권 회수

한일은행을 비방하는 목소리가 커지자 정부도 적극 나서게 되었다. 마침내 1968년 5월 14일 청와대에서 박정희 대통령과 정일권 국무총리, 문홍주 문교부장관, 박노태 유네스코한국위원회 사무총장, 그리고 전신용 한일은행장이 참석하는 회의가 열렸다. 대통령 주재 하에 열린 이 회의에서 유네스코회관의 관리운영권을 약 5년 후인 1974년 1월 1일자로 한국위원회에 돌려주기로 결정하였다. 이어서 1968년 6월 27일 유네스코한국위원회와 한일은행은 1965년 양쪽이 체결하였던 회관에 대한 부동산관리계약을 수정하는 새로운 계약을 체결하였다.[126] 1973년 12월 말까지 한일은행이 회관을 관리하면서 필요한 비용을 부담하되, 1974년 1월 1일 이후 한국위원회가 회관을 운영하면서 그동안 소요된 경비를 상환한다는 내용이었다. 관리권을 돌려받으면서 모든 대출금이나 이자비용을 탕감 받은 것은 아니며, 한국위원회는 1978년 무렵까지 기금을 적립해 산업은행 및 한일은행

126) 동아일보, 1968. 6. 27.

한일은행의 관리권 반환 청와대 회의. 오른쪽부터 박노태 사무총장, 전신용 한일은행장, 문홍주 장관, 정일권 총리.
©유네스코한국위원회

127) 유네스코한국위원회, 『제93차 유네스코한국위원회 집행위원회 의안』, 1977. 12. 8. 43쪽.

128) 유네스코한국위원회, 『유네스코뉴스』(격주), 1975. 4. 16. 2쪽.

대출원금과 연간 약 3천만 원에 이르는 이자를 차례로 갚아나갔다.[127]

이 회의에 참석했던 문홍주 문교부장관은 1975년 4월 한국위원회와 인터뷰를 하면서 "유네스코회관의 준공과 관리권 인수는 우리나라 유네스코 활동의 기틀을 명실상부하게 마련하는 획기적인 역사라고 해도 과언이 아니며, 그 뜻깊은 과정에 내가 관여했다는 것은 나에겐 잊을 수 없는 보람이 되고 있다."라고 소회를 밝혔다.[128]

129) 유네스코서울협회, 『유네스코서울협회 30년사』, 2018, 16~18쪽. 이하 쿠사 내용은 동 자료에 따름.

대통령까지 나서서 서둘러 유네스코회관 관리권을 돌려주라고 한 데에는 유네스코활동을 하는 대학생들의 기여도 있었다.[129] 쿠사(KUSA: Korea UNESCO Student Association)는 유네스코한국위원회가 주도하여 만든 대학생 동아리인데, 1960년대 연간 회원이 수천 명에 이를 정도로 인기가 있었다. 쿠사와 유네스코한국위원회 관계자들은 1968년 5월 11일에 바로 다음날 청와대를 방문해달라는 깜짝 초청을 받았다. 그 해 1월 쿠사에서 육영수 여사를 초청해 이야기를 나눈 적이

유네스코회관 관리권 인계인수식 ©유네스코한국위원회

있었는데, 이 일이 인연이 된 것 같았다. 한국위원회 쪽에서는 이 기회에 대통령에게 직접 여러 어려움을 호소하고자 밤을 새워 자료를 만들었고, 이 내용을 대학생인 쿠사 학생협회장이 발표하였다. 발표를 듣고 난 뒤 박정희 대통령은 비서실에 상황을 알아보라고 지시하였고, 며칠 뒤인 5월 14일 청와대에서 회의가 열리게 되었다고 한다.

유네스코회관 관리권을 인수하는 날짜가 확정되자 한국위원회는 건물 관리를 위한 준비에 들어갔다. 한일은행의 관리 현황을 검토하고 보다 유네스코 이념 구현에 맞고 합리적으로 회관을 관리하고자 관계전문기관에 경영진단을 의뢰하기도 하였다.[130] 1973년 12월 1일자로 사무국내에 유네스코회관 관리사무소 신설을 골자로 하는 직제규정을 개정하였으며, 회관관리규정도 새로 제정하였다. 1973년 12월 31일, 긴 기다림 끝에 한국위원회와 한일은행은 유네스코회관 관리권 인계인수식을 개최하고, 인계인수서를 교환하였다. 그리고 한국위원회는 1974년 1월 1일부터 임대차 계약 및 시설 관리 등 유네스코회관을 직접 운영하기 시작하였다. 한일은행에서 회관 시설관리업무를 담당하던 직원들도 일부 한국위원회 사무처로 자리를 옮겨 업무를 계속하였다.

130) 유네스코한국위원회, 『유네스코뉴스』(격주), 1973. 5. 9. 1쪽.

이와 더불어 한국위원회는 보다 확실하게 유네스코회관에 대한 관리권을 확보하고자 아예 <유네스코활동에 관한 법률>에 유네스코한국위원회가 유네스코회관을 관리한다는 내용을 추가하는 법률 개정 작업을 추진하였다. 다행히 순조롭게 법률 개정안이 통과되고, 1974년 12월 24일 크리스마스 이브에 공포된 <유네스코활동에 관한 법률> 제8조 유네스코한국위원회 소관사항에는 유네스코회관의 관리운영이 새롭게 포함되어 있었다.

7. 마지막 관문, 유네스코회관 부지 매입 (1977~1978)

유네스코회관 터에 얽힌 사연

동순태 본점
©서울역사박물관

일제강점기, 담걸생이라는 이름의 중국인 부호가 서울에 살고 있었다. 화교 상인 배출지로 유명한 중국 광동성 출신인 그는 1885년 무렵 무역으로 큰돈을 벌어보고자 형제들과 함께 조선으로 들어왔다.[131] 뛰어난 상인이었던 담걸생씨는 동순태라는 무역회사의 경영을 맡았는데, 명동과 인접한 을지로 입구에 본점을, 인천에 지점을 차렸다. 비단과 설탕, 홍삼 무역을 주로 하던 그는 1894년 청일전쟁이 벌어질 때 다른 중국 상인들이 대부분 본국으로 피신한 것과 달리 잠시 떠났다가 전쟁통에 돌아와 장사를 계속하여 큰 돈을 벌게 된다. 몇 차례 부침이 있었지만 택시 운수업과 부동산 투자에 성공한 그는 1923년에는 서울에서 재산세 납부자 1위에 오를 만큼 막대한 부를 축적하였다. 그가 사들인 부동산 중에는 유네스코회관 부지도 들어있었다. 담걸생씨의 조선 이주와 무역, 재산 축적 과정 등은 개항기 동아시아 경제사와 밀접하게 연결되어 있어 그에 관한 연구 저서도 여러 편 나와있다.

131) 강진아, 『이주와 유통으로 본 근대 동아시아 경제사-동순태호 담걸생 이야기』, 아연 출판부, 2018, 118쪽. 이하 담걸생에 관한 내용은 동 자료에 따름.

담걸생씨의 말년은 불운했는데, 부동산 개발 사업 실패와 사고뭉치 아들들, 게다가 동순태가 오랫동안 아편 밀매를 해온 것까지 밝혀져 큰 타격을 받는다. 실의에 찬 담걸생씨는 1929년 10월 20일 향년 77세로 일생을 바친 한국 땅에서 눈을 감는다.

담걸생씨가 사망하자 가족들은 회의를 열어 재산을 나누고, 투표끝에 아홉번째 아들인 담정택씨를 법정재산관리인, 즉 후계자로 선정했다. 담정택씨가 착실하고, 나이도 적당했기 때문이었다. 후계자가 된 담정택씨는 인천에서 출생, 인천화교학교를 나왔다. 그는 30세였던 1937년 중일 전쟁이 일어나자 일제 식민지였던 한국에 남아있는 것이 두려워 부동산 관리 회사인 성업사에 재산관리를 맡긴 후 그해 9월 가족과 함께 중국 상해로 돌아갔다.[132]

담정택 ©조선일보, 1966. 9. 9.

당초 담정택씨와 성업사가 체결한 부동산 관리계약은 계약기간이 5년이었다. 1942년 8월 계약이 끝나가는 시점이 되자 성업사는 상해에 거주하던 담정택씨와 연락해 1947년까지 5년간 계약기간을 연장하였다. 그 후에는 연락이 닿지 않았고, 성업사는 계약 연장은 하지 않았으나 도리상 계속 재산을 관리하게 된다.

1945년 8월 해방이 되었지만 담정택씨는 돌아오지 않았고, 생사조차 알 수 없었다. 그동안 이 터에는 배갈주가 맛있는 동순루를 비롯해 여러 중국 음식점이 생겨나 명동을 드나드는 문인들의 사랑을 받았다.[133] 17년 동안이나 이 땅을 관리해오던 성업사는 1954년 법원에 부재자 재산관리인 선임을 신청, 최초의 법정대리인이 되었다. 1962년 6월 성업사쪽의 신청에 따라 다시 재산관리권은 한일은행에 넘겨졌는데, 1963년 드디어 중국 본토에서 홍콩으로 탈출한 담씨가 당시 서울에 있던 중국인 지인 정가현씨에게 서신으로 연락을 취하였고, 담정택씨의 연락을 받은 정가현씨는 서울가정법원에 한일은행의 법정관리인 해임을 청구하였다.[134] 법원은 이를 받아들였지만 1964년 10월 다시 한일은행 계열인 서울부동산주식회사 대표인 엄기형씨를 재산관리인으로 선임했다.[135] 담정택씨의 위임을 받은 정가현은 법원에 엄기형씨를 재산관리인에서 해임시켜달라는 소송을 이어나갔고, 1965년 9월 30일, 서울을 떠난 지 28년 만에 담정택씨가 한국으로 돌아왔다.

132) 성업사, 「부재지주 재산관리인 개임신청 관련 진술서(서울지방법원 제출용)」, 1960. 9. 7. 이하 담정택과 성업사에 관한 내용은 동 진술서에 따름.

133) 이봉구, 『그리운 이름 따라 - 명동 20년』, 지식을 만드는 지식, 2010.

134) 중앙일보, 1966. 9. 10.

135) 중앙일보, 1966. 9. 10

부재지주의 귀환과 재산권 소송

담정택씨가 제기한 이 소송에는 유네스코회관 대지 뿐 아니라 약 1,500평에 이르는 명동 토지가 포함되어 있었다.[136] 당시 시가로 약 18억 원에 해당하는 거액의 재산이었다.[137] 게다가 주인이 중국인이며, 한동안 행방불명되었다는 점에서 사람들의 이목을 끌었다. 이 소송에서 핵심 쟁점은 한 가지였다. 과연 소송을 낸 사람이 원래 등기부에 있던 모든 재산의 소유자 담정택과 동일 인물인

136) 강진아, 『이주와 유통으로 본 근대 동아시아 경제사-동순태호 담걸생 이야기』, 아연 출판부, 2018. 118쪽.

137) 중앙일보, 1966. 9. 10.

가 하는 점이었다.

1심인 서울가정법원은 주한홍콩영사관에 담씨의 신원조회를 의뢰하였고, 홍콩영사관은 '한국에서 자랐다는 담씨가 한국말을 잘 못한다'라고 회신하였다.[138] 그러자 서울가정법원은 다른 인물이라고 판단하여, 담씨의 신청을 기각하였다. 즉각 담씨는 서울고등법원에 항소하였다. 1965년 3월, 서울고법은 2개월간 심리한 끝에 원심 결정을 뒤집고, 엄기형씨를 재산관리인에서 해임한다고 판결하였다. 담정택씨가 홍콩 정부가 발행한 여권, 37년 전의 인감 도장과 가족사진 등 믿을 만한 증거를 제출했기 때문이었다.[139] 담씨는 자신이 한국말을 잘 못하는 것은 한국에서 지낼 때에도 화교소학교를 다녔고, 이후에는 중국에서 학교를 다녔기 때문이라고 주장하였다. 한국으로 입국할 때 중앙정보부의 조사를 받아 이미 검증을 거쳤다고 주장하기도 했다.[140]

138) 중앙일보, 1966. 9. 10.

139) 중앙일보, 1966. 9. 10.

140) 중앙일보, 1966. 9. 10.

이번에는 엄기형씨가 대법원에 상고하였다. 1심과 2심의 판결이 엇갈린 상황에서 1966년 9월 9일 대법원은 소송을 제기한 사람이 등기부상의 담정택씨가 맞다고 확정 판결하였다. 담정택씨는 비로소 서울 땅을 떠난 지 29년 만에 시가 18억 원 재산을 되찾았다.

회관 부지 매입

담정택씨가 길고도 힘든 소송 끝에 유네스코회관 부지의 주인으로 확정되자 유네스코한국위원회는 다시 담정택씨와 부지 임대차계약을 체결하고, 임차료를 내기 시작했다. 담정택씨는 소송을 통해 토지를 되찾은 뒤, 대부분 바로 매각하였다. 유네스코회관 부지는 한국위원회가 살 형편이 되지 않아 바로 팔지 못했을 것으로 추측한다. 초기 유네스코회관 관리를 맡은 한일은행 역시 임대수입도 적자인 상태에서 구태여 부지를 새로 사지는 않았을 것이다.

1974년 유네스코회관 관리권을 돌려받고 삼 년 정도 지난 뒤 1977년 6월 16일 유네스코한국위원회 제92차 집행위원회는 담정택씨 소유의 유네스코회관 부지를 매입하는 것을 승인하였다.[141] 임차료가 매년 올라가고, 앞으로도 계속 임차료를 내는 것이 부담스러우니 차제에 구입하자는 취지였다. 여기에 문교부가 1977년 5월 4일 공문으로 유네스코회관 부지를 매입하라고 지시한

141) 유네스코한국위원회, 『제92차 유네스코한국위원회 집행위원회 의안』, 1977. 33쪽.

유네스코회관 부지 매입 내역

전 소유권자	소재지	면적(평)	구입가격 (원)	비고
서울특별시	명동 2가 50-14	20.2	14,140,000원 (700,000원/평)	기존 명동파출소 부지
담정택	명동 2가 50-15	25.2	250,000,000원 (646,000원/평)	1980년 지번 체계 변경으로 50-14로 통합
	명동 2가 50-16	361.7		
합계		407.1	264,140,000원	

바가 있었다. 한국위원회 사무처는 이미 담정택씨와 수차에 걸쳐 매매 협의를 한 끝에 명동 2가 50-15번지와 50-16번지 땅 386.9평을 평당 646,000원씩 해서 2억 5천만 원에 매입하기로 합의한 상태였다.[142]

그런데 이 집행위원회 자료에 따르면 이 토지는 1976년도 은행감정가격 기준으로 평당 가격이 4,500,000원, 시중가격은 평당 8,000,000원에서 10,000,000원 정도라고 한다.[143] 한일은행이 한국위원회를 대신해 1966년말 옛 명동파출소 부지인 시유지 약 20평을 구입할 때 감정평가액을 기준으로 평당 700,000원을 주었다. 십 년이 지나 명동의 땅값은 천정부지로 올랐는데도 오히려 십 년 전보다 더 싼 가격에 부지를 매입한 것이다. 아마도 유네스코한국위원회라는 공공단체에서 좋은 일에 사용하기 위해 건물을 지은 만큼 담정택씨가 가격을 좀 깎아주었을 수도 있고, 얼마 뒤 담정택씨가 미국으로 이민을 갔다는 점에서 재산을 빨리 처분할 필요도 있었을 것이다. 한국 정부가 화교들의 재산권을 점점 압박해가는 사회 분위기 역시 담씨가 헐값에 유네스코회관 부지를 매각하는 데에 영향을 주었을 것이다. 그 후 담정택씨는 미국으로 이주하여 로스엔젤레스에서 큰 어려움없이 생활하다가 작고하였다고 한다.[144]

한 가지 이해하기 어려운 것은 유네스코회관 토지 등기부등본상 매매계약일이 92차 집행위원회 개최일 이전인 1977년 5월 12일로 되어있는 점이다. 그리고 토지 소유권 등기 날짜는 1978년 12월 9일인데, 필자가 1977년 한국위원회 결산서를 확인해 보니 이미 1977년에 약속했던 2억 5천만 원을 토지구입 대금으로 지급한 것으로 되어있다. 당시 한국위원회와 담정택씨 사이에 소유권 등기를 미루어야 할 사정이 있었던 것으로 보인다. 무슨 사연인지는 알 수 없으

142) 유네스코한국위원회, 『제92차 유네스코한국위원회 집행위원회 의안』, 1977. 33쪽.

143) 유네스코한국위원회, 『제92차 유네스코한국위원회 집행위원회 의안』, 1977. 33쪽.

144) 강진아, 『동순태호-동아시아 화교 자본과 근대 조선』, 경북대학교 출판부, 2011, 108쪽.

나, 1978년 부지 매입을 완료하면서 유네스코한국위원회는 마침내 유네스코회관의 온전한 주인이 되었다. 1957년 신영순씨가 임차권을 양도한 지 21년만의 일이었다.

8. 마치며

유네스코한국위원회는 이렇게 길고도 험난한 과정을 거쳐 명동에 자리잡았다. 단칸방 사무실을 꾸려가면서도 세계적 수준의 국제문화교류회관을 지어 국가와 세계 발전에 공헌하겠다는 한국위원회의 포부는 한 독지가를 만나 구체화되었고, 위원과 사무처 직원들의 과감하고도 무모한 도전, 한국유네스코후원회의 힘찬 출발과 좌절을 딛고 범국민적 성원과 정부의 지원 속에 마침내 실현되었다. 한일은행과 담정택씨 역시 이 드라마에서 빠지면 안될 주인공들이다. 때로는 여론의 환호를, 때로는 조롱과 지탄을 받았지만, 수많은 언론과 보이지 않는 많은 이들이 지지해주었기에 헤쳐나갈 수 있었다. 그러기에 유네스코회관은 유네스코한국위원회만의 회관은 아닐 것이다.

한동안 서울의, 그리고 대한민국의 최첨단 건물 가운데 하나이던 유네스코회관도 1980년대가 되자 그 명성은 사라지고, 노후화를 걱정하는 처지가 되었다. 명동 역시 1970년대를 지나면서 쇠퇴해갔다. 국립극장이 남산으로 이전하고, 강남과 여의도 재개발로 인해 부도심들이 생겨나면서 문화예술과 금융의 중심지라는 위치를 잃고 소비 중심 공간으로 바뀌어갔다.

유네스코한국위원회도 시간이 흐르면서 건물 전체를 보수해야 한다는 부담을 느끼기 시작했다. 1982년 한국위원회는 명동을 벗어나 다른 곳에 새로 제2회관을 건립하기로 결정하고, 이듬해인 1983년 영등포에 있는 땅 이천여 평을 매입하였다. 건축비는 은행차입금과 임대보증금 선납금으로 충당할 예정이었다. 하지만 정부의 수도권 과밀화규제 정책으로 인해 1985년 수도권정비심의회의에서 입지 부적격 판정을 받고, 건축비용을 마련하는 것도 쉽지 않자 제2회관 신축 계획은 보류된다. 예전 명동 유네스코회관을 짓던 방식이 통하던 시절은 이미 지나간 뒤였다. 이후 십 년 간 부지는 거의 방치된 채로 여러 가지 말썽을 일으키다 1994년 대우건설에 공개 매각되었다.

1990년대에는 유네스코회관을 아예 매각하려고 하였다. 과다한 보수비와 주차장 미비, 위치상 업무 환경으로는 부적절하다고 보았기 때문이다. 하지만 정부의 대기업 부동산 취득규제로 인해 매수자를 찾기 어려워 역시 포기하였다.

1994년에는 실제로 한국위원회가 좀 더 쾌적한 근무환경을 찾아 유네스코회관에 입주한 지 27년 만에 명동을 떠나 잠시 강남 선릉에 머물기도 하였다. 하지만 1997년 IMF로 인해 명동 회관에 공실이 많이 발생하자 1999년 7월 다시 명동으로 복귀한다. 우연하게도 유네스코한국위원회가 명동을 떠난 이 기간 동안 한국위원회에는 다른 때에 비해 사건 사고가 많았다. 직원들에게 안 좋은 일이 생기기도 하고, 1997년 12월에는 회관 11층에 원인 모를 큰 불이 나 11층 기둥과 지붕이 완전히 무너져 내렸다. 천만 다행히 인명 피해는 없었으나, 큰 충격이었다. 명동으로 돌아온 지 벌써 이십여 년, 그 뒤로는 비교적 큰 사고 없이 지내는 걸 보면 한국위원회는 명동과 유네스코회관을 떠나기 어려운 인연이 있는 것 같다.

완공이 된 후 50년 넘게 유네스코한국위원회를 품어 온 유네스코회관. 유네스코한국위원회에게는 공기와 같은 존재이다. 국내 유네스코 활동의 중심이 되었고, 변화하는 명동 속에서 묵묵히 제 자리를 지켜왔다. 언제나 빛날 것 같았던 모습은 세월의 풍화 속에 안타깝게도 무너져간다. 군데군데 땜질한 외벽은 명동의 미관을 해치는 상태에 이르렀다. 다시 그 빛나는 모습을 되찾도록 유네스코한국위원회의 노력과 외부의 지원이 필요하다. 그 첫걸음은 아마도 그 시절 힘들고 어려운 처지에도 유네스코회관이 한국과 국제사회를 연결하는 공공 문화시설이 되기를 바라며 회관 건립을 지지하였던 국민들의 열망과 요청을 상기하는 일이 될 것이다.

대한민국 유네스코 활동의 터전이 되어 온 유네스코회관을 함께 아끼고 가꾸어 그 시절 국민들이 품었던 꿈들이 다시 이 곳에서 피어나기를 기원한다.

참고문헌

단행본

강진아, 『이주와 유통으로 본 근대 동아시아 경제사-동순태호 담걸생 이야기』, 아연출판부, 2018.

유네스코서울협회, 『유네스코서울협회 30년』, 유네스코서울협회, 2018.

유네스코한국위원회, 『韓國유네스코活動十年史』, 유네스코한국위원회, 1964.

유네스코한국위원회, 『유네스코한국위원회 60년사』, 1964.

유네스코한국위원회, 『UNESCO Activities in Korea』, 유네스코한국위원회, 1956

이봉구, 『그리운 이름 따라 - 명동 20년』, 지식을 만드는 지식, 2010

유네스코한국위원회, 『제17차 유네스코한국위원회 정기총회 의안』, 1968.

유네스코한국위원회, 『제92차 유네스코한국위원회 집행위원회 의안』, 1977.

유네스코한국위원회, 『제93차 유네스코한국위원회 집행위원회 의안』, 1977.

유네스코한국위원회, 『제97차 유네스코한국위원회 집행위원회 의안』, 1979.

논문 및 유네스코소식지

도미이 마사노리, 「1930년대 명동에 꽃핀 카이와이 공간」, 『제21기 서울역사박물관대학자료집』, 서울역사박물관, 2012.

박길룡, 「건축산책」, 『건축가』, 1992. 10월호.

전우용, 「역사 속의 명동; 명동의 역사지리학」, 『제21기 서울역사박물관대학자료집』, 서울역사박물관, 2012.

유네스코한국위원회, 『유네스코뉴스』, 1963년 11월호.

유네스코한국위원회, 『유네스코뉴스』, 1964. 7월호.

유네스코한국위원회, 『유네스코뉴스』, 1965. 6월호.

유네스코한국위원회, 『유네스코뉴스』, 1967. 3월호.

유네스코한국위원회, 『유네스코뉴스』(격주), 1973. 4. 11

유네스코한국위원회, 『유네스코뉴스』(격주), 1973. 5. 9.

유네스코한국위원회, 『유네스코뉴스』(격주), 1974. 1. 16.

유네스코한국위원회, 『유네스코뉴스』(격주), 1974. 12. 11.

유네스코한국위원회, 『유네스코뉴스』(격주), 1975. 2. 12.

유네스코한국위원회, 『유네스코뉴스』(격주), 1975. 4. 16.

문서

문교부, 『韓國유네스코後援會 監査調書』, 1963. 5. 20. 3~9쪽.

성업사, 「부재지주 재산관리인 개임신청 관련 진술서 (서울지방법원 제출용)」, 1960. 9. 7.

중부경찰서, 「명동경찰관 파출소 청사 건축 의뢰」, 1966. 1. 12.

유네스코한국위원회, 「신영순-유네스코한국위원회 토지 임차권 양도 약정서」, 1957. 8. 23.

유네스코한국위원회, 「성업사-유네스코한국위원회 토지 임대차계약서」, 1957. 9. 10.

유네스코한국위원회, 「1961年度 活動과 業績」, 1961.

유네스코한국위원회, 「유네스코회관 대지 임대차계약 갱신에 대한 일」, 1962. 10. 2.

유네스코한국위원회, 「담정택-유네스코한국위원회 임대차계약서」, 1962. 10. 4.

유네스코한국위원회, 「유네스코會館 建立 推進計劃案」, 1965. 8.

유네스코한국위원회, 「유네스코회관 준공식 행사 안내자료」, 1967. 2. 17.

유네스코한국위원회, 「유네스코회관 취득가격 명세표(중구청 취득신고용)」, 1967.

유네스코한국위원회, 「제21차 유네스코한국위원회 정기총회 회의록」, 1972.

한국유네스코후원회, 「한국유네스코후원회 창립총회 회의록」, 1958. 10.

한국유네스코후원회, 「제2차 한국유네스코후원회총회 회의록」, 1959.

한국유네스코후원회, 「유네스코會館 新築工事 設計圖案 懸賞募集 規定」, 1959.

한국유네스코후원회, 「유네스코회관 설계도안 현상모집 안내공문」, 1959.

한국유네스코후원회, 「유네스코 會館 建築公事 現況에 關하여」, 1960.

한국유네스코후원회(장내원), 「동흥공무사 관련 진술서」, 1960. 9. 27.

한국유네스코후원회, 「통고서」, 1960. 10. 6.

한국유네스코후원회, 「유네스코회관 건축공사금에 대한 일」, 1960. 10. 11.

한국유네스코후원회, 「1962年度 活動과 業績 및 1963年度 重點事業計劃」, 1962.

한국유네스코후원회, 「1962年度 活動과 業績 및 1963年度 重點事業計劃」, 1962.

한국유네스코후원회, 「한국유네스코후원회 운영에 관한 긴급진정서」, 1963. 4.

한국유네스코후원회, 「1963년도임시총회결의사항보고의 건」, 1963. 4.

한일은행, 「임차대지 법정관리인 참고사항에 관한 통지」, 1964. 4. 7.

판결문

대법원, 「선고 67누55판결 사단법인설립허가취소처분 취소」, 1968. 5. 28.

서울고등법원, 「선고 68구302 제1특별부판결 사단법인설립인가취소청구사건」, 1969. 8. 20.

서울고등법원, 「선고64구218 판결」, 1967. 3. 2.

인터넷

위키백과, https://ko.wikipedia.org/wiki/%EC%A0%95%EC%9D%BC%EA%B6%8C, 2020. 12.2.

홍봉룡, '반값등록금', http://blog.daum.net/korealion4th/252. 2012.

신문기사

부록 6. 관련문서 목록 참조.

유네스코회관 건축과 변화하는 명동 이야기

박경립
강원대학교 건축학과 명예교수

강원대학교 건축학과 명예교수로 한양대학교 공과대학 건축공학과를 졸업하고 동 대학원에서 석·박사 학위를 취득하였다. 대한건축학회 부회장 · 회지편집위원장 · 지회연합회 회장, 한국건축정책학회 회장, 대통령 소속 국가건축정책위원회 부위원장 및 정책조정분과위원장, 문화재청 문화재위원회 부위원장 및 건축분과위원장 등을 역임하였으며, 현재 유네스코한국위원회 문화정보커뮤니케이션분과위원장 및 집행위원, 유네스코회관소위원회 위원장으로 활동하고 있다.

유네스코한국위원회 회관은 대한민국에서 가장 비싼 금싸라기 땅에 자리 잡았다. 전 세계적으로 파리의 유네스코본부 회관을 제외하면 한국위원회의 회관과 같이 수도의 한복판 가장 번화한 거리에 자리 잡은 경우는 거의 없다. 당시는 한국전쟁을 겪고 나라 전체가 초토화된 시기로 휴전 이후 복구를 위하여 매진하던 시기였다. 유엔 각국의 참전으로 서울을 회복한 후에도 전쟁의 후유증은 심각하여 국민 모두가 보다 나은 삶을 위하여 매진하던 때였다.

이 같은 어려움 속에서도 파리 본부와 거의 같은 시기에 유네스코 회관 건립의 필요성을 밝히고 실천에 옮겨간 용기와 의지는 지극히 대단한 것이었다.

이제 세계에서 가장 큰 국가위원회 조직을 갖고 활발히 국제사회에서 활동할 수 있게 된 것에는 여러 요인이 있겠지만 그중 하나는 한국위원회 활동의 기반이 되어 주었던 회관의 존재를 이야기하지 않을 수 없다.

1. 대한민국의 문화 일번지 명동

회관이 건립된 장소인 명동은 오랫동안 대한민국 수도의 한복판에 자리 잡아 가장 번화하고 번창한 곳이다. 조선시대 명례방(明禮坊)으로 불리우는 곳에 해당하는 이곳에는 '장악원(掌樂院)'이란 조선왕조 음악 편찬의 교육행정을 담당하던 기관이 명동 북쪽에 위치했었다. 이 자리에는 1970년대 말 명동의 고층화를 예고한 외환은행 본점(현 하나은행)이 들어섰다. 일제강점기 남산자락을 중심으로 자리 잡은 일본인들이 충무로로 진출하며 형성된 거리들은 북쪽으로 확산되며 메이지 마찌(明治町)로 불리었다. 광복 후에는 명동이라는 이름으로 확장되며 더욱 번화해 진다.

명동은 우리가 흔히 떠올리는 유흥가나 번화가의 장소만은 아니었다. 명동 곳곳에는 우리가 기억하여야 할 장소도 많다. 명동성당 앞 YWCA 건물의 터도 그중의 하나로 조선 중기 문신이자 시조의 대가였던 윤선도의 집터와, 일제강점기 '노블리스 오블리제'를 몸소 실천한 분들로 국민의 귀감이 되고 있는 독립운동가 이회영 6형제의 가옥이 있던 터이다. 이항복의 십대손인 독립운동가 이회영선생(1867~1932)과 이시영선생(1869~1953)은 1910년 이건영, 이석영, 이철영,

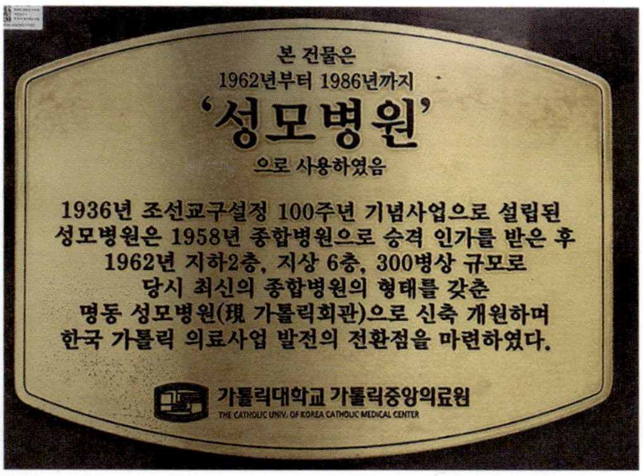

가톨릭회관(구 성모병원)은 커튼월의 초기 작품으로 귀중한 문화유산이다 ©박경립

명동성당은 세기를 넘어 자리를 지키며 모든 시민의 안식처가 되어 왔다. 21세기 들어 전면 광장 및 진입로를 새로 조성하여 오늘에 이르고 있다. ©박경립

명동성당과 가톨릭회관은 근현대 건축문화유산의 중요한 장소이다. ©박경립

상업공간 밀도가 높아져가고 공공의 오픈스페이스가 점점 더 줄어드는 명동에 명동성당은 성스러운 종교공간일 뿐 아니라 시민들의 귀중한 안식처가 된다. ©박경립

명동성당 전경 ©박경립

이호영 형제들과 함께 서간도에 신흥무관학교를 세워 독립군 지도자를 양성하였다. 이회영선생은 1932년 일본군 사령관 사살을 계획하다 붙잡혀 고문으로 순국하였다. 이시영선생은 대한민국임시정부의 국무위원을 역임한 후 대한민국 초대 부통령을 역임하였다. 지금 YWCA 건물은 근자에 리모델링되어 새로운 출발을 앞두고 있다. 지금 하나은행(구 외환은행 본점) 자리는 1926년 나석주의사가 동양척식회사에 투탄을 하고 일본 경찰과 총격전 중에 자결을 한 곳이다.

명동에 가장 먼저 자리 잡은 랜드마크는 명동성당(1898년 건립)이었다. 윤선도(1587~1671)가 살았었다는 명동 외곽 동쪽 높은 언덕에 자리 잡은 명동성당은 주변의 어떤 건물보다도 우뚝 솟은 것이었다. 지금은 높은 빌딩들에 가려져 가까이 다가가야 보이게 되었지만 당시 하늘을 향해 솟아난 성당은 한양의 중심에 가장 높은 건축이었다. 유럽의 중세 성당은 'West work'라고 불리는 서향에 주출입구를 만들고 동편에 알타가 배치되며, 성당 건물의 앞에는 넓은 광장을 조성하고 서측 면에는 장미창이 설치되어 석양의 빛이 성스럽게 성당 내부에 스며들게 한다. 그러나 명동성당은 북서향으로 경복궁을 바라보고 자리잡았으며 앞의 언덕은 자연스럽게 세속과 영역을 구분하고 있다.

이 성소는 지난 100여 년의 모든 역사를 묵묵히 지켜보며 명동을 찾는 사람들을 품어 왔다. 일제강점기 독립운동을 하던 의인들은 물론 정부 수립 이후에도 부당한 권력에 항의하는 시민들의 피난처였으며, 바로 밑에서 일어나는 세속의 고통과 갈등, 떠들썩함과 번잡함도 이곳에 오면 고요에 잠기게 된다. 지난 세월 명동성당도 시대에 따라 변화를 수용하며 점점 더 확장되어 왔다. 사제관이 확장되고 사회적 활동을 수용하는 시설들이 확장된 것이다. 아쉬운 것은 21세기 들어 서울대교구청 신청사가 들어서 어디서나 보이던 성당의 모습이 많이 가려지게 되었다는 것이다.

유네스코회관과 성당은 1970년대만 하여도 서로 마주 보였으나 지금은 성당 서편에 신축된 서울대교구청사로 인해 성당이 보이지 않게 된 것이다.

명동의 영역은 을지로 길과 퇴계로, 성당의 동쪽 외곽 언덕길, 종로와 퇴계로를 잇는 길이 자연스럽게 영역을 구획하고 있다. 1970년대 이후 명동의 외곽

1962년 건립된 건축가 김수근의 쌍용빌딩(구 오양빌딩). 노출 콘크리트 마감과 건물 전면 파사드의 조각이 화제가 되었던 작품으로 서울미래유산으로 되어 있다. ©박경립

1960년 준공되어 아직도 제 자리를 지키고 있는 메트로호텔. 리모델링 되어 예전의 모습을 가늠하기 힘들게 되었다. ©박경립

명동 거리 동편 언덕에 자리 잡은 가톨릭회관. ©박경립

도로를 따라 고층화가 점진적으로 진행된 이후 명동 내부의 저층으로 이루어진 아기자기한 맛은 점점 줄어가고 있다.

명동은 일제강점기 우리나라 최초의 다방이 들어선 곳이었다. 다방은 도시의 사랑방이 되어 수많은 문인들과 예술인들이 모이는 곳이었으며, 이곳에서 예술과 문학은 물론 나라 걱정으로 날을 밝히기도 하였다. 월탄 박종화는 이봉구가 짓고, 강정구가 엮은 『그리운 이름 따라-명동 20년』이라는 책의 서문에서 명동을 '새로 광복된 대한민국의 문화촌'으로 정의하고 있다. 당시에는 명동은 상점들뿐만 아니라 신문사, 잡지사, 문총 등의 집결지였다고 한다. 이와 더불어 그들을 따뜻하게 품어준 다방과 값싼 막걸리 집들이 많았다고 서술하고 있다. 문인과 예술가들은 이곳에 모여 새로운 문학과 음악, 미술을 구상하고 때로는 인생과 예술에 대하여, 때로는 사상에 대하여 격론을 벌이곤 하였다. 지금은 자취만 남았지만 국민 탤런트 최불암의 어머님이 운영하였던 '은성'은 예술인들의 사랑방이었다.

1970년대 초 생겨 현재까지 남아있는 포엠과 가무 ©박경립

이봉구는 '명동의 시장'이라는 애칭을 부여받으며 명동의 터줏대감이 되었다. 이들의 일화는 때로는 소설로 때로는 역사로 전해진다. '봉선화 다방' 등의 장소와 얽힌 이야기는 소설이 되어 영화의 한 장면처럼 전해지고 있다.

그러나 한국전쟁이 일어나자 이들의 무대는 피난 시절 동안 부산의 남포동, 광복동 거리 등으로 옮겨졌다. 그리고 휴전 후 다시 모여든 사람들은 다시 명동의 전설을 이어갔다.

초원다방은 음악을 틀어주는 다방의 효시였으며, 1950년 말 충무로에 문을 연 '쎄시봉'이 본격적 음악감상실의 시작이었다. 그에 이어 '돌체'가 생기고 충무로에 '카네기'가 생겼다. 그곳에서는 대중적인 클래식과 팝송이 주로 흘러나왔다. 명동의 '은하수' 다방은 1950년대 기독교방송국 지하에 있던 '영보다방'과 함께 음악다방의 본산지였다. 1960년대에는 '디쉐네', '메트로', '시보네' 등이 유명했다. 충무로 골목길 고전음악감상실 '전원'은 '필하모니'로 이름이 바뀌어 이어졌다. 충무로에 문을 연 '쎄시봉'은 종로 2가 YMCA 뒤로 이전했다가 다시 1963년 무교동 스타더스트 호텔 옆으로 이전했다. 명동극장 옆 골목의 '시보네', 청진동 범문사에 문을 연 '르네상스', 광교의 '아폴로', 을지로의 '필하모니' 등은 1966년까지 남아있었다. 1970년대 초에 생겨 젊은이들이 모여든 '가무', '포엠' 등의 카페는 지금까지 자리를 지키고 있으나 '코지코너', '몽쉘통통'은 아쉽게도 문을 닫았다. 미도파백화점 옆 시대백화점 자리에는 '라 스칼라'가 생겨 70년대 전성기를 이루었다.

6.25 이후 다시 복구를 이어간 명동이 본격적으로 탈바꿈하기 시작한 것은 1960년대에 들어서면서이다. 리모델링을 하여 옛 모습이 많이 감춰졌지만 아직도 자리를 지키고 있는 메트로호텔(1960년), 명동성당 앞에 성모병원(1962년)이 들어서고 김수근 선생이 설계한 쌍용빌딩(1962년), 그리고 유네스코회관이 명동 한복판에 들어서며 새로운 명동의 시대를 열게 된다.

이전의 2~5층 정도의 건축에서 본격적으로 한국인에 의해 설계되고 시공된 철근콘크리트 라멘조의 현대건축이 들어서며 명동의 경관을 바꿔 놓는 계기가 된 것이다. 당시로는 명동에서 가장 높은 건물이 된 유네스코회관은 우뚝 솟아 위용을 자랑하게 되었다. 국제회의장과 넓은 실내 공간을 가진 현대적 사

1967년 준공 당시 국제회의장의 모습 ©유네스코한국위원회

무공간은 발전하는 대한민국의 상징이었으며 국제회의들이 열리는 세계로 향하여 열려진 문이었다. 당시 한국위원회 위원들의 헌신적인 활동은 유네스코회관 건립 과정의 노력에서도 찾아볼 수 있다. 유네스코회관은 문화의 중심지이자 국제교류의 중심으로서 굳건히 자리잡고 대한민국 발전과 함께 성장하여 온 것이다.

명동은 대한민국 중심 중의 중심지로서 지금까지 그 영광을 누리고 있다. 명동은 고유명사가 아닌 번화가의 일반명사처럼 여겨져, 지방 도시에서도 서울 명동을 따라 번화가 이름을 명동으로 지칭하는 경우가 많았다. 이른 시기에 보행자 전용도로가 시행되어 보행자들이 안전하고 편안하게 거리를 거닐 수 있게 하였으며 가장 앞서가는 첨단의 유행도 명동에서 시작되곤 하였다.

한국전쟁 휴전 후 명동의 거리 모습 ©유네스코한국위원회

명동은 주로 유흥가로, 번화가 등으로 인식하는 경우가 많으나 금융의 중심지, 문화의 중심지, 국제교류의 중심지 등 다양한 면모를 갖고 있다.

1956년 최초의 증권거래소가 자리 잡아 금융의 중심지로서의 가능성을 보여주었으며, 서울은행 본점(1968년 개점)을 필두로 1970년대 들어 을지로 변에 설계공모로 지어진 외환은행 본점(1979년 준공)이 들어서고 명동 서편 큰 가로의 양옆에는 국민은행 본점(1972년 준공), 한일은행 본점(1981년 준공)이 들어서며 고층빌딩 시대이자 금융 중심의 시대를 열게 된다. 이렇듯 명동은 단순히 번화한 유흥거리가 아닌 대한민국 경제의 중심으로 상권의 중심으로 다시 태어나게 된 것이다.

이즈음 명동 서편 건너편 시대백화점(구 미우만백화점)과 미도파백화점, 북서쪽에 자리 잡고 있었던 신세계백화점(구 미스코시백화점)은 명동과 이웃하며 서로 상승작용을 하며 중심지로서의 역할을 견인하였다. 유네스코회관과 시청 사이에 있던 철도호텔과 반도호텔이 철거된 후 새롭게 들어선 조선호텔과 더불어 1970년 중반 이후 명동과 시청 사이에는 '롯데호텔'(1979년 개관), '프레지던트호텔'(1973년 개관), '더플라자호텔'(1976년 개관)이 들어서며 본격적으로 서울의 고층건축 시대를 앞당기게 된다. 명동 안에도 '사보이호텔'(1957년 개관), 'YWCA회관'(1968년 개관), '로얄호텔'(1971년 개관) 등이 들어서고 남쪽 외곽에는 '세종호텔'(1966년 개관)이 자리 잡으며 새로운 시대의 개막을 알리게 된다.

그러나 명동은 이러한 변화 속에서도 지난 세기에 조성된 골목이 아직 존재하고 한밤중까지 화려한 간판이 꺼지지 않는 젊음의 거리이기도 하였다. 장발과 청바지와 통기타, 생맥주라는 이름으로 대변되는 1970년대 젊은이들의 새로운 문화는 명동이 발원지이자 집결지였다. 당시 젊은이들은 밤늦게까지 명동의 거리를 누비고 새롭게 단장한 다방과 음악 감상실, 생맥주집에서 그들의 시대적 불만과 욕구를 해소하였다. 크리스마스와 연말의 인파는 거리를 꽉 메우고 새로 등장한 네온사인은 많은 사람들을 불러 모았다. 골목골목에 자리한 다양한 식당과 술집은 인파로 들어차고 임대 건물도 가장 높은 가격을 호가하였다. '청자다방', '심지다방', '본전다방', 'OB's Cabin'과 같은 생음악이 있는 고급 레스토랑, '르 시랑스', '돌체', '르네상스', '내쉬빌'과 같은 새로운 모습의 음악 감상실 등은 젊은이들을 열광하게 하였다.

또한, 1970년대 대형 호텔에는 나이트클럽이 생겨 통금 있는 시절에도 자정 12시부터 새벽 4시까지 영업을 하는 해방구 노릇을 하였다. '실버타운', '마이하우스' 등 록밴드들이 공연하는 레스토랑 겸 술집도 생겨나 젊은이들을 모이게 하였다. 장발과 핫팬티 단속, 마리화나 단속으로 세상은 떠들썩하였고 젊은이들은 경찰을 피해 골목길을 선호하였다.

경음악 평론가이자 시대를 앞서가는 PD였던 이백천 선생이 운영한 음악이 있는 사랑방인 '르 시랑스(Le Silence)'는 명동에서도 가장 전위적인 공간 중의 하나였다. 동양방송(TBC) PD 이백천 선생은 '쎄시봉'에서 많은 신인을 발굴해 젊은이들의 문화를 세상에 펼치게 했고, 라이브 공연의 대중화를 이끌었다. 신발 벗고 집안의 응접실같이 꾸며진 '르 시랑스'는 소파와 피아노, 마이크가 전부였다. 카페트가 깔린 바닥은 앉거나 누워서 또는 엎드려서 음악을 듣고 서로 이야기를 나눌 수 있는 곳이었다. 스스로 작사, 작곡한 곡을 본인이 불렀던 이곳에 모여든 많은 아마추어 음악인들이 나중에 거의 대한민국이 사랑하는 가수들이 되었다. 퇴폐의 온상이라고까지 불리던 이곳은 단순히 히피 문화가 스며든 곳만은 아니었다. 노랫말에는 젊은이들만의 낭만뿐 아니라 시대의 울분과 군사독재에 대한 저항이 담기고 그들의 노래는 젊은이들에게 순식간에 퍼져나가 데모대의 지정곡처럼 되어 합창이 되기도 하였다.

1983년 개업해 현재까지 남아있는 명동 돈가스
©박경립

명동의 맛집 명소중의 하나 ©박경립

수하동에서 이사와 명성을 지키고 있는 맛집 하동관 ©박경립

1970년대 전벽돌 건축이 활발할 때의 모습을 간직한 '유선의 집' 양장점은 건축가 조영무의 작품으로 이제 음식점과 카페로 이용되고 있다. ©박경립

'유선의 집' 양장점과 자택이었던 건축물 내부공간도 음식점과 카페 공간으로 이용되고 있다. ©길지혜

연극배우 추송웅이 일인극을 한 연극이 있는 레스토랑인 '카페 테아트르'는 당시의 멋쟁이들이 모이는 예술의 공간이 되었다. 연극배우 함현진이 하던 카페 '이사벨'도 젊은이들의 순례지가 되었으며, 사보이호텔 지하의 '구디 구디'라는 바도 젊은이들의 아지트가 되었다.

명동은 맛집의 명소이기도 하였다. '한일관'은 모든 명동 나들이에 빠지지 않는 음식점으로 오랫동안 대한민국을 대표하는 한식의 명소였으며, 뒷골목에 자리 잡았지만 많은 단골이 사랑한 '신정'도 유명한 고깃집이었다. 지금은 두 음식점 모두 다른 곳으로 이사하여 오랜 명성을 이어가고 있다. 칼국수와 만두의 명소 '명동교자(구 명동칼국수, 1966년 개업)', '명동 돈가스(1983년 개업)', 지금은 사라졌지만 분식점으로 이름을 날린 '만미정', 충무로에 자리 잡은 통닭집, 중국음식점 '동해루'는 가장 많은 짜장면 매출을 자랑한 곳이었으며, 복싱 챔피언이 세운 '챔피언 다방'도 많은 사람이 모이는 명소였다.

지금은 거의 이사하거나 문을 닫아 옛터를 증언하는 표지판만 있거나 자취조차 없어져 버려 아쉬움이 남게 한다. 새로 명동으로 이사 와 명성을 이어가는 곳도 있다. 청계천과 을지로 입구 사이에 있다 명동으로 이사 와서 아직도 명성을 이어가고 있는 곰탕집 '하동관'은 아직도 성업 중이다.

1978년에는 서울특별시 발주로 강병기 교수 책임 하에 '명동지구 재개발기본계획'을 수립하기도 했다. 중심가로에는 금강제화 명동본점과 에스콰이아 제화점 등을 비롯한 수제화 전문점들이 호황을 누렸다. 아울러 '노라노양장점', '송옥양장점', '트로아 조', '유선의 집', '라모드양장점' 등을 비롯한 양장점과 '화창양복점'과 같은 양복점들 그리고 한껏 멋을 부리고 나온 거리의 멋쟁이들에 의해 명동은 패션의 중심지이기도 하였다.

명동 입구 뒷골목에는 재개봉관인 '명동극장'이 자리 잡고 있었다. 유네스코회관 건물에도 1968년 3월부터 '코리아극장'이 들어섰다. 우여곡절 끝에 들어선 영화관은 처음 극장이 회관에 들어설 때 많은 사람들이 반대하였다고 한다. 이 국제문화교류의 중심공간에 대중문화시설이 들어오는 것을 못마땅하게 생각한 것이다. 극장은 2002년 8월까지 상영을 하였다. 이후 공실 기간이 있은 후 연극 공연장인 '명동예술극장'이 몇 년 공연하다 계약을 종료하고 공실 기간이 계속되었다. 다시 2009년부터 난타전용극장으로 탈바꿈하여 명동의 명

1962년 7월 24일 개최된 유네스코회관 상량식 전경. 멀리 북악산, 인왕산, 옛 중앙청 건물이 보이고 그 사이에 다른 건물이 보이지 않을 정도로 유네스코회관은 우뚝 솟아 당시 도심의 랜드마크 역할을 하였다. ©유네스코한국위원회

소가 되었다. 넌버벌 퍼포먼스(non-verbal performance) '난타'는 외국인들이 꼭 들려야 하는 공연장이었다.

미도파백화점이 마주 보이는 명동 서쪽 큰길가 뒤편에는 '딸라 골목'이라고 별명이 붙여진 골목이 있었다. 이곳에는 외화를 바꾸는 것 외에 해외 풍물에 목말라하던 사람들이 해외 잡지들을 구입하는 곳이기도 하였다. 이곳 남쪽에는 대만(중화민국)의 대사관과 문화원이 있었고 작지만 중국인 거리가 조성되어 있었다. 지금은 자그마한 건물의 자취가 남아 있을 뿐이고 이 지역은 중국(중화인민공화국)의 소유로 넘어가 큰 고층빌딩으로 재개발되었다. 그리고 월병을 판매하는 '도향촌(1968년 개업)'은 아직도 자리를 지키고 있다.

충무로 길에는 오디오 상회들이 들어서고 다양한 문화가 공존하는 거리가 된 명동은 소비의 중심지가 되었다. 명동과 롯데를 잇는 지하상가에도 음반과 비디오 판매상가들이 오랫동안 자리잡아 성황을 누렸다. 이들은 디지털 시대의 등장과 함께 거의 사라졌다. 외국인 관광객들을 상대하는 아이돌 음반들을 취급하는 상가들만 몇 집 남아 오늘에 이른다.

한편, 이렇게 바뀐 거리를 보며 『유네스코뉴스』 1977년 칼럼에는 명동이 문화의 중심에서 멀어져 사치와 허영과 환락의 도시로 변모함을 한탄하기도 했다. 아울러 유네스코회관이 명실상부한 '문화의 전당'으로 다시 태어나야 한다고 역설하며 유네스코회관 11층에 마련되는 '유네스코 문화관'을 종합적인 상설공연 무대로 꾸미려고 한 것이다.(『유네스코뉴스』, 제 249호, 1977.8.17.) 당시 시공사의 의뢰를 받아 건축설계사무소 공간에서 근무하던 차주복, 김남현이 실무자로서 이 문화관의 설계를 담당했었다 한다. 그러나 이 공간은 얼마 가지 않아 운영되지 못하고 다른 기능으로 전환되어 아쉬움을 남게 한다. 임대료에 의지하여 운영되었기에 유네스코회관 조성 당시의 구상을 보전하기에 한계가 있었고, 이는 반드시 극복해야 하는 과제임에 틀림없다.

명동 안에는 대한건축학회와 토목학회가 함께 사용하던 건물도 있어 명동은 모든 문화의 중심지 역할을 하였던 것이다. 유네스코회관은 이 다양한 건축들 사이에 우뚝 솟아 명동의 랜드마크 역할을 톡톡히 하였다. 명동의 급격히 화려해지는 변화에도 유네스코한국위원회 빌딩은 꿋꿋이 버티며 국제교류, 교육과 문화의 중심지로서 역할을 하여왔다.

그러나 명동도 여의도 개발과 강남 개발이 본격화된 1980년대 이후에 변화의 시기를 맞게 되며 IMF 시기를 거치며 매우 어려운 시기를 겪기도 하였다. 금융관계 건물들이 여의도로 옮겨가고, 테헤란로 개발과 함께 대부분 강남으로 이사 간 오피스 빌딩들의 이전으로 명동은 임대 난에 봉착하고 IMF를 겪으며 더욱 심화된다. IMF를 지나며 유네스코회관의 임대 상황도 매우 빠른 속도로 바뀌었고, 명동을 포함하여 나라 전체가 직면한 상황이었다. 국가적으로 새로운 돌파구를 마련하지 않으면 모두 공멸한다는 위기감이 도래하였으며 명동은 스스로 부활을 꿈꾸며 명동의 구성원이 중심이 되어 모두 함께 활로를 모색하기 시작하였다.

새로운 대안이 절실해지며 명동은 절실하게 돌파구를 찾게 된다. 서울의 중심이라는 자부심을 유지하기 위하여 새롭게 명동을 단장하기 시작하였다. 서울시는 1997년 보행조례를 제정하면서 명동길을 차 없는 거리로 조성하였고 이후 보행친화구간을 점차 확대해왔다. 서로의 어려움을 감수하고 보행자전용도

1936년 조성된 시공관(구 명치좌)은 명동 예술의 전당으로 이어져오다 철거의 위기를 맞게 된다. 문화예술인들의 노력으로 2009년 다시 리모델링되어 오늘에 이르고 있다. ©박경립

명동예술극장 앞에 마련된 소규모의 광장은 명동의 오아시스이다. ©박경립

명동예술극장과 주변 전경 ©박경립

로를 시간제로 도입하고 명동 축제를 시작하였다. 거리의 포장마차와 상인들의 영업도 허용하였다. 거리 전체의 간판을 정비하고 나무들을 심고 명동의 명소 살리기도 시작하였다.

또한, 명동국립극장도 허물릴 위기가 있었는데 그 직전 많은 예술인들과 시민들이 명동국립극장의 보전을 호소하고 함께 힘을 모으게 되었고 과감한 리모델링을 통하여 지금까지 보전되고 있다. 이 건물은 '시공관', '국립극장', '예술극장', '증권회사' 등으로 이름도 기능도 바뀌면서도 살아남아 명동과 문화예술을 지키는 파수꾼이 되었다. 현재 명동예술극장 앞에는 조그만 소광장이 조성되고 명동의 유일한 오픈스페이스로 명동을 찾는 사람들의 발길이 닿고 있다.

이러한 변화는 사람들을 다시 모이게 하였고, 상점들도 서로 협조하여 보행권을 보장하고 새 단장을 통해 명동의 부활을 꿈꾼다. 2002년 월드컵 경기를 계기로 거리를 차단하고 모두 함께 모여 응원을 하며 차 없는 거리의 위력을 실감하게 된다. 월드컵 4강 진출은 할 수 있다는 자신감을 국민 모두에게 주고 몇십만이 모여 응원하는 서울의 거리응원 모습은 자연스럽게 세상의 시선을 서울로 모이게 하였다. 사람들이 점거한 도로의 힘은 민주주의를 분출하는 염원을 받아주는 중요한 공간으로 작동하고 자동차 위주로 계획되었던 도로들은 점점 보행자 위주로 서서히 바뀌어가기 시작한다. 이러한 것들은 도심 전체를 보행자 위주로 개발하는 방식으로 변화하여 지하도 보다는 도로에서 사람들이 직접 건널 수 있는 시스템으로 환원되어 사람들이 원하는 공간으로 변화했다.

한편 '대장금', '겨울연가' 등 TV 드라마의 수출은 대한민국을 세상에 널리 알리는 계기가 되고 대한민국의 유구한 역사와 고유문화를 세상에 알리게 된다. 이는 K-pop으로 이어져 더욱 증폭되고 있다. 이는 외국인 관광객들의 다량 유입의 중요한 계기가 되었고 명동은 새로운 전기를 맞이한다.

일본관광객이 주를 이루는 21세기 초반을 지나 중국의 해외여행객의 급격한 증가로 명동의 많은 상점들은 일본인 상대에서 중국인 상대의 상점으로 전환하게 된다. 매스관광은 명동의 경관만 바꾼 것이 아니라 상업적 구성의 틀을 바꾸는 계기가 되었다.

음식점도 매스관광의 수에 맞추어 관광식당으로 전환하였고 이들이 가장 많이 찾는 화장품 상점이 급격히 증가하였다. 한편 이들을 수용하기 위한 숙박업체는 2010년 이후 급증하였다. 많은 사무소 건물이 모텔로 리모델링되고 신축호텔도 종종 들어섰다. 주로 2~4스타 호텔들로 젊은 층을 겨냥한 숙소들이 명동 내에 들어선 것이다. 부대시설을 최소화하고 숙박 위주의 시티호텔들의 명동 진입은 관계되는 산업도 변화하게 하였다. 그러나 2019년 12월 이후 불어닥친 코로나로 인해 모든 시설들은 명동 조성 이후 최대의 위기에 봉착하게 된다.

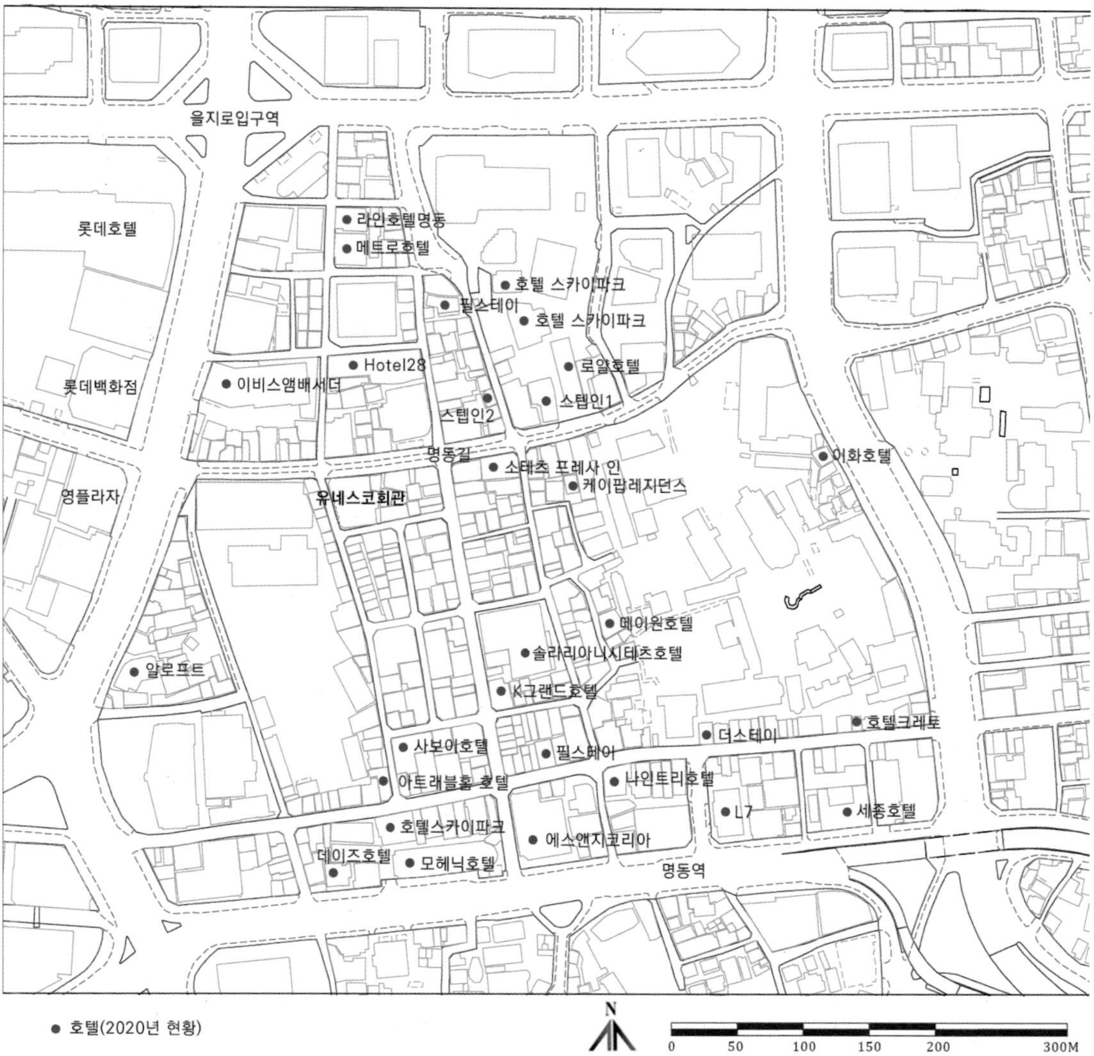

명동 지역 호텔 분포(2020년 기준) ©네이버 지도, 호텔닷컴 자료를 참고하여 길지혜 작성

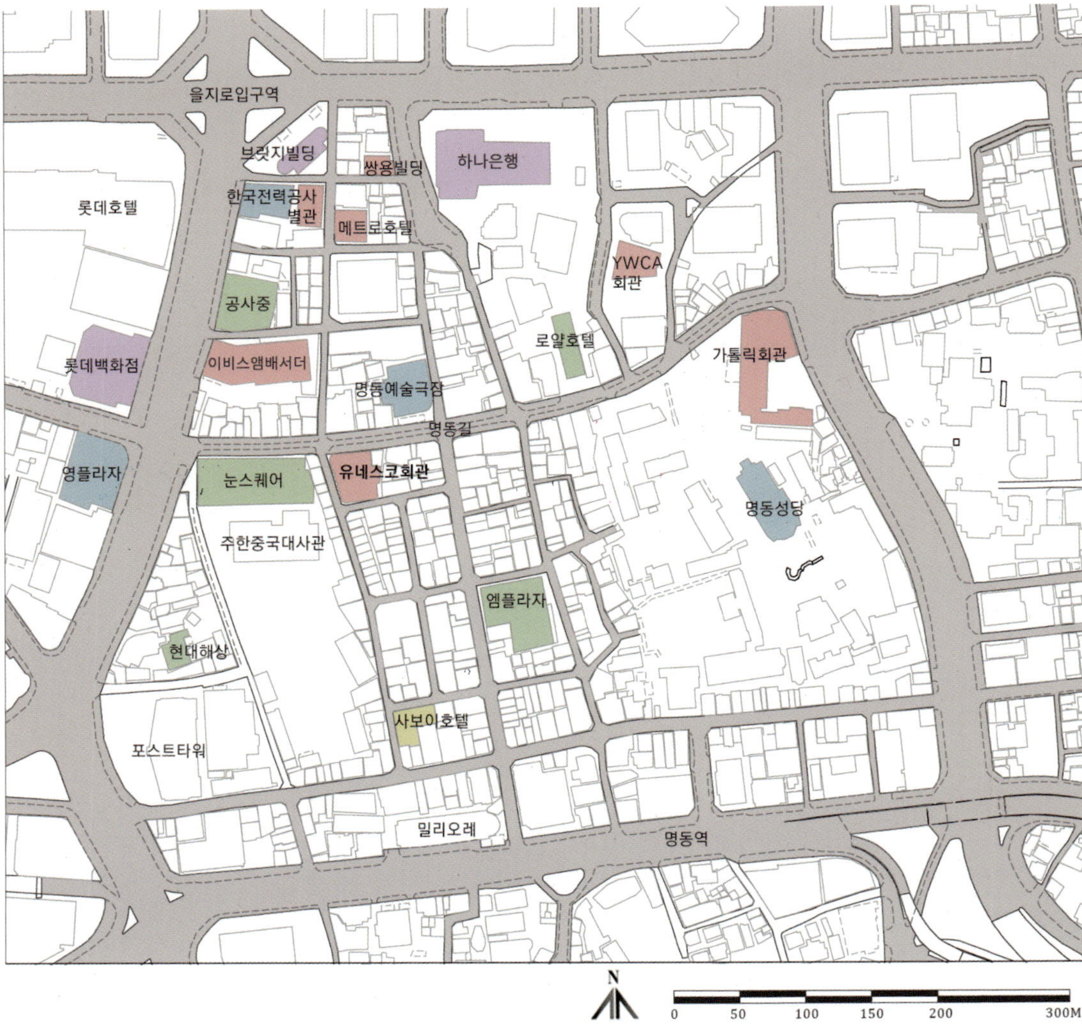

1950년대 이전 명동성당(1898), 한국전력공사(1928), 명동예술극장(1936), 영플라자(구 조지야백화점, 1939, 구 미도파백화점)

1950년대 사보이호텔(1957)

1960년대 메트로호텔(1960), 한국전력공사 별관(1962), 쌍용빌딩(구 오양빌딩, 1962), 가톨릭회관(구 성모병원, 1962) 유네스코회관(1967), YWCA회관(1968), 이비스앰배서더호텔(구 서울은행, 1968)

1970년대 로얄호텔(1971), 현대해상(구 성보빌딩, 1972), 눈스퀘어(구 코스모스, 1972), 공사 중(구 국민은행, 1972), 엠플라자(구 제일백화점, 1976)

1980년대 하나은행(구 외환은행, 1981), 롯데백화점(구 한일은행, 1981), 브릿지빌딩(구 서울투자금융, 1986)

1990년대 이전 건립된 현존 건축물 ©윤인석(2012) 자료를 참고하여 길지혜 작성

1954년 1월 유네스코한국위원회 창립총회 때 채택한 표어
©유네스코한국위원회

2. 유네스코한국위원회의 약속과 유네스코회관

유네스코한국위원회의 발족과 더불어 회관을 마련하겠다는 의지는 활활 타올랐다. 대한민국은 1950년 6월 14일에 유네스코에 가입하였다. 일제강점기라는 긴 어두운 터널을 뚫고 광복을 이룬 후 1948년 정부 수립 이후 국제사회의 일원으로 도약하기 위한 국가적 조치 중의 하나였다. 그러나 불행하게도 며칠 후 발발한 한국전쟁으로 국토는 초토화되었다. 다시 찾은 조국에 들떠있던 국민들은 피난길에 올랐고 자유민주주의를 지키기 위하여 파견한 유엔군과 국군은 휴전이 이루어질 때까지 기나긴 전쟁의 와중에 있었다.

이 시대의 비극을 겪으며 평화를 갈구하는 염원은 우리 국민의 가슴속에 깊이 자리 잡았고 휴전이 이루어진 후 가장 시급한 과제는 황량해진 국토의 회복과 피폐해진 국민의 마음을 위로하여 다시 일어설 수 있다는 희망을 주는 것이었다. 1954년 1월 30일 유네스코한국위원회의 출발은 이런 시대적 배경과 함께 하였다고 할 수 있다.

2020년 유네스코회관과 주변 명동 지역의 전경 ©박경립

"유네스코는 당신에게 약속한다 - 교육, 과학, 문화의 재건과 전진을"이라는 슬로건을 내걸고 다시 일어서려는 대한민국의 갈 길을 명시하였다. 교육을 통하여 국민 모두에게 스스로 일어설 수 있는 기회를 부여하고, 과학의 발전을 통하여 국가를 부강하게 하고 국민 생활을 윤택하게 하며, 수천 년을 이어온 고유의 문화를 전승할 뿐만 아니라 세계에 널리 알리고 아울러 세계의 문화를 포용력 있게 받아들여 국민 모두가 문화생활을 영위할 수 있는 세상을 만드는 비전을 제시한 것이다. 아울러 국제사회의 중요한 일원으로 성장하여 후일 우리에게 베푼 세상에 감사하며 큰 빚을 갚을 것도 천명하였다.

그리고 이 같은 희망과 염원을 실현하기 위한 구심점이 되는 회관 건립을 염원하였고 실현의 긴 여정을 시작하였다. 당시 국제사회의 지원과 희생으로 다시 찾은 대한민국은 세상에서 가장 가난한 나라 중의 하나였지만 마음에 품은 꿈은 크고 원대하였다.

3. 유네스코회관 설계경기 과정

충분한 재정이 있던 것도 아니며, 그를 받아 줄 땅도 준비되지 않은 채 출발한 유네스코회관 건립 추진은 매우 무모한 것이었다. 그러나 이를 이루려는 유네스코한국위원회 후원회와 위원들의 열정과 노력은 대단한 것이었다. 1950년대 건축은 대부분 일제강점기와 미군정을 거치며 배운 건축가들이 교육도 맡고 실제 설계에도 관여할 때였다. 대부분 전쟁 후 복구에 시급한 시설을 짓던 시대여서 지금과 같은 건축적 풍요함은 거의 없었다. 가장 빠르고 값싸게 지어 국민들이 생활에 복귀하게 하는 것이 대부분이었던 것이다.

당시 세계는 2차 세계대전이 끝나고 문화경제의 중심이 유럽에서 미국으로 옮겨갈 시절이었다. 건축도 유럽에서 미국으로 이주한 건축가들에 의해 국제주의 양식이 세상에 퍼져나가고 있을 때였으며, '기능주의 건축', '국제주의 양식'으로 불리는 철근콘크리트 라멘조의 건축과 철과 유리에 의한 고층건축이 서서히 대도시를 중심으로 확산될 때였다.

우리도 시대의 랜드마크로서의 고층 현대건축을 갖기를 원하였으나 건설 기술도 설계도 미숙한 시절이었다. 열심히 '국제주의 양식'이라는 건축전문잡지를 구하여 잡지에 실린 사진과 도면을 통하여 국제사회의 사조에 따라가려고 애쓰는 시기였던 것이다. 그러나 몇몇 건축가들은 과감하게 국제사회에서 앞서가는 건축의 사조와 기술을 도입하려고 시도하였다.

유네스코회관은 앞서가는 건축적 사조를 실현하여 우리의 미래 활동을 담으려 하였다. 설계공모를 통하여 바람직한 건축을 하려고 하였으나 어떤 이유였는지 당선작을 내지 않고 3점의 가작을 선정하였다. 김종식, 이광로, 배기형의 작품이 가작으로 뽑혔으며 후일 점수가 높았던 배기형의 안이 실현의 과정을 거치게 되었다.

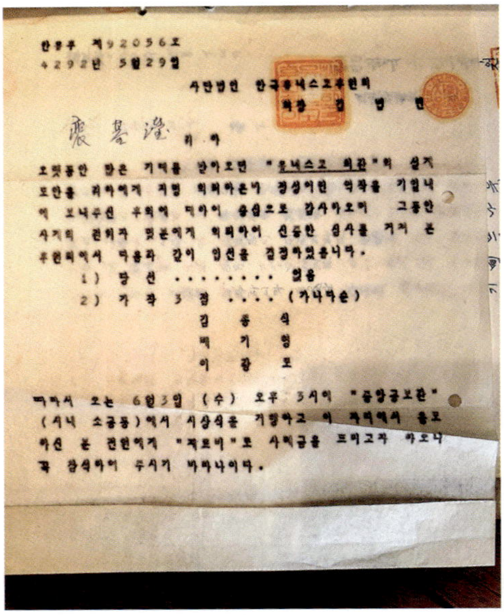

한후우 제92056호
4292년 5월29일

사단법인 한국유네스코후원회
회장 김법린

裵基澄 귀하

오랫동안 많은 기대를 받아오던 "유네스코 회관"의 설계도안을 위하여 지명 의뢰하온바 정성어린 역작을 기일내에 보내주신 우의에 대하여 충심으로 감사하오며 그동안 사계의 권위자 몇분에게 의뢰하여 신중한 심사를 거쳐 본 후원회에서 다음과 같이 입선을 결정하였읍니다.

1) 당선 .... 없음
2) 가작 3점 .... (가나다순)
김중업
배기형
이광노

따라서 오는 6월3일 (수) 오후 3시에 "중앙공보관" (시내 소공동)에서 시상식을 거행하고 이 자리에서 응모하신 분 전원에게 "[illegible]"로 사례금을 드리고자 하오니 꼭 참석하여 주시기 바라나이다.

유네스코회관 공모 심사 관련 한국유네스코후원회 발신 공문
©목천건축아카이브

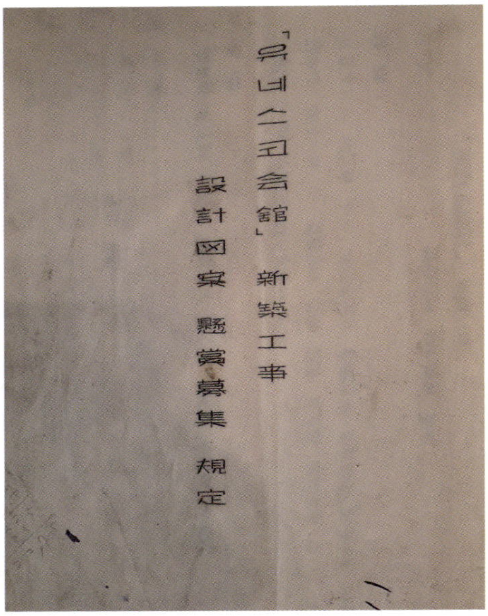

「유네스코會館」新築工事
設計図案懸賞募集規定

유네스코회관 신축공사 설계도안 현상모집 규정
©목천건축아카이브

설계도 현상모집 입선작 전시회
©유네스코한국위원회

설계도 현상모집 입선작 전시회
©유네스코한국위원회

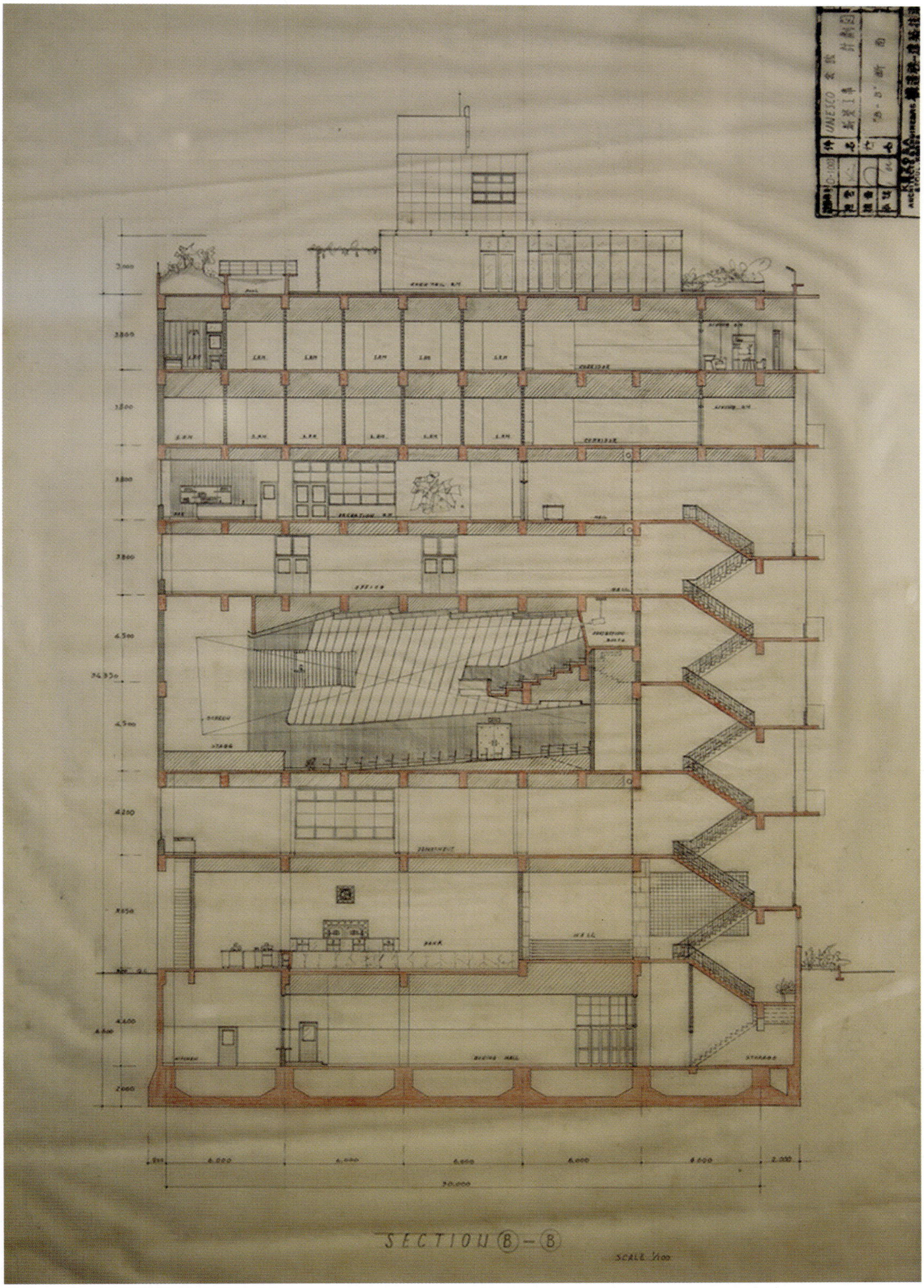

설계공모 직후 1959년 8월 7일 작성된 단면도로 당시는 8층(옥탑방 포함 11층)으로 계획되었다. 이후 확대되어 준공시에는 옥탑층 포함 13층으로 등기되었다. ©목천건축아카이브

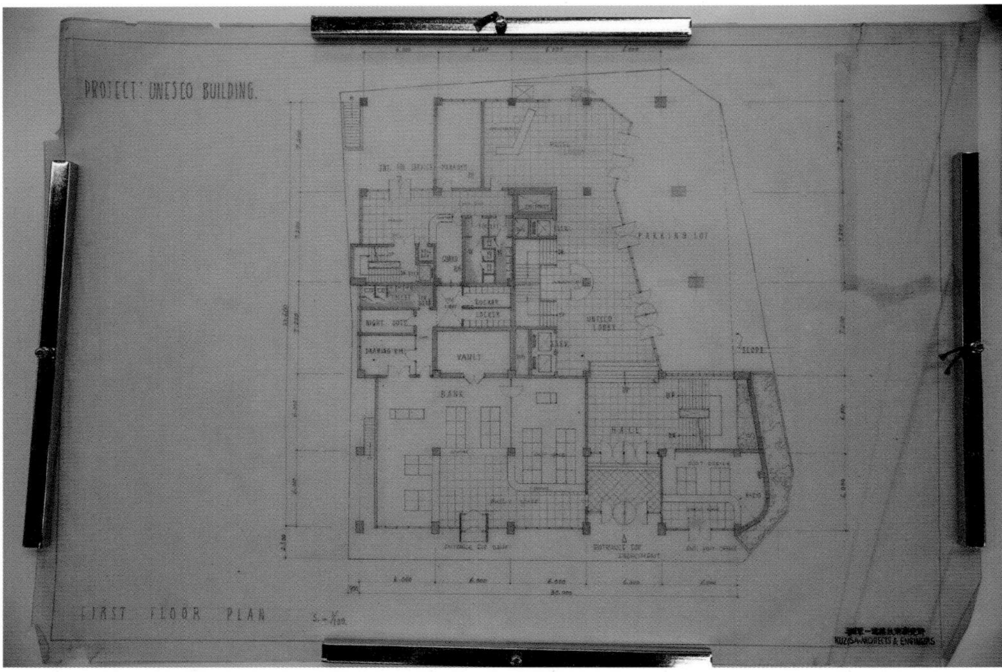

현상공모 당시의 유네스코회관 1층 도면. 건물 서남측과 동남측으로 넓은 필로티 형식의 진입공간을 배치했다.
©목천건축아카이브

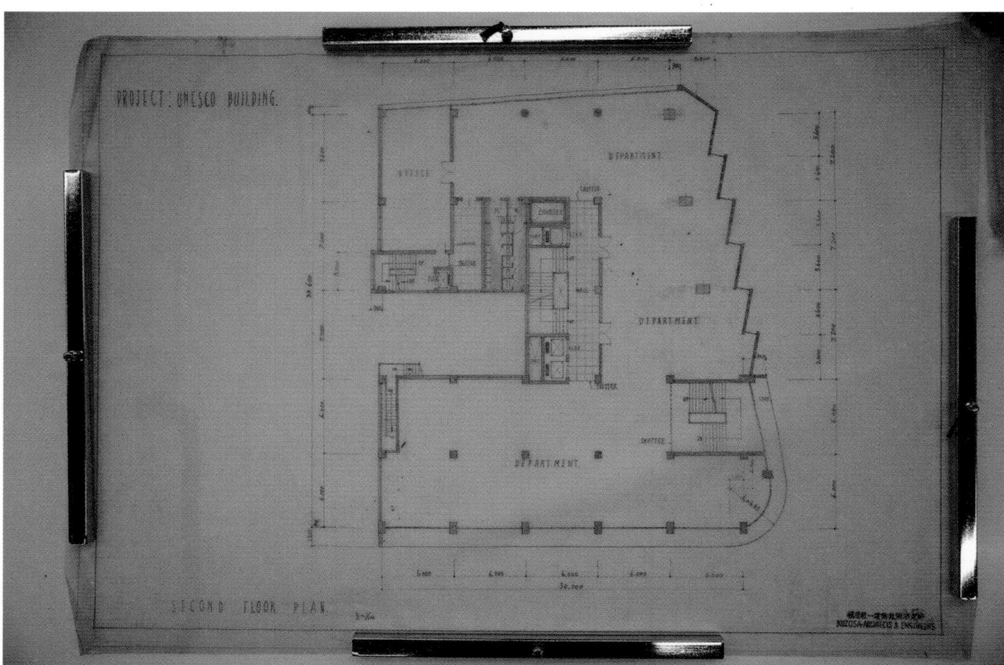

현상공모 당시의 유네스코회관 2층 도면 ©목천건축아카이브

2층부터 상층부까지 평면 구성에 요철을 주어 가운데 코어 부분은 물론 주사무실과 화장실에 이르기까지 외기에 직접 접할 수 있게 하여 채광과 환기가 가능하게 함과 동시에, 건물 전체에 변화를 주며 입체적 구성도 시도하고 있다.

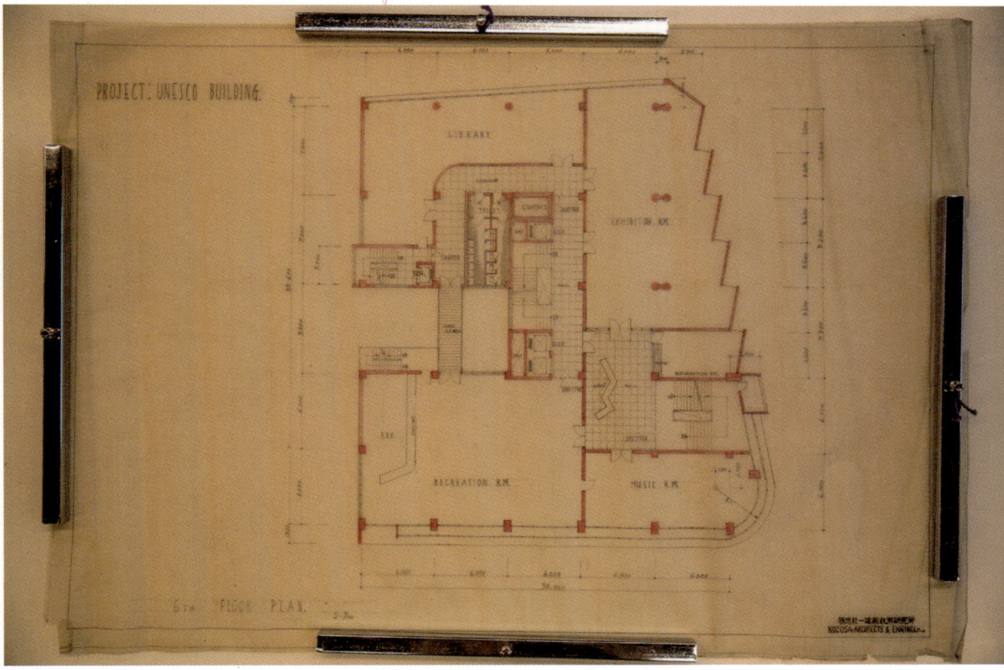

현상공모 당시의 유네스코회관 6층 도면. 건물 동쪽 6층에는 외부로 스카이브리지를 계획 하여 공간의 기능적 연결과 함께 피난 동선을 마련하고 있다. ©목천건축아카이브

배기형은 한국건축가협회장을 역임하며 당시 현대건축의 발전에 많은 기여를 하였다. 특히 기술적 성취에 많은 관심을 가졌던 배기형은 건축설계를 하면서도 구조에 대한 관심이 많아 새로운 시도를 많이 하였다. 그러나 유네스코회관의 설계 초기 계획은 상당 부분 당시 구조사에 근무하던 윤도근에 의하여 된 것이었다고 전한다. 윤도근은 홍익대학교를 제1회로 졸업한 후 배기형이 운영하던 '구조사'에 입사하여 근무할 때 유네스코 설계공모에 깊이 관여하게 되었다.

당시 구조사는 유네스코회관 공모에 임하여 사내 경선을 실시한 후 좋은 안을 뽑아 응모하였다고 한다. 김일진, 오웅석, 오윤환, 윤도근 등이 사내 경선을 벌여 윤도근의 안이 선정되었다. 당시 이천승 선생과 이동진 선생이 심사에 참여하였다고 한다. 이천승 선생은 한국건축가협회 회원 1번으로 당시의 건축계 원로였으며 건축계 발전에 많은 공헌을 하였다. 서울대학교 건축과를 졸업한 김일진은 후일 영남대학교 건축과 교수로 재직하였으며, 한국건축역사학회의 회장을 역임하였고 영남지역 전통건축 채록과 연구에 많은 업적을 남기었다. 서울대학교 건축과를 졸업한 오웅석은 후일 대한건축사협회 회장을 역임하였다. 윤도근은 현장을 좀 더 이해하며 설계하기 위하여 배기형에게 유네스코 현장에서 좀 떨어진 종로에 있었지만 하루종일 음악을 들으며 설계작업을 할 수 있는 '르네상스 음악감상실'에서 일주일만 작업하였으면 좋겠다고 요구하였다고 한다. 배기형은 일주일 아니라 하고 싶은 대로 가서 하라고 하여 윤도근은 '르네상스 음악감상실'에서 그의 설계안을 구체화 시키는 작업을 하였다고 한다.(이왕기 전화인터뷰) 세계의 앞서가는 건축적 사조를 유네스코 회관의 형태에 담아내려는 젊은 날의 윤도근의 열정은 구조적 안정성과 기능적 균형을 중시하는 배기형의 건축철학과 합쳐져 지금의 유네스코회관의 구조와 형태를 가능하게 하였다.

윤도근 홍익대 건축학과 명예교수 ©윤도근

한편, 가작을 하였던 건축가 이광로는 무애건축사사무소를 운영하며 많은 건축적 업적을 남기었다. 그는 서울대학교 건축과 교수로 재직하였으며 후일 대한건축학회 회장을 맡으며 건축계 발전에 많은 공헌을 하였다.

이렇게 유네스코회관 건립과정에는 당시 건축계의 엘리트들이 대거 직간접으로 관여하였던 것을 알 수 있다. 그러나 이 과정은 순탄한 것만은 아니었다. 지금까지 남아 전해지는 서류와 편지 속에 기술과 자금의 부족은 물론 건축에 대한 이해의 부족으로 인한 갈등 과정이 상세히 기록되어 있다.

4. 유네스코회관 건축가 배기형

유네스코회관 설계자인 배기형(1917~1979)은 경남 김해출생이며 1935년 부산 공립공업학교 건축과를 졸업하였다. 1937~1938년 2년간 '구다이(九大)임시고등건축강습소'에서 건축 수업을 받았다. 1939~1945년 후쿠오카시의 '니시지마(西島)건축설계사무소'에서 근무하였으며, 1945년 귀국 후 1946년 김희춘, 정인국, 김창집, 함성권, 엄덕문과 함께 '구조사'를 설립하였다.

1957년 2월 발족한 '한국건축작가협회'의 창립 회원(회원번호 5번)으로서 한국현대건축 발전의 초석이 되는 활동을 하였다. 이 협회는 후일 '한국건축가협회'로 단체명이 바뀌며 현재에 이르기까지 한국건축계의 중요한 일익을 담당하게 된다. 배기형은 한국건축가협회의 (재무담당)이사로 활동하고 1968년~1970년

건축가 배기형
출처: 편집부(1970),
"現代建築家像 배기형",『공간』
44: 78.

한국건축가협회 6대 회장을 역임하였다. 이 시기 배기형 회장은 대한건축학회, 대한건축사협회와 합의하여 당시 가장 뜨거운 이슈였던 현상설계경기의 정상화와 건축가의 권리를 찾기 위하여 설계경기운영위원회 규정의 초안을 제정하였고, 건축법과 건축사법의 정비에도 진력하였다.

1960년대는 한국의 사회적 제도가 정비되던 시기로 건축법과 건축사법 제정이 한국 건축계의 중요한 관심사였다. 배기형과 한국건축가협회는 대두되었던 정부종합청사 설계권 변경에 대한 건의 및 항의서를 전달하고, 국회의사당 현상설계공모의 저작권 문제와 관련한 토론회를 하는 등 건축문제에 대하여 적극적으로 발언하였다. '한국건축용어집', '건축가 제1집'을 재발간하였고, '근대건축사진집'도 발행하여 근대건축의 의미를 재조명하는 시도도 하였다. 한편, 외국건축가 초청 강연 및 토론을 통하여 선진 국제건축 경향을 이해하고 기술의 성취에도 많은 관심을 기울였으며, UIA(International Union of Architects) 제10차 총회에 참석하며 국제 활동도 적극적으로 추진하였다.

건축가로서의 배기형은 '구조사'라는 설계사무소의 이름답게 건축구조를 설계에 합리적으로 반영하려 하였으며 구조를 건축 미학을 완성하는 중요한 요소로 활용하려 하였다. 유네스코회관 건물 설계에서는 당시로서는 모험이라고 할 수 있는 커튼월 시스템을 과감하게 도입하여 진취적인 자세를 취하였으며

'대구 제일모직공장'을 비롯한 대규모 공간의 산업건축에도 성과를 보였다. '공군사관학교 도서관', '한국가톨릭대학 도서관'(1976년 9월 9~15일까지 덕수궁 현대미술관 소전시실에서 현대건축작가전) 등도 건축미와 구조미를 일체화 시킨 좋은 작품으로 평가받고 있다. 서소문동의 '중앙빌딩'을 설계하고, '구 파라마운트극장', '피카디리극장'의 구조 전문가로 참여하였다. 1970년 9~10월호 『현대건축』이라는 전문지에 '성산동 주택'이 이달의 작품으로 소개되었다. 1976년 7월 『건축가』 회원광장 편에 '기억력'이라는 글을 게재하였다.

5. 초기 건축가의 의도와 변화하는 기능과 공간, 형태

2층 높이의 작은 상점들이 줄지어 조성되어 있던 유네스코회관의 대지는 동서남북이 교차하는 명동의 한복판에 위치하고 있었다. 명동성당에서 동편의 백화점 거리로 이어지는 대로에 자리 잡은 명동의 교차로로서 북향의 좋은 입지였다. 남서쪽 골목길 인근에는 정원이 아름다웠던 구 중화민국대사관(현 주한 중국대사관)145이 자리 잡고 남쪽으로는 남산이 보이고, 북동쪽에는 명동국립극장이 자리하며 동쪽으로는 명동성당이 보이는 햇볕 잘 드는 중심 중의 중심이었다.

145) 1992년 중화인민공화국과 수교하고 중화민국과 단교하면서, 중화민국 대사관은 퇴거 하게 되었다. 중화인민공화국은 1993년 2월부터 해당 건물을 대사관으로 사용하였다. 한중 수교로 중국과 교류가 증가하며 대사관 건물이 비좁아져, 현재의 대사관은 2010년 재건축을 시작해 2013년 완공되었다.

초기 8층이던 회관 계획은 점점 더 확장되어 11층 계획으로 바뀌고 국제기관의 회관다운 내용으로 진행된다. 특히 마땅한 국제회의를 담당할 공간이 없던 시절 회관 내의 국제회의장 조성은 매우 절실하였다. 아울러 초기 계획에 반영된 호텔계획은 당시 국제교류를 하며 해외에서 온 인사들을 맞이할 숙소가 매우 부족한 때여서 시의 적절하다고 할 수 있었다. 그러나 진행 과정에서 호텔보다는 운영에 도움이 되는 임대 시설이 확장되고 있음을 알 수 있다. 특히 재원 부족으로 골조만 건설되고 수년 동안 공사가 진행되지 못하면서 내부 계획은 물론 외부공간 계획도 많이 변화하게 된다.

건설 재원을 지원하며 관계하게 된 은행의 개입은 본래 국제기관으로서의 면모는 줄어들고 은행이 1, 2층을 차지함으로써 폐쇄적인 공간으로 바뀌게 되었다. 당시 대부분 건물이 저층부에 은행을 유치하면 재원 조달의 안정성을

<1961년>

<1962년>

유네스코회관 초기 계획안(1961~1962년)

국제적인 교류의 일환으로 방문하는 외래 인사들이 주로 묵을 숙소를 함께 비중 높게 계획하고 있다. 당시에는 적합한 숙소가 주변에 많지 않아 의욕적으로 계획하였으나 후에 실현 과정에서 유지관리의 문제 및 경영적인 측면에서 다른 기능으로 대체된다.
출처: 유네스코한국위원회, 「1961年度 活動과 業績」, 1961.

도모할 수 있던 시절이라 유네스코회관도 같은 길을 걷게 된 것이다. 최근 들어 은행도 많이 바뀌어 1층에 자리 잡지 않은 곳도 많아지고 있으나 20세기 도시 가로 중심에는 대부분 각종 시중은행이 경쟁하듯 가로의 일층을 점유하고 있었다. 그러나 은행 대부분이 금고를 포함하여 외부에 대하여 폐쇄적인 평면을 구성하고, 오후 4시 반이면 문을 닫기 때문에 은행이 차지한 도심의 중심가로는 저녁에 대부분 활력을 잃게 되곤 한다. 유네스코회관의 저층부는 마치 은행 건물처럼 보이게 전면이 구성되었고, 유네스코 사무처의 진입은 부출입구처럼 바뀌게 되었다.

매우 아쉬운 것은 유네스코회관의 주출입구가 바뀌고 로비가 축소된 것이었다. 초기 계획에서 건축가는 기능적으로 은행과 유네스코 주출입구를 분리하되 서로 독립된 공간을 마련하여 회관으로서의 독립성을 부여하려고 시도하고 있다. 서편에 좁은 골목길을 통해 진입하는 출입구를 보완하기 위하여 건물 입구를 뒤로 물려 설치하여 고층건물 입구로서의 공간성을 충분히 확보하려 하였으며, 엘리베이터 홀과 로비를 직접 접하게 하여 고층빌딩 일층 공간의 공공성을 확보하게 하였던 것이다.

은행은 건물의 공공성과 품위를 보장하는 이 로비 공간을 막아 사무실 공간으로 전환하였고 이는 계속 답습되어 상업공간으로 임대되며 이 건물이 유네스코 건물인지를 쉽게 인지하지 못하게 하는 계기가 된 것이다.

1962년 유네스코회관 초기 계획에는 주차장도 계획되어 있었다. 그러나 당시 자동차 보유자가 극소수일 때라 주차장 계획도 다른 용도로 전환하여 사용하게 된다.

이제는 주차장이 없는 건물은 많은 사용자가 기피하는 건물이 되었다. 이 유네스코회관 같이 오래전에 건축되어 주차장이 없는 경우 주변의 주차장을 임대하여 사용하기도 하며, 때로는 주변 땅을 매입하여 주차 타워를 조성하는 대안을 마련하기도 한다. 현재는 차량접근이 가능한 인근의 은행연합회 주차장을 임대하여 사용하고 있다.

설계초기안
(1959~1962)

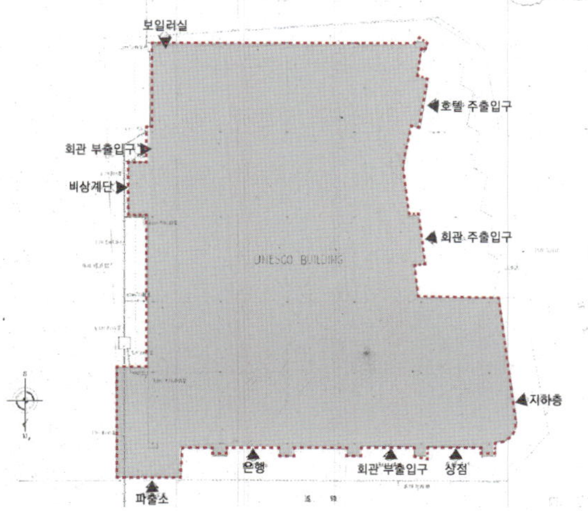

설계변경 최종안
(1966)

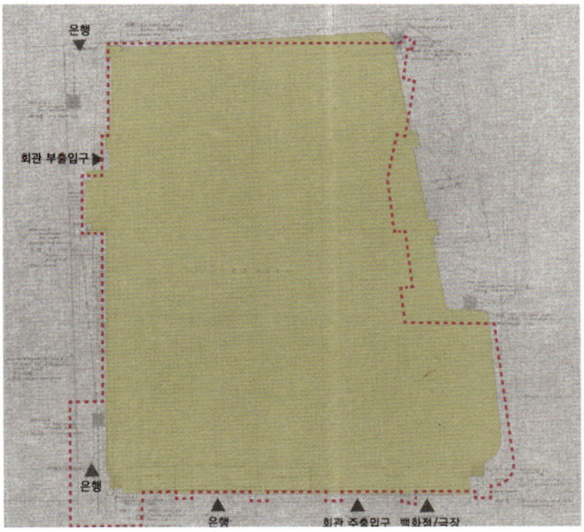

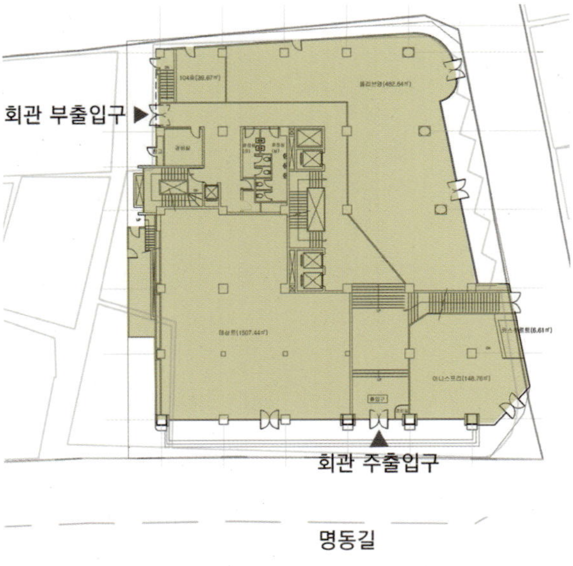

회관 저층부 설계의 변화 과정을 보여주는 도면. 설계초기안에서는 건물 서쪽으로 유네스코회관과 호텔로 진입하는 별도의 출입구를 계획한 것을 확인할 수 있다. 이후 실제 준공도면에서는 건물 출입구를 축소하고 건물 앞 오픈스페이스가 임대공간으로 편입되었다. 현재도 준공시기 골격을 그대로 유지하고 있으며 1층 임대 매장의 개별 출입구를 신설했다.

큰길과 작은길이 마주치는 예각을 부드러운 곡선으로 처리하여 평범하게 처리될 수 있었던 매스에 자연스러운 변화를 주고 있다. 평면에서도 효용성을 높이고 있다.

고층빌딩의 저층부는 도심의 교차로와 같아 공공의 오픈스페이스 역할을 함께 하여야 한다. 초기 디자인에서 보여지는 공공성을 지닌 공간을 확보하려는 건축가의 설계 의지가 사라지는 과정이 안타깝다.

©유네스코한국위원회

한편, 기계실과 전기실 외에 클럽과 다방 계획도 있었으나 대부분 계획에 그치고 피자집이 오픈을 하여 당시 멋쟁이들을 불러 모으게 된다. 이제는 어디서나 먹는 일상 음식이 되었지만 당시 유네스코 빌딩 지하의 피자집은 유네스코 빌딩만큼 유명한 곳이었다. 이곳은 오랫동안 판매시설로 전용되어 사용되어 왔다. 이를 위하여 지하로 진입하는 계단이 새롭게 설치되고 회관 서편 골목길은 노점상까지 가세하여 복잡한 명동 뒷골목의 경관 속으로 묻히게 되었다. 이후 화장품 판매점이 들어서며 젊은이들과 외국인 관광객의 차지가 되었다. 서편 저층의 발코니는 에어컨 실외기를 설치하는 곳이 되었고 더욱 더 유네스코회관으로서의 모습은 점점 자취를 감추게 된 것이다.

건축가는 좁은 골목에 입지하였지만 출입구 부분을 뒤로 물려 입구에 작은 광장을 만들고 출입구 부분을 확실하게 구성하여 이 건축이 유네스코회관임을 보여주는 동시에 로비를 크게 마련하여 고층건축의 교차로에 해당하는 곳에 공공성을 부여하였다. 아울러 상부에는 발코니를 구성하고 콘크리트의 조소성이 돋보이는 요철의 형태를 구성하며 기능에 맞추어 다양한 요소의 조화된 결합으로 이끌고 있다. 이는 마치 세상의 많은 국가들이 서로 협력하며 평화와

현재 지하1층에는 상점이 들어서있다. 건물 밖에서 지하로 내려가는 별도의 계단 출입구가 조성되어 있다. ©박경립

번영을 이루어 내려는 유네스코의 역할을 상징적으로 구현해 내려는 건축가의 시도가 아니었을까. 그러나 이런 상징적인 의도만 반영된 것은 아니었다. 큰 가로변 북쪽 전면은 밝은 미래를 보여주는 듯 커튼월로 가볍게 구상하고 콘크리트 프레임으로 둘러쌓아 견고함이 함께 보이게 하였다. 지금은 2, 3층 부분에 커다란 광고판을 달기 위하여 콘크리트 프레임의 일부가 잘리었지만 거의 60년이 지난 지금도 현대건축의 당당한 모습을 잘 보여주고 있다.

서쪽의 견고한 콘크리트의 벽에 필요한 곳에는 글라스 블록을 설치하여 서향의 빛을 적절히 조절하였으며, 남쪽과 동쪽으로는 사무공간에 적합한 큰 창을 설치하여 매우 기능적인 접근이 기반이었음을 보여준다. 너무 화려하지 않게 그러나 잘 정리된 모듈에 의해 커튼월이 반복되며 지루하지 않은 리듬감을 준다. 외관은 접하는 면에 따라 다양하게 구성되었으나 기본적으로 기능적으로 정리된 이 회관 건축은 60년이 지나도 지금 지어지는 건축들과 어깨를 나란히 할 수 있다고 본다.

서향 면에는 콘크리트 매스의 분할 조성으로 건물의 안정감과 리듬감을 주고 남쪽에는 창을 두어 빛을 받아들이게 기능적으로 처리하였다. 무겁게 보일 수 있는 콘크리트 매스에 작은 구멍을 뚫어 요철에 의한 변화를 주고 그 사이에는 글라스 블록을 사용하여 조형과 기능을 잘 조화 시키고 있다. ©박경립

전면 커튼월과 콘크리트 벽 사이에 발코니를 두어 두 다른 성질의 매스를 잘 결합시키고 있다. 발코니는 빌딩 내부에서 외기를 접할 수 있는 좋은 장소이나 실외기가 놓여 지며 잘 사용되고 있지 않고 방치되고 있다. ©박경립

코너에 설치된 발코니는 수직성이 강조된 서측면과 수평적으로 디자인 된 남측면의 이질성을 잘 엮어주고 있다. ©박경립

유네스코한국위원회가 1960년 발간한 『UNESCO Korean Survey』(1957년 『유네스코 한국총람』 영문판)에는 다음과 같은 내용이 실려있다.

> "...현재까지 유네스코회관은 가능한 국산재료만 사용하고 있으며, 최대한 한국적으로 표현하기 위해 노력을 기울이고 있다. 이것은 결코 민족주의를 선동하기 위한 것이 아니다. 오히려 외국인들이 한국의 정취를 느끼고, 한국인과 한국 문화를 쉽게 이해하도록 촉진함으로써 회관 자체가 유네스코 동서양 교류 사업의 높은 이상에 이바지하기 위해서이다."
>
> (So far as possible, only home products are to be used in all phases of the construction, with the exception of those which might be contributed by other Member States of UNESCO. Much thoughts were given to make the House as much Korean as possible. Such idea is not envisaged to propagate nationalism in any way but to help the foreign guests and visitors to enjoy a Korean atmosphere and understand the Korean people and their culture as readily as possible, so that House itself can also contribute to the lofty ideal of the East-West project.)

외국산 재료가 비싸기도 하였지만 건축 속에 국산 재료를 통해 한국 고유의 모습을 담으려고 시도하였다는 것을 알 수 있다.

당시의 건축 설계와 시공의 상황은 그 시기의 시방서를 통해 더 잘 이해할 수 있다. 1966년 3월 5일 작성한 시방서가 현재까지 전해지고 있어 설계도면과 함께 설계와 시공 현황을 잘 이해할 수 있게 한다.

중요재료지정 목록에 의하면 KS 규격품을 사용할 것을 명기하고, 특정 업체 제품을 지정할 수 없기에 생산 업체 이름을 명기하고 동등품이라는 표현으로 법적 문제를 비껴가고 있음을 알 수 있다. 중요 재료를 열거하면 다음과 같다.

"대한중공업제 동등품(KS규격품), 알미늄 창호 : 원료외산(mullion과 spandrel재는 동질품)동양강철 제작 동등품, 철제샷타 : 대동샷타 동등품(외산), 스칠 샷슈 : 동방샷슈 동등품(샷슈바 외제), 대리석 : 회운, 익산, 황룡, 서운(견본합격 동일품)/ 동양대리석 가공 동등품, 화강암 : 황등, 마천, Glass Block : JIS 규격품, 192 x 192 x 98, Pair Glass : 대영 Pair Glass 동등품, 동장재 : 대한잉크 동등품, 방수재 : 선만식 Asphalt 3호 방수 및 액체방수 동등품, 도어첵크 : 동화기공사 동등품으로 한다.

철근콘크리트 공사의 경우 시멘트는 국산 Portland Cement로서 소정시험에 합격된 것으로서 전 공사를 통하여 동일품종을 사용할 것. 철근은 국산 환강 및 이형철근을 사용하며, 이형철근일 때는 JIS SS39, 보통철근일 때는 SS49에 해당하며 JIS G3101 또는 일반구조용 압연강재규격 KSD 3503에 합격된 것이며 정척은 9~12M 이상일 것.

Aluminium 창호재의 경우 내식 Aluminium 합금, 압출형재(JIS H4172-A2S5) 통칭 63 S-T5(구 Alcoa, U.S.A. Aluminium 협회 6063), Mullion 재 : 무색 아루미나이트 사상 3mm 두께 알루미늄, Pipe재 : 아루마이트 사상 40 φ 2mm 두께, 판재(JIS H4104-A2pL, A2 P3) 통칭 52S, Spendrel : 자연발색/ 이면취부석면 2mm 두께, 내식 알루미늄 합금의 성질, 기계적 성질은 63S-Ts : 인장강도 1,800kg/cm2, young 율: 0.7x106 kg/cm2, 52S- H34 : 인장강도 2300kg/cm2, 0.72x 106 kg/cm2"(1966년 유네스코 회관 시방서)

당시는 새로운 현대건축에 목말라 있는 시절이어서 현대의 기술과 재료, 공법을 이용하여 기존의 건축적 표현의 한계를 극복하고 세계적인 기관으로서의 새로운 형태를 구현하려 한 것이었다. 커튼월의 사용은 이제는 너무도 흔한 일이 되었지만 당시는 매우 선진적 기법으로 시도하기 쉽지 않은 용기 있는 결정이었다. 건축가가 주고받은 편지와 서류에 의하면 시공사에서 제시한 디테일과 방법으로는 커튼월 시공이 불가능하며 재료도 검증하여야 한다는 기록이 전해지고 있어 이 건축이 가보지 않은 길을 개척한 것임을 확인할 수 있다.

커튼월을 감싸며 고층부와 저층부를 엮어주던 콘크리트 프레임 중 저층부 수평 프레임이 철거되고 광고판과 스틸 타공판이 점유하고 있다. ©박경립

유네스코회관 건물 전면(북측)과 서쪽 벽면은 글래스월, 콘크리트 테라스, 유리블럭이 삽입된 콘크리트 벽체로 이어진다. ©박경립

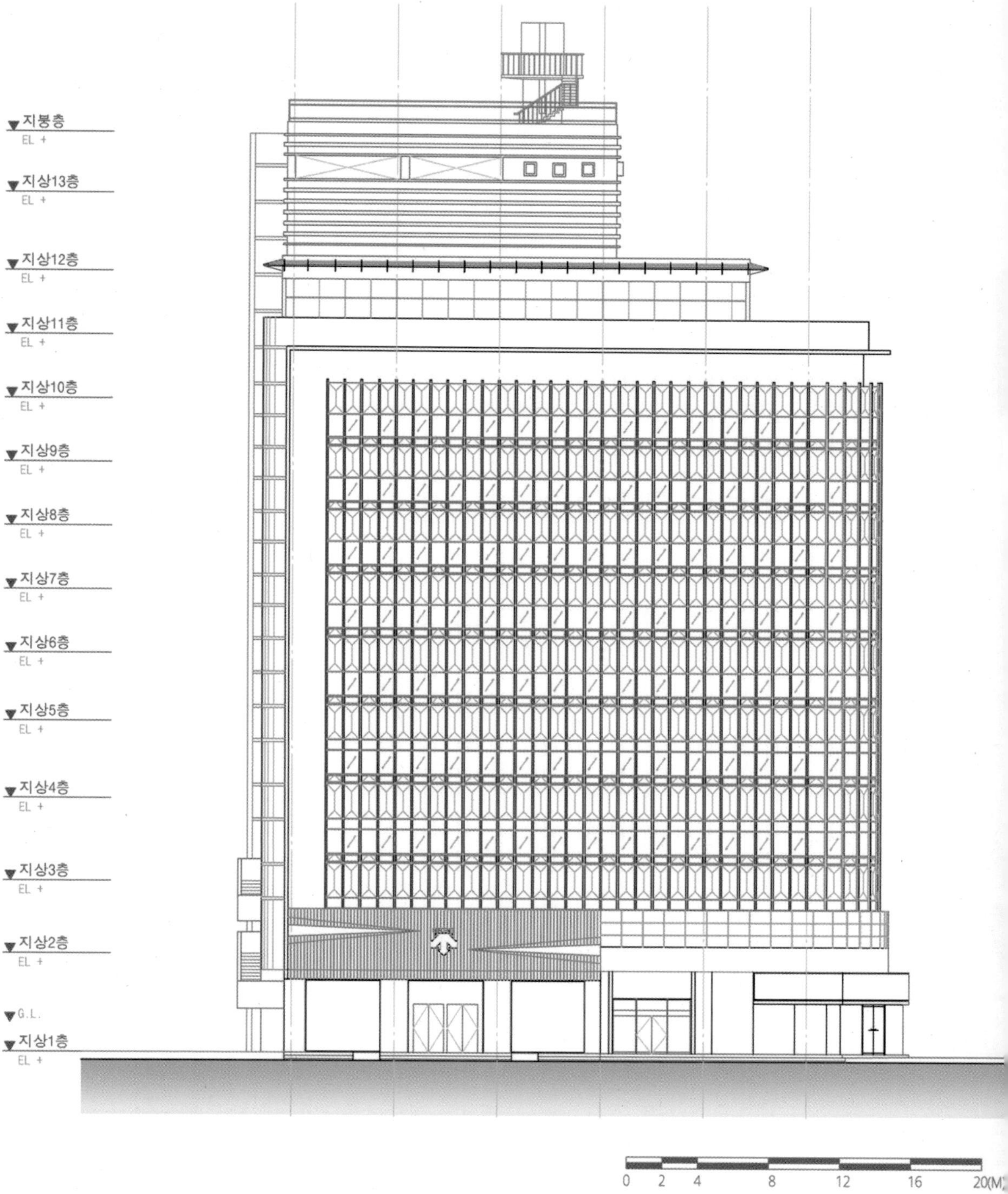

2020년 유네스코회관 정면 입면도 ©이소건축사사무소

설계도면과 시방서 모두 남아 전하는 건축은 그리 많지 않다. 구조사가 1966년 시공을 위하여 작성한 시방서가 남아 있어 당시 건설 환경을 잘 이해할 수 있게 하고 있다. ©유네스코한국위원회

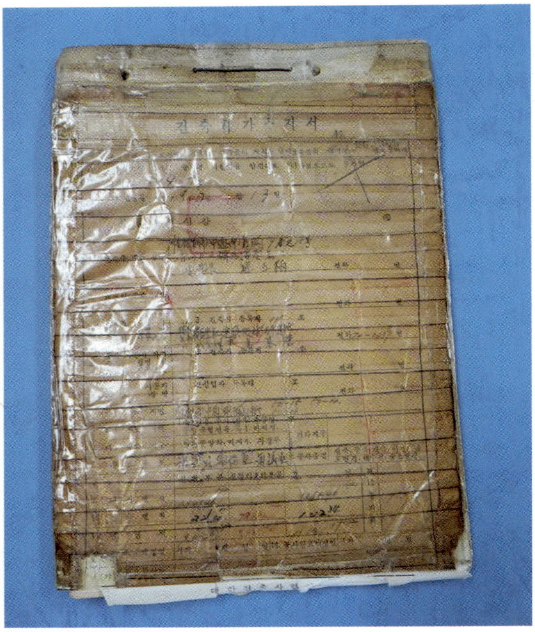

시방서와 함께 보존된 당시의 준공 승인 문서 ©유네스코한국위원회

그러나 재원의 부족으로 많은 기관과 사람들이 관여하며 건축가의 의도는 점점 더 지워져 가게 된다. 저층부의 임대료는 건물 수익에 많은 영향을 끼치게 된다. 더 많은 임대료를 받으려는 의도는 건축의 변형을 자연스럽게 받아들이게 되었고 한때 주변 골목길의 노점상들의 불법 점거와 더불어 회관 바로 옆의 좁은 골목길의 공간은 관리가 불가능할 정도로 혼잡해지고 말았다.

이 같은 주변의 변화는 회관 건물의 공공적 가치를 하락 시키고 유네스코회관 건물의 본래 의도에서 멀어지게 하였다. 에어컨 실외기도 외부경관을 어지럽게 하는 요소 중의 하나로 이를 건축과 어울리면서도 기능적으로 설치할 수 있는 장소를 찾는 것은 쉽지 않은 일이다. 유네스코회관 역시 이를 세심히 다루어야 한다.

이렇듯 저층부의 혼용과 접근성의 저하와 함께 유네스코회관의 주 임무를 수행하는 사무처 공간은 건물 내부로 들어가 외부인들은 이 건축이 유네스코 건물이라는 인식을 쉽게 하지 못하게 되었다.

유네스코회관의 외관은 오십여 년의 세월이 지난 지금도 당당하게 보여진다. 잘 정리된 모듈에 의한 안정성 있는 리듬감의 '커튼월' 전면과 둥글게 디자인된 코너 부분은 유네스코회관 건축을 부드럽게 돋보이게 한다. ©박경립

더불어 초기 건축적 아이디어의 의미와 가치가 충분히 인식되지 않고 자세한 기록이 전해지지 않은 관계로 회관은 점점 상업적으로만 관리되어 지금에 이르렀다고 할 수 있다.

이제 팬데믹을 거치며 더욱 어려워진 운영의 위기에 이를 기회로 전환하며 유네스코회관의 가치를 회복하고 주변을 정비하여 새로운 60년을 대비할 시기가 되었다.

이후 많은 계획이 있었으나 대부분 임대수입 확장에만 기대어 유네스코회관다운 시설의 도입은 매우 어렵게 되었다. 유네스코한국위원회는 임대수입을 통해 추진하는 사업도 많기에, 원활한 활동을 위하여 임대수입이 높은 곳에 임대를 하는 것은 지극히 당연할 수 있다. **그러나 우리가 잊지 말아야 하는 것은 회관을 지으며 했던 약속이다.**

6. 변화하는 명동의 스카이라인과 옥상정원

사람들이 모이는 곳에는 반드시 그들이 머물고 즐기며 쉴 공간과 장소가 필요하다. 명동에는 지금은 사라졌지만 '명동공원'이라는 공원이 존재하였었다. 어느 순간 공원에는 높은 고층빌딩이 들어섰다. 중국대사관이 명동의 서편 스카이라인을 바꾸며 높이 지어졌고 명동성당의 서편 건물도 높이 지어졌다. 명동 어디서나 보이던 건물 한편에 장벽이 생긴 것이다. 공간이 필요하여 확장하였겠지만 아쉬움이 클 수밖에 없다.

또 다른 아쉬운 것은 명동 한복판에 있던 공원이 없어졌다는 것이다. 대한민국에서 가장 비싼 곳이었으니 한 평이라도 효율적으로 사용하여야겠지만 밀도가 높은 곳일수록 빈 곳이 필요하고 명소일수록 공공의 오픈스페이스의 조성은 필수적이다.

1970년대 초 명동의 스카이라인을 바꾼 것은 구 코스모스백화점(현 눈스퀘어, 1972)이 서편 입구에 큰 규모로 들어서면서이다. 맞은편에는 미도파백화점과 미우만백화점이 자리 잡고 있었으나 롯데그룹이 사들여 이곳은 롯데타운으로 바뀌게 되었고 명동 외곽 건너편에 고층의 상업시설들이 들어와 명동과 더불어 외국 관광객들을 불러들였다.

명동 내부는 사방의 큰 가로를 중심으로 들어선 고층건물로 인해 경관이 가로막히게 되었다. 남측 퇴계로에 들어선 고층 건물로 인해 남산의 뷰는 가려지고 서쪽의 중앙우체국, 중국대사관, 근자에 들어선 고층빌딩에 의해 석양의 경관도 가려지게 되었다. 동쪽으로 열려 있던 명동성당의 경관도 새로 들어선 사무공간(한국천주교서울대교구청)으로 인해 안보이게 되었다. 북쪽에는 하나은행(구 외환은행) 건물을 필두로 서북쪽 모서리에 자리 잡은 브릿지빌딩(구 서울투자금융)으로 인해 북악과 인왕의 뷰도 사라졌다. 명동은 사방의 고층빌딩의 숲 사이에서 밝은 햇살이 사라지고 있는 것이다.

그럼에도 불구하고 높은 빌딩 숲 사이에서 작은 건물들로 남겨진 명동의 내부는 오히려 인간적인 스케일로 이루어진 정겨운 역사가 깃든 곳으로 각광을 받고 있다. 그 중심에 유네스코회관이 자리 잡고 있는 것이다.

21세기 들어 월드컵 거리응원 이후 대한민국은 비약적으로 성장하고 세상에 알려지게 된다. 일본 관광객을 필두로 중국 관광객의 물밀듯 한 유입은 명동의 지도를 바꾸게 하였다. 일본과 중국 관광객을 상대하기 위하여 거의 모든 상가가 용도 전환을 하게 된 것이다. 매스 관광은 명동의 지형을 바꾸며 팬데믹이 오기 전까지 번창하였다. 내국인들의 출입은 상대적으로 줄어들고 외국관광객들로 가득 찬 명동은 다른 업종이 들어서기 힘들게 되었다. 명동 안 곳곳에는 호텔이 들어서고 대부분 상가는 화장품 판매점으로 전환하였다. 중국인 관광객 대상의 음식점이 늘어나고 임대료는 다시 치솟게 되었다. 어느 곳에도 돈을 지불하지 않고 쉴 곳은 없게 된 것이다.

유네스코 건물에도 변화의 바람은 불게 되었다. 관광객을 상대로 하는 상점들도 들어서고 은행 대신에 화장품 판매점과 외국 상표의 의류판매점이 일층을 차지하게 되었다. 한참 동안 명동은 다량관광 모드에 맞추어 변화하며 활황을 누리고 있었다.

그러나 2020년 초부터 코로나가 퍼지며 명동 전체가 타격을 입고 상점들은 임대료를 내지 못하는 사상 초유의 사태를 맞게 되었다. 빌딩 곳곳에 문을 닫고 임대료를 내지 못하여 폐업하는 업체들이 줄을 잇고 건물주들도 임대가 되지 않는 텅 빈 공간을 보유할 뿐이며, 호텔들도 손님이 없어 문을 닫고 있다. 일부는 이미 다른 업종으로 전환하여 새로운 활로를 모색하고 있다.

한때 국제회의를 목표로 지었던 공간을 극장에게 임대를 준다고 하였을 때 많은 유네스코 관계 인사들이 적극 반대의사를 표명하였던 적이 있다. 당시는 국제사회에서 대한민국의 역할이 지금처럼 활발하지는 못하였던 시절이었기에 공간의 사용 빈도는 적을 수밖에 없었다. 그렇다고 유네스코회관의 상징과 같은 국제회의실을 상업적인 임대공간으로 용도전환 한다는 것이 자존심을 건드리는 일이었다.

가난하였지만 꿈은 원대하고 명분이 중요했던 시절에 우여곡절을 겪으며 국제회의장은 영화관으로 전용되어 오랜 기간 사용되었다. '코리아극장'이 문을 닫고 '난타극장'으로 바뀌며 극장은 더욱 유명해졌다. 또 다른 명소가 되어 사랑을 받아 온 것이다. 이제 다시 이 공간이 어떻게 쓰일지 진지하게 생각할 때가 되었다.

요즈음 코로나가 더욱 기승을 부리며 집안에 갇혀 있는 시간이 늘어나며 우리가 일상에서 누리던 맑은 공기와 푸른 하늘의 가치를 더욱 실감하게 되었다. 아파트의 발코니가 다른 의미로 효용성을 갖게 되었고 단독 주택의 마당도 그렇다. 오피스빌딩이나 상업공간에도 외기와 접할 수 있는 외부공간과 장소는 필수적이다. 아무리 실내 공기를 잘 정화한다고 하더라도 자연의 공기만큼 좋은 것은 없다.

비싸지는 땅값을 최대한 활용하기 위한 도심 내 고층빌딩의 확산은 이제 도시의 주 경관이 되었다. 이에 따라 빌딩의 지붕을 어떻게 마감하느냐가 중요하게 되었다. 다른 빌딩에서 바라보는 시선이 많아지고 그 자체가 도시경관의 중요한 포인트가 된 것이다. 내 빌딩이니 내 마음대로 내버려 둘 수는 없다. 한때 수도 방위를 목표로 고층빌딩 최상층부는 대공포를 설치할 수 있게 평평한 마감을 하게 한 적이 있었다. 그러한 제약 조건이 풀리며 도심 고층빌딩의 모습은 각 빌딩의 개성을 드러내는 다양한 형태로 바뀌어 갔다.

유네스코회관 옥상에서 솔라리아 호텔을 촬영한 사진. 솔라리아 호텔 위치에는 과거 명동공원이 입지해 있었는데,
공원은 어느날 갑자기 사라지고 고층건물로 개발되었다. ©박경립

솔라리아 호텔에서 유네스코회관을 바라본 전경. 대로변을 제외하고 블록 내부에는 조밀한 저층건물군이 그대로 지속되고 있다. ©박경립

명동공원이 사리진후 명동 안 공공의 오픈스페이스는 거의 다 사라졌다. 비용을 지불하지 않고는 쉴 곳이 거의 없을 때 하나은행 명동 건물 뒤에 소중한 소공원이 조성되었다. ©박경립

점점 복잡해지는 명동의 공공의 오픈스페이스로 사용되는 성당과 가톨릭회관 앞 공간은 매우 중요한 활력소를 주는 쉼터의 공간이기도 하다. ©박경립

보행자 전용의 거리는 많은 가능성을 준다. 그러나 해결하여야 하는 문제도 많이 발생한다. 노점상은 거리에 활력도 주지만 기존 상점과 갈등도 생겨 지역 발전에 걸림돌이 되기도 한다. 명동은 시간제 허용이라는 대안으로 이를 해결하였다. 이제는 팬데믹으로 거의 빈 거리가 되고 상점들도 문을 닫고 있어 다시 이 같은 거리로 돌아가기를 학수고대하고 있다. ©박경립

유네스코회관 옥상에 옥상공원 '작은 누리'를 도입한 것은 매우 시기적절한 것이었다. 1997년 12월 불이 나 신축을 한 11층의 레스토랑과 유네스코 홀의 조성과 함께 구상이 된 옥상정원은 야외에 쉼터가 없는 명동에 또 다른 명소가 되었다. 옥상정원과 함께 운영되는 카페는 명동 직장인들에게 오아시스와 같이 작동 중이다. 더욱이 코로나 사태 이후 이 공원은 가치를 발휘하고 있다. 맑은 공기와 명동의 다양한 경관이 펼쳐진 곳에 마련된 벤치와 나무들은 쉼터가 없는 명동에서 활력소 역할을 하고 있는 것이다.

2003년 옥상정원이 조성되어 명동 주민의 쉼터가 되었다. 옥상정원 초창기에 조성된 유네스코회관의 정원은 유네스코회관을 사용하는 사람 못지않게 명동 주민의 쉼터가 되고 있다. ©박경립

옥상정원 조성 초기에 식재된 배롱나무가 '작은 누리'의 상징으로 남아있다. ©박경립

유네스코회관 옥상공원에서 동쪽 명동성당 방향의 전경 ©박경립

유네스코회관 옥상공원에서 북쪽 을지로 방향의 전경 ©박경립

2020년의 모습. 아래 보이는 작은 규모의 건물들이 즐비한 가운데 1960년 당시는 유네스코회관은 주변에서 가장 높은 건물이었으나, 이제는 주변 빌딩에 의해 파묻히고 후면은 노후되어 전면적인 보수가 필요한 때가 되었다. ©박경립

회관 옥상에서 바라본 남쪽 경관. 2003년 밀리오레 건물 등 퇴계로변에 들어선 고층건물에 의하여
명동은 상대적으로 매우 낮은 건물 지역이 되었고 남산 뷰도 막히게 되어 아쉬움을 갖는다. ©박경립

7. 새로운 출발-
유네스코회관의 유형적, 문화적 가치 인식과 장소성의 보존

1960년대 가장 앞서가는 건물이었던 유네스코회관은 주변의 고층 빌딩의 포위로 인지하기 어려운 건물이 되었다. 팬데믹으로 인해 수입에 치중하던 임대정책도 전환기를 맞이하고 있다. 주변에 새로운 건물들이 들어서고 새롭게 리모델링을 한 점포들이 보다 좋은 여건으로 임대를 시작하여 오래된 건물은 자체 경쟁력을 갖추지 않으면 더욱 힘들어질 것이기 때문이다.

다행인 것은 '한국유네스코협회연맹' 같이 오랫동안 자리를 지키며 꾸준히 활동을 하고 있는 곳도 있고, 2019년 들어 주한헝가리문화원, 문화유산 보존의 국제적 NGO인 이코모스한국위원회 등과 같이 유네스코 관련 기관들이 활발한 활동을 펼치기 시작한 것이다.

이미 주변 정비도 시작되었다. 파출소와 사이의 낙후된 공간의 노점상도, 불법으로 증축되거나 사용되던 자그마한 시설들도 정비가 속속 되고 있다. 골목길에 방치되었던 동쪽의 공간도 새로운 활용가능성을 모색 중이며 여러 사정으로 묶여 있던 임대점포도 정리되어 남쪽 면 활용의 가능성도 열리게 되었다.

회관 저층부의 새로운 단장은 이 건물을 다양하게 새롭게 활용할 수 있는 가능성을 부여할 뿐 아니라 거리를 지나면서도 이 건축이 유네스코회관임을 인지하게 하고 유네스코의 활동 상황을 쉽게 홍보할 수 있게 할 것이다. 이를 통하여 물리적 접근성과 심리적 접근성도 좋아지고 주변 거리에도 긍정적인 영향을 미치리라 본다. 각 층의 사용과 임대 여부도 시대의 요구에 부응하며 다시 검토하여 재배치하여 임대 가치도 높일 수 있을 것이다. 아울러 이중 창문의 설치로 에너지 효율을 제고하고, 구조정밀 안전 진단을 바탕으로 보수보강 하면 앞으로도 오랜 기간 동안 새로운 역사를 쓸 수 있을 것으로 본다.

회관 가치의 재조명

가장 중요한 변화는 낡은 건물로만 치부되던 유네스코회관의 가치를 재조명하는 작업이 시작된 것이다. 유네스코회관은 가장 어려웠던 시절 국제사회의 일원이 되며 스스로에게 그리고 국제사회에 약속하며 성장한 대한민국의 역사를 증언하는 장소인 것이다. 이제 대한민국은 국제사회에 많은 영향력을 지닌 일원이 되었다. 자유민주주의 실현과 경제 성장을 성공적으로 이룬 세계의 단 하나의 국가가 되었다. 그리고 그 출발과 성장의 둥지가 된 이 회관은 단순히 하나의 건물이 아니라 20세기 대한민국의 성장 역사의 산실 중의 하나인 것이다. 이곳에서는 수없이 많은 국제 활동이 이루어졌고 다양한 문화 관련 사업과 연구가 진행되었고 아직도 활발히 진행 중이다. 이 장소의 의미와 가치는 반드시 재조명되어야 한다.

상업 임대 공간에서 문화 공간으로 전환하려는 의지 속에서 입주한 주한헝가리문화원 전경 ©박경립

2020년 9월 24일 주한헝가리문화원에서 이코모스포럼이 개최되었다. ©박경립

이코모스한국위원회 창립 20주년 기념 학술행사가 유네스코회관 11층 유네스코홀에서 개최되었다. ©이코모스한국위원회

이코모스한국위원회 사무국 ©이코모스한국위원회

소위원회에서는 이 회관 건축의 현황과 가치를 면밀히 검토하여 국가등록 문화재로 다시 신청할 것을 결의하였다. 이 회관은 2008년 내부 변경을 위하여 중구청에 유네스코한국위원회가 대수선 신청을 한 후 중구청이 승낙여부를 검토하는 과정에서 서울시에 판단을 요청하였고, 서울시는 이 건축이 역사적 가치가 있으니 등록문화재로 가치가 있다고 결의한 후 문화재청에 등록 신청을 하였다. 그러나 문화재청 심의를 거치며 2009년 12월 3일자로 근대문화재분과에서 부결되었다. 사유는 등록문화재 하한선인 50년이 경과되지 않았기 때문이었다.

유네스코회관은 20세기 중반 대한민국 현대건축 태동기의 모습을 잘 보여주는 매우 중요한 건축이다.

이제 유네스코회관은 초기에 선언을 하였던 우리 문화 전파의 중심지로서, 국제사회와의 교류의 전초 기지로서, 시민들에게 열려진 공공의 문화공간으로 돌아가야 한다. 이를 통해 유네스코회관이 다시 유네스코 이념의 실천과 확산의 중심 장소가 되기를 바란다. 또한, 성평등이 공간 속에서 반영되고 장애인들도 자유롭게 진입하고 사용할 수 있는 장소로 변화해가기를 바란다. 오래된 건물 철거가 당연시되는 현대사회에서 유네스코회관이 건물 보존과 지속가능한 사용의 모범적 근거를 보여주는 사례로서 자리매김할 수 있기를 바란다.

참고문헌

강정구 편, 『그리운 이름 따라-명동 20년』, 지식을만드는지식, 2014.

김미선, 「명동과 여성의 소비문화-1950~1960년대 양장점과 미장원을 중심으로」, 『제21기 서울역사박물관대학자료집』, 서울역사박물관, 2012.

목수현, 「모던 걸과 모던 보이의 공간, 명동 혹은 남촌」, 『제21기 서울역사박물관대학자료집』, 서울역사박물관, 2012.

유네스코한국위원회, 『UNESCO Korean Survey』, 1960.

유네스코한국위원회, 『유네스코뉴스』, 1977.8.17.

유네스코한국위원회, 「1961年度 活動과 業績」, 1961.

윤인석, 「명동의 근대건축」, 『제21기 서울역사박물관대학자료집』, 서울역사박물관, 2012.

전우용, 「역사속의 명동 : 명동의 역사지리학」, 『제21기 서울역사박물관대학자료집』, 서울역사박물관, 2012.

㈜한국환경과학연구소, 석면 조사 및 분석 결과서, 2020.

유네스코회관 건축 형태와 구조의 시대적 배경과 특징

이왕기
이코모스한국위원회 위원장

홍익대학교 건축학과에서 학사와 석사학위를 하고, 청주대학교에서 박사학위를 받았다. 1980년부터 37년간 목원대 건축학과 교수로 학생들을 지도했으며, 목원대학교 공과대학장 및 산업대학원장, 일본 요코하마국립대학 객원연구원, 한국농촌건축학회 회장을 역임했다. 현재 목원대학교 건축학과 명예교수이며, 백제고도문화재단 문화유산연구단장, 유네스코한국위원회 문화분과위원이자 이코모스한국위원회 위원장으로 활동하고 있다.

1. 유네스코한국위원회의 창립과 시대상황

1945년 8월 제2차 세계대전이 종식되면서 동시에 대한민국은 일제강점기에서 해방을 맞이하게 되었다. 그러나 주변 강대국의 정치적 이해관계와 대립된 정치이념 문제로 갈등을 겪으면서 완전한 독립국가를 이루지 못하고 대한민국은 남과 북으로 분단되고 말았다.

이렇게 남북이 이념으로 대립하고 있는 가운데 1950년 6월 한국은 55번째 유네스코 회원국이 되었다. 그러나 곧바로 한국전쟁이 발발하고 전 국토는 전쟁의 소용돌이에 매몰되어버렸다. 3년간의 전쟁은 전국에 걸쳐 모든 분야의 마비 또는 정체를 가져오고 말았다. 특히 교육, 과학기술, 문화 분야의 인적 물적 피해는 이루 말할 수 없을 정도로 심하게 낙후되어 버렸다. 수많은 교육시설은 파괴되었을 뿐만 아니라 인적 피해도 많았다. 정상적인 교육환경이 이루어지지 않은 상황에서 교육은 진행되었지만 거의 모든 문화시설은 기능을 상실하고 말았다.

전쟁의 와중이지만 1953년 유네스코한국위원회 설치령이 대통령령으로 포고되면서 그 다음해 1954년 유네스코한국위원회가 창립되었다. 1953년 한국전쟁은 종식이 아닌 휴전이 되면서 그때부터 전쟁으로 인한 피해복구와 교육 및 문화 분야의 발전과 정비가 필요하게 되었다. 이승만 정권은 민심과 동떨어진 정책과 집권야욕으로 인해 민중봉기가 일어나 물러나고 이어 내각책임제로 개헌되면서 새로운 정권이 들어서게 되었다. 유네스코본부에서는 유네스코한국위원회가 생기기 전부터 이미 교육, 문화 분야의 전후 복구문제에 관심을 갖고 한국에 교육전문가를 파견하여 교육실태를 조사하거나 외국어교육원을 설립하는 등 여러 가지 프로그램을 진행하고 있었다. 한국에서 유네스코 활동이 중요한 의미를 지니고 있는 것은 이처럼 어려운 시기에 교육으로 희망을 심어주는 국제적인 사업을 시작했다는 것이다. 유네스코의 설립목적에 따라 파괴되고 낙후된 한국의 교육, 문화시설을 지원하고 문맹퇴치를 위하여 여러 가지 지원 사업을 시행하면서 사회는 그동안의 전쟁으로부터 조금씩 안정을 되찾게 되었던 것이다.

유네스코의 활동이 효과를 나타내면서 유네스코한국위원회에도 청사가 필요하다는 공감대를 형성하게 되었다. 어려운 경제상황하에서 드디어 1959년

유네스코본부청사 ©박경립

4월에 한국 유네스코회관 착공식이 거행되었다. 이 무렵 1958년 파리의 유네스코본부가 새로운 청사를 건립하였다. 그리고 1962년 7월에 한국 유네스코회관 상량식이 거행되었다. 이는 유네스코가 한국에서 적극적으로 활동할 수 있는 계기가 되었다. 자국에서 유네스코 활동을 위하여 청사건물을 소유한다는 것은 매우 큰 의미가 있는 것이다. 어쩌면 유네스코한국위원회가 그 설립 목적을 빠른 시일에 광범위하게 이루어 갈 수 있었던 배경에는 청사 건립이 가능했기 때문일 것이다.

유네스코한국위원회 활동이 더욱 활발하게 이루어진 계기는 1963년 4월 <유네스코 활동에 관한 법률>이 공표되면서다. 여기에 이미 청사가 완공되었지만 실제로 유네스코한국위원회에서 관리권을 인수한 것은 1974년 1월인데, 이로서 유네스코한국위원회는 회관 건물을 독자적으로 관리하면서 기관운영을 위한 경제적인 어려움을 해결할 수 있었던 것이다. 다른 나라의 국가단위 유네스코 활동에 비해 한국의 유네스코 활동이 두드러진 것은 아마도 유네스코한국위원회가 독립적인 회관을 소유하고 있었기 때문일 것이다. 결과적으로 이처럼 안정적인 근무환경은 유네스코의 설립목적을 수행해가는데 매우 긍정적으로 작용을 할 수 있었고 그 성과는 다른 나라에 비해 높게 나타날 수가 있었다.

2. 근대건축에서 현대건축으로

일제강점기로부터의 해방과 이어지는 전쟁으로 인하여 파괴된 사회는 1960년대 들어와 조금씩 복구되어 가고 있었다. 그러나 정치적으로 매우 혼란스러운 가운데 급변하게 정치권력이 교체되는 상황이 벌어지고 있었다. 정치적인 혼란이 사회발전의 발목을 잡고 있었기 때문에 그렇지 않아도 피폐되어 복구되지 않은 산업시설로 경제성장을 이룬다는 것은 너무 버거운 일이었다. 당장 먹고살기가 바쁜 현실이었다. 한국의 현대건축은 이러한 시대적 배경에서 아주 서서히 활동을 진행하고 있었다. 한국 현대건축의 태동이 일어나고 있었던 것이다.

이미 18세기 영국에서 시작된 산업혁명은 그동안의 전통적인 생산체계를 완전히 새로운 체계로 탈바꿈하는 계기가 되었다. 거의 모든 물건은 대량생산으로 인하여 소비자가 늘어나면서 생산공장은 도시를 중심으로 엄청난 속도로 확대가 되어 갔다. 산업혁명은 도시화 현상을 가져오게 되었고 도시인구가 기하급수적으로 증가되면서 건축물의 건립도 그만큼 늘어나게 되었다. 이렇게 생산이 확대되자 국가경제 또한 늘어나면서 그 힘은 주변의 미개발 지역이나 저개발 지역으로 진출하면서 식민지를 확대하는 현상이 나타나게 되었다. 식민지 운영은 자국의 시장을 넓히는 효과를 가져오게 되었다.

20세기 초에 들어와 유럽의 여러 나라 건축가들이 모여 새로운 건축사조에 대한 공감을 일으키게 된 것이 현대건축의 사조로 정립되면서 현대건축이 세계적으로 널리 유행하게 되었다.[146]

146) 독일의 건축가 월터 그로피우스가 1925년 바우하우스 총서에 '현대건축'이라는 용어를 사용하면서 유럽의 많은 건축가들이 공감하게 되었고 1930년대부터 전 세계에 널리 유행하게 되었다.

산업혁명은 건축에도 큰 변화를 가져오게 되었다. 그동안 소규모로 생산되었던 시멘트, 철, 판유리가 대량으로 생산되면서 건축구조와 양식은 일대 변혁을 맞이하게 되었다. 이른바 근대건축의 시대를 맞이하게 된 것이다. 산업혁명으로 인하여 전통적인 수공업 생산시대를 마감한 근대건축은 학문적인 배경과 혁신된 디자인을 바탕으로 그동안 경험하지 못했던 새로운 건축양식을 구가하기 시작하였다. 철골을 건축에 응용하여 거대한 무주공간을 만들어 내기도 하고 콘크리트와 철을 결합한 철근콘크리트는 고층건축물을 만들어 내게 되었다. 소규모로 사용되던 유리는 대형, 다량으로 생산되면서 건축물의 외피를 덮는 중요한 건축소재로 탈바꿈하게 되었다.

이러한 근대건축은 20세기에 들어와 현대건축이라는 이름으로 국제적으로 널리 유행하게 되었고, 이러한 현대건축 구조와 양식은 한국에 유입되면서 우리나라에도 현대건축이 차츰 자리를 잡게 되었던 것이다. 근대 초기 잠시 동안 서구의 건축문화와 직접 교류를 시도했지만 일제의 침탈로 인해 강점기 시대를 맞이하면서 서구의 건축문화는 일본을 거쳐 들어오는 형상이 되고 말았다. 직접적이던 간접적이던 근대건축은 이미 한국건축의 주류로 자리잡게 되었다.

1950년 일어난 한국전쟁은 해방 이후 서구의 현대건축이 이 땅에 직접 들어오는 계기가 되었다. 3년 동안의 전쟁 중 건축행위는 전무한 채 오로지 파괴만 존재했다. 전쟁이 휴전되자 미국을 비롯한 유럽의 선진 문물은 거침없이 한국에 이식되기 시작하였다. 특히 건축구조와 양식은 이미 서구에서 널리 사용되었던 것이 이입되면서 한국에서는 건축적 성찰의 기회도 없이 서구의 현대

건축이 자리잡는 현상이 되고 말았다.

근대시기 말과 현대시기 초기에 이미 건축은 기술적으로 완성도를 높였지만 현대건축이 미치는 도시경관과 정주환경에 대한 성찰은 많은 사람들로 부터 꾸준히 제기되어 오고 있었다. 건축조형에 대한 새로운 해석, 도시경관에 대한 성찰, 건축예술 운동, 국제적인 건축운동 등 다양한 활동이 이루어진 것도 이 무렵이었다. 이런 가운데 제2차 세계대전이 발발하였고 그 성찰을 되새길 겨를도 없이 축적된 현대건축은 지속적으로 실행되고 있었다.

한국전쟁의 복구현장은 그야말로 '현대건축의 복구현장'이었다. 그동안 진행되어 왔던 건축운동과 건축예술 사조는 새로운 패러다임으로 또는 제3세계를 무대로 이어지고 있었다. 이와 같은 국제적인 현대건축의 흐름이 전후 복구시대를 거치면서 서서히 한국에 영향을 미치게 되었던 것이다.

3. 유네스코회관의 건축사적 의미

유네스코회관이 건립되었던 1960년대는 전후 복구와 정치적 혼란이 겹치는 시기이기도 하지만 한국 현대건축의 정체성을 정립하지 못한 상태에서 서구의 현대건축이 무비판적으로 이식되던 시기이기도 하다. 일제로부터 건축교육을 받았던 세대와 새롭게 미국식 건축교육을 받은 세대가 공존하면서 현대건축을 만들어가는 시기였다. 중공업을 활성화하면서 농업사회는 차츰 산업사회로 탈바꿈해 가기 시작하였다. 도시가 급속하게 팽창되면서 도시경관은 고밀화, 고층화되기 시작하였다. 베이비붐 시대를 맞아 인구가 급속히 늘어나면서 농촌 보다는 도시인구가 급속하게 늘어가고 있었던 것이다.

산업화 정책은 기업을 성장시키고 성장하는 기업은 생산시설과 업무공간을 급속하게 확장시켜가게 되었다. 주로 대도시를 중심으로 이러한 현상이 나타나게 되었던 것이다. 이러한 시대상황에 따라 건축가는 현대건축의 새로운 공법과 경향을 실현하기 위해 노력을 경주해 가고 있었다. 이른바 선진국에서 실현하고 있는 건축기술과 공법을 직접 수입하기에는 경제적으로 어려운 현실이기에 한국의 건축가들은 스스로 정보를 수집하고 연구하는 방법으로 현대

1967년 준공 당시 유네스코회관 ©유네스코한국위원회

건축을 실현해 가고 있었다. 그 중에 1950년대 미국에서 실현하여 전 세계 많은 건축작품에 영향을 주었던 커튼월(Curtain wall) 공법이 주목을 끌게 되었다.

커튼월은 주로 고층건축물에 적용하는 공법인데 공장에서 건축물 외부에 설치할 규격화 된 외벽을 미리 제작하여 현장에서 조립하는 방식으로 시공을 하는 공법이다. 이 공법은 그동안 해왔던 공법과 비교해 볼 때 여러 가지 특징을 지니고 있다. 우선 공장에서 규격화된 외벽 유니트(Unit)를 대량으로 생산하기 때문에 공사비와 공사기간을 절약할 수 있다는 점과 단순한 유니트의 반복적인 형태가 도시적인 현대건축의 이미지를 잘 표현해 낼 수 있다는 점이다. 외벽 유니트를 구성하는 틀(Frame)의 주재료는 알미늄이다. 기존의 건축물에서는 철근콘크리트 라멘구조에 강철로 틀을 만들어 설치하고 유리로 마감하는 공법이었기 때문에 건축물의 하중이 무거웠다. 또한 외벽의 틀구조를 공장에서 만들기 어려워 일일이 공사현장에서 강철로 외벽을 만들어야 하기에 공사기간과 공사비가 많이 드는 단점도 있었다. 외벽 유니트 프레임의 주재료가 강철에서 알미늄으로 바뀌고 공장에서 대량생산해 오면서 건축물의 하중도 절감하고 공사기간과 공사비를 절약하는 효과를 가져오게 되었다. 건축물의 하중을 줄이는 것은 결과적으로 안전하고 합리적인 건축물로 만들게 되는 것이었다.

커튼월 공법은 1950년대 중반 미스 반 데 로에가 미국에서 처음 실현하면서 그 후 수많은 건축작품에 적용되었고 그 공법이 한국에서도 한국인 건축가에 의해 실현되었다. 한국 유네스코회관은 한국인 건축가에 의해 이루어진 커튼월 공법의 초기작품에 속한다. 경제적으로 어려운 시기에 건물을 지으면서 건축물의 하중과 공사비를 절약하려는 시도는 한국 현대건축 태동기의 기록되어야 할 사건이라 할 수 있다. 이런 의미에서 한국 유네스코회관은 한국 현대건축에서 중요한 역사적 의미를 지니고 있는 것이라 하겠다.

준공 당시 회관 외벽 커튼월 ©유네스코한국위원회

뉴욕 시그램 본사건물(설계 : 미스 반 데 로에) ©wikipedia

4. 커튼월 공법과 한국의 사례

한국 유네스코회관은 1950년대 말부터 국제적으로 크게 영향을 끼친 커튼월 공법이 한국인에 의해 한국에서 실현된 의미 있는 건축물이다. 산업혁명 이후 국제주의 건축양식이 크게 영향을 미치게 되는데 그 중에서 가장 중요하게 대두된 건축재료가 철, 유리, 시멘트였다. 특히 철은 건물의 주요 구조부에만 사용된 것이 아니라 마감재료로 사용되는 등 다양하게 쓰이는 재료가 되었다. 특히 주요구조부를 감싸는 재료로 사용되기도 하고 유리창 틀로 사용되기에도 가장 적합한 재료였던 것이다.

한편 유럽에서 활동하던 현대건축가들 중에는 전쟁을 피해 미국으로 활동무대를 옮긴 건축가도 있었다. 그 대표적인 인물이 미스 반 데 로에였다.[147] 미스는 미국에서 활동하면서 고도로 활성화된 공업화 시스템을 건축시공법에 도입하는 시도를 하였다. 즉 건축마감 재료의 일부를 공장에서 미리 대량으로 제작하여 현장에서 조립할 수 있도록 건축물을 설계한 것이다. 1950년 경부터 이러한 설계방법을 건축물에 시도를 하여 성공적으로 마감할 수 있었다. 공업생산 시스템을 응용하면서 아름다운 건축조형을 만들어 낼 수 있다는 자신감을 얻게 되었다. 이것이 커튼월 공법으로 발전되었고 국제적으로 큰 영향을 끼치면서 현대건축 양식으로 자리잡게 되었던 것이다.

147) 미스 반 데 로에는 독일에서 활동하다가 나치의 탄압을 피해 1937년 미국으로 이주하였다. 미국에서는 시카고 아머학교의 건축학부 주임교수가 되는데 이 학교가 나중에 일리노이 공과대학이 되고 그는 학과주임교수로 근무하다가 1958년 은퇴하였다.

이와 같은 커튼월 건축양식으로 건립된 건물로는 1951년에 준공된 미시간주 워렌(Warren)의 제너럴 모터스의 연구소를 시작으로 뉴욕의 U.N. 사무국 빌딩, 1952년에 건립된 뉴욕 레버 하우스(Lever House)가 있다. 특히 미스 반 데 로에가 설계하여 1958년에 준공한 뉴욕 맨하탄의 시그램 미국 본사 빌딩은 커튼월 공법의 진수를 보여주는 중요한 사례가 되었다. 38층, 높이 157미터 규모의 시그램 빌딩은 미스 반 데 로에가 그렇게 믿고 있었던 과학기술과 진보된 재료가 건축에서 어떻게 조화롭게 이루어질 수 있는가를 보여준 대표적인 사례이기도 했다. 재료가 주는 차가운 느낌을 건축에 도입하면서 현대도시건축의 이미지를 창의적으로 표현하는 새로운 시도가 많은 사람들의 공감을 얻게 되었던 것이다. 이 건축물은 국제주의 건축양식의 절정이라는 찬사를 받게 됨과 동시에 미스 반 데 로에는 국제주의 건축양식의 대가로 인정 받는 계기가 되기도 했다.

커튼월 공법은 현대건축에서 다음과 같은 중요한 몇 가지 의미를 가져오게 하였다. 첫 번째는 공장에서 설계에 의해 규격화된 건축부재를 미리 생산함으로써 공사기간을 크게 단축할 수 있었다는 것이다. 두 번째는 규격화된 부재를 대량으로 생산함으로써 공사금액을 낮출 수 있게 된 것이다. 세 번째는 그동안의 습식공법에 비해 건축물의 하중을 크게 낮출 수 있다는 점이다. 마지막으로 단순하면서 유니트로 만든 외피의 반복적인 사용이 현대도시의 디자인 이미지를 잘 표현해주고 있다는 점이다.

가톨릭회관 전경 ©박경립

가톨릭회관 커튼월 ©박경립

삼일빌딩 전경 ©박경립

삼일빌딩 커튼월 ©이왕기

국제적으로 크게 호응을 얻은 커튼월 공법은 한국전쟁 후 산업화를 꿈꾸고 있던 한국에 영향을 주게 되는데 그 대표적인 사례가 한국 유네스코회관을 비롯하여 가톨릭회관(구 명동성모병원), 삼일빌딩(1968년 착공, 1970년 완공) 등이다.

가톨릭회관은 1961년 12월 성모병원으로 건립되었다. 일제강점기 천주교에서 운영하던 작은 병원을 허물고 그 자리에 7층 규모의 당시로서는 대규모 병원을 건립한 것이다. 한국에서 철근콘크리트 구조에 커튼월을 사용한 초기의 작품에 속하며 건축가 김정수가 설계한 것이다. 김정수는 미군정에 근무하다가 1956년 미국 미네소타대학에서 연수를 하면서 당시 미스 반 데 로에와 같은 건축가들이 디자인에 채용했던 커튼월 공법을 익혀왔던 것이다. 귀국 후 성모병원 설계의뢰를 받은 그는 미국에서 배운 커튼월 공법을 적용하는 첫 번째 사례가 되었다.

이렇게 건립된 성모병원은 나아가 명동의 도시경관을 새롭게 변모시키는 계기를 만들기도 했다. 한국전쟁의 흔적이 채 가시기도 전에 서구에서 사용되기 시작한 커튼월이라는 새로운 건축공법을 도입하면서 그동안 현대건축에서 흔히 사용하던 육중한 매스의 이미지는 차츰 밝고 가벼운 경량화 이미지로 변화된다. 이러한 건축디자인의 변화는 도시의 경관에도 크게 영향을 미치면서 근대적인 도시경관이 현대적인 도시경관으로 변화되는 요소로 작용하게 되었다. 성모병원은 현재 내부 리모델링을 거쳐 가톨릭회관으로 사용하고 있다. 외부형태는 거의 건립 당시의 모습을 유지하고 있다.

삼일빌딩은 1970년에 완공된 것으로 지하 2층, 지상 31층 건물이다. 건립 이후 1985년 63빌딩이 건립되기 전까지 한동안 한국에서 가장 높은 건축물이었다. 이 건물은 건축가 김중업의 설계로 한국에서 초기 커튼월 공법을 잘 보여주는 대표적인 건축물 중 하나이다. 이 건물은 사무공간을 전면에 두고 코아를 뒤쪽으로 모아 상하동선 기능을 한곳에 두고 있다. 코아를 제외한 사무공간 4면의 외피는 알미늄에 유리를 이용한 커튼월로 마감하여 육중한 건물을 가볍게 보이도록 설계하였다.

이러한 디자인은 미스 반 데 로에가 설계한 뉴욕의 시그램빌딩과도 유사한 모습을 하고 있다. 이로 인하여 오해를 받기는 했으나 삼일빌딩은 건축가 김중업의 아이디어였고, 당시 커튼월을 생산할 수 있는 한국기술을 바탕으로 한 것이다. 이러한 기술은 한국 현대건축 발전에 중요한 기반을 만드는 것이기도 했다. 이처럼 철과 유리를 이용한 건축디자인은 당시 현대건축의 세계적인 흐름이었고 한국에서도 실현 가능했던 것이다. 이처럼 삼일빌딩은 한국 현대건축사에서 중요한 의미를 지니고 있는 건축물이다.

5. 유네스코회관의 건축적 특징

유네스코회관은 한국에서 이루어진 순수한 현대건축 양식이다. 주요 구조는 철근콘크리트 라멘구조로 하고 외부는 커튼월 공법으로 마감하였다.

유네스코회관은 현상공모를 거쳐 윤도근(현 홍익대학교 명예교수)의 설계안을 채택하게 되었다. 당시 윤도근은 구조사 설계사무소에 근무하고 있었으며 구조사 대표는 배기형이었다.[148] 초기 설계안에 의하면 회관의 주출입구는 서측면에 두었으며 북측 메인 도로쪽에는 부출입구를 두었다. 이밖에 초기안과 완공도면은 부분적으로 수정된 곳이 많았다. 이와 같이 현상공모에 제출한 초기안이 여러 차례 수정을 거치면서 준공되었으며 준공 당시 평면구성은 다음과 같다.

1층은 북쪽 큰 길에서 진입할 수 있도록 주 현관을 두고 건물 중심부에 엘리베이터와 계단이 있는 코어를 배치했다. 코어의 주 계단은 가운데가 뚫어진 사각형으로 하고 계단 양측면에 엘리베이터를 설치했다. 코어 동편에는

148) 배기형(1917~1979)은 경남 김해출생이며 1935년 부산 공립공업학교 건축과를 졸업하였다. 1937년부터 1938년까지 2년간 '구다이(九大)임시고등건축강습소'에서 건축 수업을 받았다. 1939년부터 1945년까지 후쿠오카시의 '니시지마(西島)건축설계사무소'에서 근무 하였다. 1945년 귀국 후 1946년 김희춘, 정인국, 김창집, 함성권, 엄덕문과 함께 '구조사'를 설립 하였다.

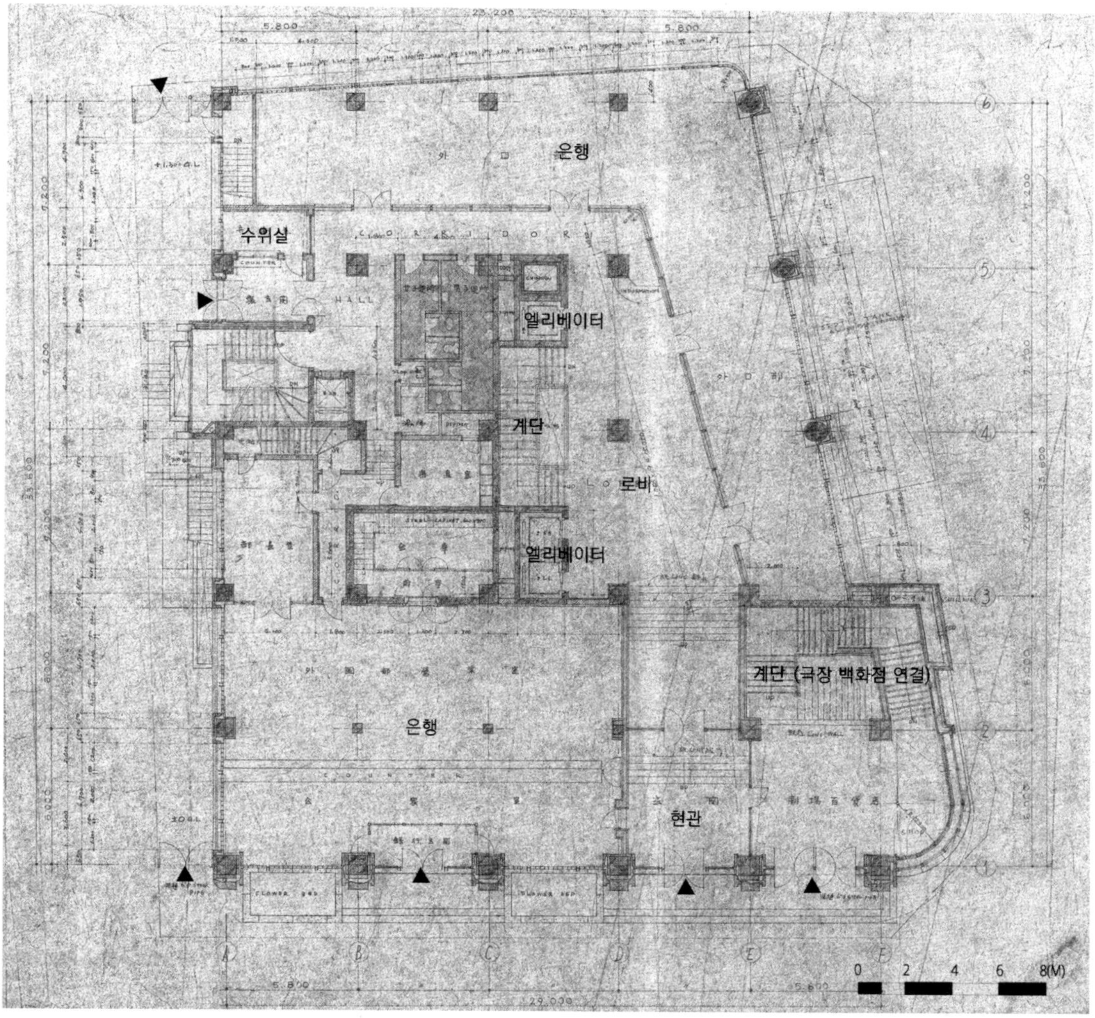

1층 평면도 ©유네스코한국위원회

작은 계단을 설치하여 비상용으로 사용할 수 있도록 했다. 서북편의 모서리에는 외부로 면한 계단실을 두었다. 이 계단을 통해 2층의 백화점으로 직접 올라갈 수 있도록 했다. 큰길에 면한 동북쪽과 골목길에 면한 남서쪽 공간은 은행과 사무실 공간으로 사용할 수 있도록 했다.

2층에는 코어와 계단실을 제외하고 모두 백화점으로 사용할 수 있도록 했다. 3층에는 남서쪽으로 백화점 공간을 두고 북편 큰길에 면한 위치에 3층부터 5층까지 3개층을 이용하여 극장식 회의실을 배치하였다. 4층에는 은행을 배치하였다. 5층부터 9층까지는 사무실 공간으로 사용할 수 있게 하고 10층에는

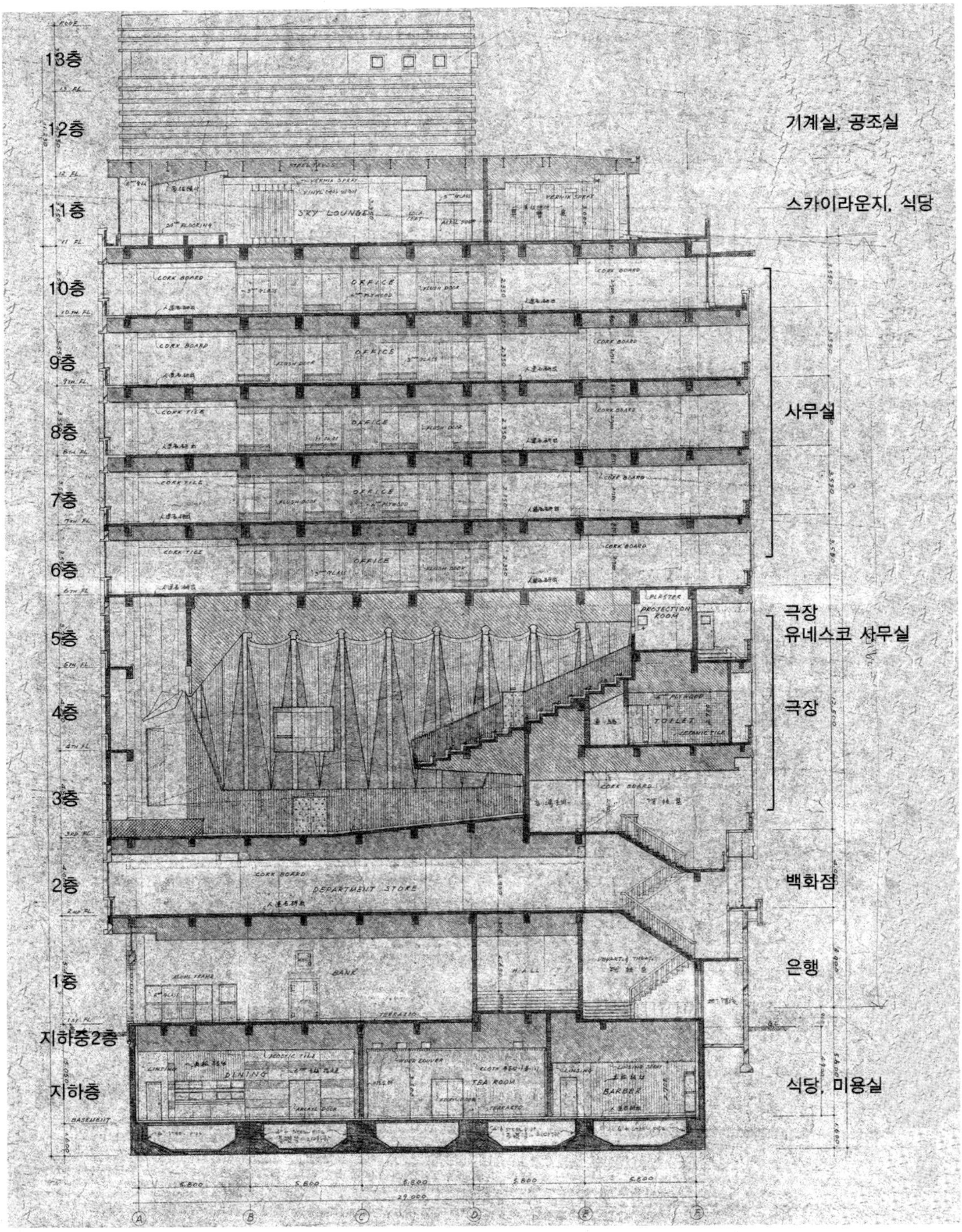
13층
12층
11층
10층
9층
8층
7층
6층
5층
4층
3층
2층
1층
지하중2층
지하층
기계실, 공조실
스카이라운지, 식당
사무실
극장
유네스코 사무실
극장
백화점
은행
식당, 미용실

유네스코회관 단면도

2020년 유네스코회관 커튼월 ©박경립

사무실, 라운지, 침실 등을 배치하여 외부에서 빈객이 방문할 경우 숙식을 해결할 수 있도록 하였다. 11층에는 식당, 스카이라운지, 회의실 등을 배치하였다. 12층은 코어 부분만 올려 공조실, 전화교환실, 엘리베이터 기계실 등을 배치하였다. 13층 역시 코어 부분 크기에 맞춰 냉각타워, 물탱크실을 배치하였다. 지하층은 중층으로 하여 식당, 다실, 이용실, 기관실, 전기실, 공조실 등을 배치하였다.

유네스코회관 건물은 다음과 같은 몇 가지 특징이 있다. 이 회관에는 건물 내 주차장이 없다. 당시 건축법에는 주차장을 두지 않아도 가능했던 것으로 보인다. 또한 이 건물의 주계단은 가운데를 뚫어두고 주변으로 계단과 복도가 이어지도록 했다. 계단 중심부분이 트여있어 밀폐감을 주지 않는다. 당시 소방법이 아직 정리되지 않았기 때문인 것으로 보인다. 이 건물에는 510석 규모의 극장식 회의실을 설치하였다. 당시 서울에는 이 정도 크기의 회의실을 지니고 있는 건물이 거의 없었다. 전용극장이나 영화관을 제외하고 이처럼 현대적인 사무 및 복합건물에 500석 이상의 극장식 회의실을 지니고 있는 곳은 한국 유네스코회관 뿐이었다.

이 건물의 스킨은 크게 3가지 형태로 구성하였다. 하나는 메인도로에 면한 커튼월이다. 유리와 알미늄을 이용한 단순한 형태의 반복적인 도형이 현대성을 강조하고 있다. 두 번째 서측면은 석양의 강열한 태양빛을 차단하기 위하여 도로선에 맞춰 톱니벽과 남측으로 낸 루버창이 10층까지 수직으로 길게 이어져 수직선을 강조하고 있다.

세 번째 남측과 동측의 좁은 골목길쪽 입면은 남측의 밝은 빛을 받기 위하여 수평으로 긴 창을 전 층에 설치하였다. 이러한 입면구성 때문에 각 방면에서 보는 건물의 조형이 서로 다르게 보이는 특징을 지니고 있다. 마지막으로 한국 유네스코회관의 특징은 어려운 가운데서도 모든 설계기술과 시공기술을 한국인에 의해 만들어 낸 것이다. 일제강점기를 벗어나자마자 한국전쟁을 치루었고 아직 사회적으로, 경제적으로 어려운 가운데 스스로 기술을 익히고 개발하여 당시로서는 고층에 속하는 유네스코회관을 건립한 것은 한국 현대건축사에 있어서 기록할 만한 일이라 할 수 있다.

6. 유네스코회관의 건축/도시적 가치

유네스코회관은 한국에서 이루어진 커튼월 공법의 초기사례 중 하나이다. 1950년대부터 사용한 커튼월 공법은 미국을 중심으로 현대도시 건축물에 적용되면서 그동안 보지 못했던 새로운 도시경관을 만들어가기 시작하였다. 그것은 고층건

유네스코회관 극장식 회의실 ©유네스코한국위원회

축물이 무게를 경감하면서 초고층화 되고 건물의 스킨이 점점 유리판으로 바뀌는 변화를 가져오게 되었다. 이러한 세계적인 현대건축의 흐름은 한국에서도 예외없이 나타나게 된 것이다. 그 중 하나의 사례가 유네스코회관이었던 것이다.

유네스코회관은 한국인 건축가에 의한 국제적인 현대건축 양식과 구조를 실현한 작품으로 의미가 있다고 하겠다. 1960년대는 한국전쟁이 끝난지 불과 10여 년도 안된 시기로 전후복구 조차도 끝나지 않은 상태였다. 그럼에도 불구하고 현대건축에 대한 국제적인 정보는 꾸준히 접하고 있었던 것이다. 특히 당시 선진적이라 할 수 있는 미국의 건축정보는 여러 경로를 통해 수입되고 있었다. 이러한 과정을 거치면서 한국 건축가들은 스스로 건축정보를 분석하고 터득하면서 실현해 가고 있었던 것이다. 당시 한국의 실정으로 외국인 건축가나 기술자에게 설계와 시공을 의뢰하기란 매우 어려운 상황이었기에 능력과 가능성이 있는 국내 건축가에게 프로젝트를 의뢰했던 것이다.

유네스코회관 건축설계는 이러한 상황에서 현상설계공모를 거쳐 설계사무소 구조사 안을 채택하게 되었고 실제적으로는 구조사 직원이었던 윤도근이 맡게 되었다. 당시로서는 초대형 프로젝트에 속하는 유네스코회관이 건립되었던 것이다. 유네스코회관의 건축사적 의미는 전후 어려운 현실에서도 한국인 건축가와 한국인 시공사에 의해 커튼월을 개발하고 건립했다는 것이다. 한국 건설역사에서도 중요한 의미가 있다고 할 수 있을 것이다.

유네스코회관은 단순하게 도시에 세워진 하나의 건축물로 보아서는 안될 것이다. 유네스코회관은 한국의 수도 서울 중심부에 도시경관을 상징하는 중요한 이정표를 만들었던 의미있는 랜드마크였다. 유네스코회관이 건립되면서 상업 중심지 명동을 상징하는 이정표로 자리매김하게 되었다. 근대건축물 명동성당은 일제강점기 이후 오랫동안 명동의 랜드마크 역할을 해 왔으나 유네스코회관이 건립되면서 명동에 새로운 랜드마크가 되었다. 이러한 건축적 행위는 도시의 경관구조를 만들어가는 중요한 모델이자 기억의 장소가 되기도 하는 것이다. 유네스코회관의 건축사적 가치는 명동의 역사를 기록할 수 있는 기억의 장소이자 서울을 기억하는 기록물이라는 것이다.

유네스코회관이 지니고 있는 또 다른 중요한 가치는 현대 도시건축의 조형성을 선도한 건축사례라는 것이다. 일제강점기 동안 한국의 도시건축은 전통양식과 근대건축 양식이 풍미하고 있었다. 일제로부터의 해방과 6.25전쟁은 도시 성장을 잠시 멈추게 했지만 전후 복구와 재건은 도시에 활력을 불어넣으면서 서서히 현대도시로 변화되어가고 있었다. 이와 궤를 같이하면서 근대건축양식은 그 자리를 현대건축양식에 내주고 있었던 것이다. 도시경관은 서서히 현대도시로 그 모습을 바꾸어 가게 되는데 그 과정에서 현대건축 양식이 여러 장소에서 의미있는 역할을 담당하게 된다. 한국 유네스코회관은 근대적 도시경관을 현대도시 경관으로 바꾸어 가는 선도적인 역할을 하였던 것이다. 이는 한국 도시경관사에 있어서도 중요한 의미가 있다고 하겠다.

유네스코회관의 새로운 변화: 옥상생태공원 '작은 누리'

길지혜
이코모스한국위원회 상임간사
서울대학교 환경계획연구소 객원연구원

서울대학교 대학원 협동과정 조경학에서 '한성부 내 연지(蓮池) 연구-동지, 서지, 남지, 어의동지, 경모궁지를 중심으로'라는 논문으로 박사학위를 취득하였다. 현재 이코모스한국위원회 상임간사로 재직 중이며 서울대학교 환경계획연구소 객원연구원과 도시경관연구회 보라 회원으로도 활동하고 있다. 최근에는 한국연구재단의 지원을 받아 '근대기 서울 주택정원 연구'를 진행 중이며, 공원아카이브에 관심을 두고 도시, 공원, 사람들의 역사를 즐겁고 재미있게 그려보고 있다.

명동 거리에서 올려다 본 유네스코회관과 옥상생태공원 ©유네스코한국위원회

1. 유네스코회관과 옥상

여름철 명동길을 걷다 유네스코회관을 바라보면 건물 상층 루버 위로 삐죽이 나온 푸른 잎들이 보인다. 건물 전면의 은빛 알루미늄 패널과 회색빛 창문 위로 보이는 초록빛들은 계절에 따라 연두색부터 짙은 풀색까지 색의 깊이가 달라진다. 이들 회색과 초록의 조합은 의외로 잘 어울려 유네스코회관 전면에 생기있는 외관을 선사한다.

이렇듯 건물 밖 거리에서도 살짝 엿볼 수 있는 이곳은 유네스코회관 12층에 위치한 옥상생태공원 '작은 누리'이다. 유네스코한국위원회가 조성하고 운영·관리해 온 '작은 누리'는 2003년 4월 18일 개원하여 벌써 조성 18년을 맞게 되었다. 일반 시민 누구나 이용할 수 있는 열린 공간으로, 유네스코회관 내 공공공간으로 그 의미가 높다.

149) "옥상", 국립국어원 표준국어대사전. https://stdict.korean.go.kr

150) "rooftop", https://www.dictionary.com

옥상(屋上)은 단어 뜻대로 '지붕의 위, 특히 현대식 양옥 건물에서 마당처럼 편평하게 만든 지붕 위'를 이른다.[149] 루프탑(rooftop)의 경우도 '건물의 지붕, 특히 외부면(the roof of a building, especially the outer surface)'[150]이라고 정의하고 있다. 즉 옥상은 건물을 덮어주는 편평한 지붕으로 인해 그 위에 자연스럽게 생기게 되는 공간으로 이해할 수 있다.

그렇기에 그동안 옥상은 잉여공간으로 여겨져 건물의 설비시설만 비치된 채 방치되는 경우가 많았다. 높은 곳에 올라가 우리 도시를 내려다보면 건물의 옥상들이 초록 우레탄 포장과 노란 물탱크로 덮여있는 모습을 흔히 볼 수 있다.

151) 이상 「날개」, 김기림 「바다의 유혹 上」, 「옥상정원」, 박태원 『청춘송』, 김말봉 『찔레꽃』에서 미쓰코시 백화점 옥상을 묘사하고 있다; 전정은(2012), 문학작품을 통한 1930년대 경성중심부의 장소성 해석, 서울대학교 환경조경학과 석사학위논문, 58-65 참조.

오히려 평지붕으로 된 옥상이 등장하기 시작한 근대 시기에는 옥상을 활용하려는 여러 시도를 엿볼 수 있다. 지금의 신세계백화점 본점 자리에 있었던 미츠코시(三越)백화점은 1930년 문을 열었는데, 당시 4층 건물로 건립되었고 건물 위에 옥상정원이 있었다. 옥상에 정원과 어린이놀이터, 온실, 카페, 갤러리, 원예용 구매장 등을 배치해 여가공간으로 적극 활용했다. 여러 문학작품에 미츠코시백화점 옥상에서 경성시가지를 조망하며 정원, 온실 등에서 시간을 보낸 내용이 자주 등장하는데, 당시의 옥상은 분수와 그 안의 금붕어, 바위 폭포, 온실의 다양한 식물들, 화초, 화분, 한 층 더 올라가 있는 전망대 등으로 화려하게 꾸며진 것으로 묘사된다.[151]

152) http://www.seoul-land.com/arti/culture/culture_general/4803.html

현 종로타워 자리에 있었던 화신백화점도 화재 후 1937년 다시 개장하면서 최상층인 6층에 화랑, 사진부, 미용실과 함께 옥상정원을 만들어 야외 전시공간으로 활용하기도 했다. 낙원동 조선물산장려회관 건물 옥상에도 정원이 있었던 사진이 전해지는[152] 등 옥상을 다양한 방식으로 활용한 곳들이 과거에도 존재했다. 이같은 새로운 시도는, 옥상 공간에서 주변 전경을 조망하면서도 건물 내 다른 공간과 연결해 다양하게 활용할 수 있는, 새로운 반실내공간으로서 가치를 느꼈기 때문에 나타난 것으로 보인다.

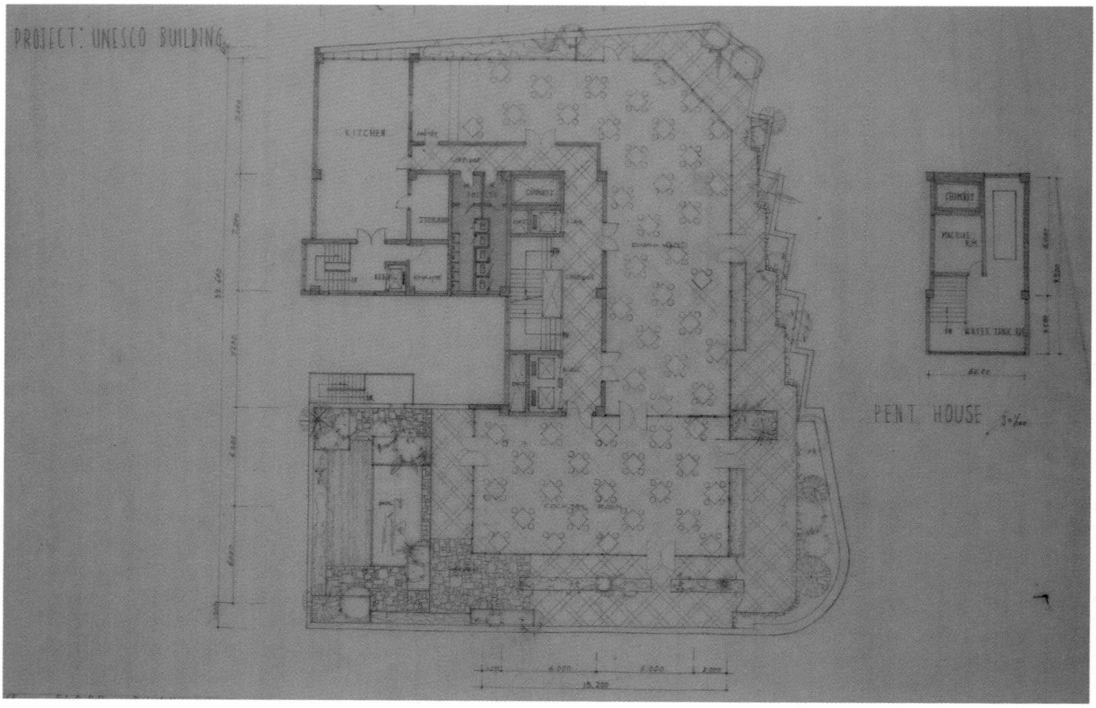

현상공모 당시의 유네스코회관 9층 평면도. 이 층은 Cocktail Room으로 식음시설에서 옥상정원을 드나들 수 있게 계획했다. 판석 바닥 중간중간에 플랜팅 박스를 배치했으며 연못(Pool) 도 한쪽에 조성하고자 했다. 건물 모서리 쪽으로도 수목과 초화류를 식재해 외부를 조망하면서도 위요된 분위기를 연출하려는 의도를 살펴볼 수 있다. ©목천건축아카이브

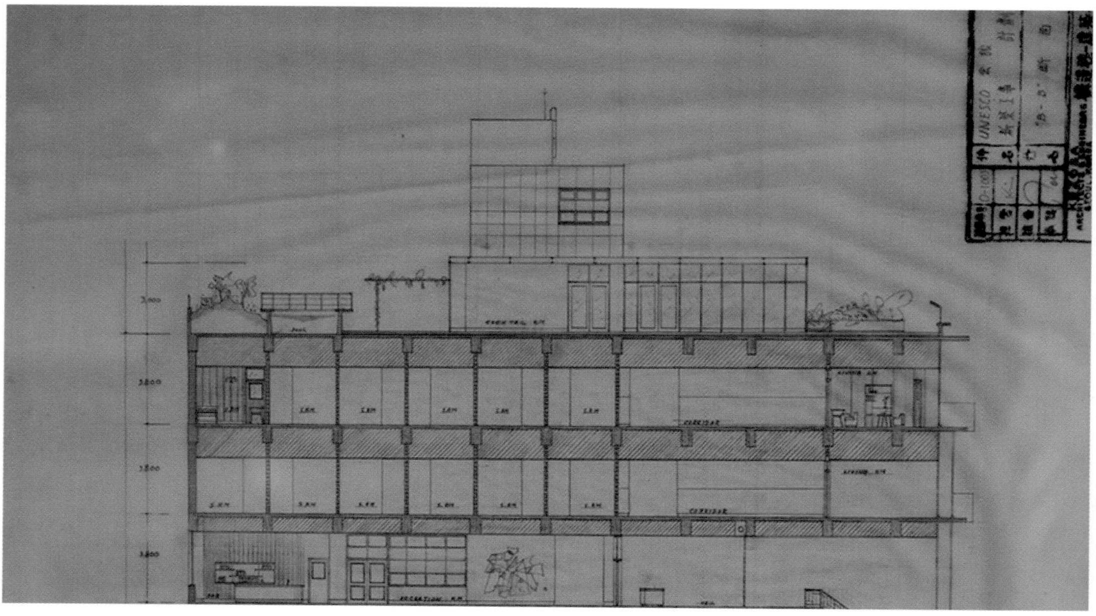

현상공모 당시의 유네스코회관 단면도 중 9층 부분. 회관 건물 동쪽으로 흙으로 낮은 구릉을 조성해 수목을 식재하려고 했다. ©목천건축아카이브

이후 1959년 유네스코회관 건축 현상공모 당시 건축가 배기형이 계획했던 회관의 모습은 공모 설계안에서 최상층이었던 9층 일부에 칵테일바를 조성하고 나머지 공간에는 넓게 정원을 조성하는 것이었다. 서울 도심에 높은 건물이 많지 않았던 상황에서 유네스코회관 최상층은 주변을 시원하게 조망할 수 있는 소중한 공간이었을 것이다. 그렇기에 건축가도 건물 설계에 이러한 공간적 이점을 십분 활용하고자 했을 것으로 짐작해볼 수 있다. 현상공모에 제출한 회관 9층 평면도와 단면도를 보면 9층 밖 옥상정원에 흙을 쌓아 수목과 초화류도 다채롭게 식재하고 한편에 연못도 배치하는 등 '디자인된' 정원으로 조성하고자 했고, 같은 층 칵테일 바와 연계해 활발히 이용할 수 있도록 계획했다. 또한, 그뿐만 아니라 회관 건물 층별로 테라스도 계획했는데 실내와 외부공간이 연결되는 공간을 건물 곳곳에 배치했던 건축가의 초기 의도를 확인할 수 있다.

아쉽게도 공모 후 설계 변경과정에서 건물 층수가 많아지고 시설면적이 차지하는 비율을 최대화하는 데 중점을 두며 좌측의 도면과 같이 옥상에 넓게 정원을 조성하려던 계획은 사라지게 되었다. 다만 11층 스카이라운지 옆으로 넓은 테라스 공간을 배치한 데서 건축가의 처음 의도가 일부 살아남은 것으로 볼 수 있겠다.

1960년대 골조공사를 마친 유네스코회관 옥상의 모습은 건물 상량식 사진에서 확인할 수 있다. 1962년 7월 24일 유네스코회관 상량식이 건물 옥상에서 개최되었는데 시가지와 주변 경관이 사방으로 조망되는 모습을 확인할 수 있다. 상량식 당시의 도면이 남아있지는 않지만, 상량식 당시의 신문기사나 앞의「유네스코회관 층별 규모 변경과정」(본책 p74)을 볼 때 상량식 장소는 현재의 유네스코회관 11층 엘리베이터 앞 로비공간으로 추정된다.

1962년 상량식. 옥탑층 뒤편으로 남산이 조망된다.
©유네스코한국위원회

명동길에 인접한 방향으로 백악산과 북한산, 인왕산이 보인다.
©유네스코한국위원회

153) "「知性의 宮殿」 28개월만에 上樑「유네스코」 회관", 경향신문 1962년 7월 24일자.

우리나라는 건물의 마지막 부재를 올리는 의식을 중시해, 높은 건물의 상량식은 골조 공사가 끝난 뒤 옥상에서 진행되었다. 유네스코회관 상량식은 내빈 약 150명이 참석한 성대한 행사[153]였고, 많은 인원이 옥상에 올라가 식을 진행하며 지붕이 잘 덮여 공사가 무사히 마무리되기를 기원했다.

당시의 상량식 모습을 담은 사진들을 보면, 주변에 다른 높은 건물이 보이지 않고 멀리 백악산, 북한산만 조망되었다. 1962년만 해도 11층 정도 올라서면 주변 고층건물들 없이 사방으로 백악산, 북한산, 인왕산, 남산이 둘러싸고 조망되었을 경관을 그려볼 수 있다. 상량식에 참석했던 기자들도 유네스코회관의 층수와 높이에 큰 관심을 두며 아래와 같이 기사를 작성하였다.

> 「세계문화교류의 전당」이라는 높은 이상 위에서 세워지는 이 회관은 어떤 내부구조를 지니고 있을까? 3백90평의 대지를 잡고있는 이 「빌딩」은 지하1층, 지상13층으로 되어있다. 우리나라에 13층 건물이 세워지는 것은 이 회관이 맨 처음이다. ... 11층은 「스카이라운지」, 13층까지의 높이는 1백60척, 철근 「콩크리트」로 건축되는 이 「빌딩」은 연건평 총3천8백평이다. 이 건물이 완성되면 우리나라는 日本못지않은 화려하고 웅장한 문화 「센터」를 갖는 셈이다.
>
> — "「知性의 宮殿」 28개월만에 上樑「유네스코」 회관", 경향신문 1962년 7월 24일자.

> 서울의 번화가 명동二가 八二에 우뚝 솟아 우리나라 최고를 자랑하는 十三층 五十五「미터」 높이로 구체(軀體)공사를 끝낸 한국「유네스코」 회관 상량식이 二十四일 하오 이 건물 十一층에 있는 「수카이 라운지」에서 베풀어졌다. 국제 문화교류의 중심 전당으로 서울시내 고층건물을 조감할 수 있는 이 초현대적 건물의 이날 상량식은 한국식으로 진행되었는데 돼지머리, 시루떡을 오붓하게 차려놓은 상량제단 앞에서 먼저 한국「유네스코」 후원회 회장 송대순씨의 식사에 이어 축문낭독, 분향헌배를 치르고 흰광목에 매달린 상량보가 十二, 十三층의 옥상층 꼭대기에 올려짐으로써 식이 끝났다.
>
> — "문화교류의 전당", 조선일보 1962년 7월 25일자.

1959년 설계된 유네스코회관은 설계 당시나 상량식 당시만 해도 우리나라 최고층 건물의 위상을 지녔다. 회관 준공 도면을 보면 실제 업무 및 상업기능으로 사용되는 공간은 11층까지였고, 12층과 13층은 엘리베이터 기계실, 공조기실, 전화교환실, 냉각 타워 정도가 있는 옥탑층 작은 면적의 공간이었다. 엘리베이터도 11층까지만 운행되었다. 그런데도 옥탑층을 두 층이나 위로 올려 건축대장에 13층, 55m의 높이로 등록한 것은 그 당시 우리 도시에서의 마천루 경쟁에서 유네스코회관이 우위를 차지하기 위한 노력으로 생각해볼 수 있다. 1962년 시점의 유네스코회관 상층부는 서울 도심에서 가장 높이 올라가 시내를 조감할 수 있는 곳으로, 회관 건축에 대한 기대감을 높여주고 자부심을 높일 수 있는 공간이었을 것이다.

아쉽게도 공사 기간이 지연되면서 유네스코회관 준공 당시에는 서울 도심에 더 높은 고층건물들이 상당수 건설되었다. 그런데도 1972년 서울 시내 고층건물을 정리한 신문기사를 보면, 고층의 기준이 그 당시까지도 10층 이상이어서 유네스코회관도 고층 건물군에 포함된 기사를 볼 수 있다. 당시의 최고층 건물로는 1970년 완공된 종로 관철동에 위치한 31층의 삼일빌딩이 꼽혔다.[154] 몇 년 사이에 서울 시내의 건물 층수가 꽤 높아져, 상량식 이후로 도심지의 스카이라인이 급격히 달라졌을 모습을 그려볼 수 있다.

154) "서울市內 10層이상빌딩", 경향신문 1972년 1월 6일자 6면.

유네스코회관 준공 당시 옥상은 전체 건축에서 중요하게 계획되지는 않았고, 건물 지붕의 기능만 충족하면 되었다. 도면에서도 옥상은 흐린 외곽선으로 테두리만 그려져 있을 뿐이다. 12층은 기계실, 공조기실 등 설비 기능의 시설이 중심부에 위치하고, 나머지 옥상공간은 배수가 잘 되도록, 옥상 사면의 모서리로 경사가 낮아지게 구배를 만들고 아스팔트로 마감하였다.

그리고 시간이 흘러 2000년대 건물의 옥상은 고도화된 도시환경에서 도시 속 생태계에 도움을 줄 수 있는 공간으로 다시금 의미를 되돌아보게 했다. 이른바 '옥상의 재발견'이었다. 서울시 면적은 총 605㎢, 그중 도시화 지역이 364㎢로 전체 면적의 60%를 차지한다. 건물의 옥상만 다 더해보면 166㎢로 도시화 지역의 46%를 차지한다고 한다.[155] 도시 내 유휴지가 부족해 새롭게 토지를 매입해 녹지공간을 조성하기 어려운 상황에서, 도시에서 가용가능한 마지

155) https://seoulsolution.kr/ko/content/3066

유네스코회관 준공 당시의 주변환경(서울지형도, 1967. 1. 10 인쇄)
©서울역사박물관 저작물(공공누리 제1유형)을 길지혜 편집

막 녹지공간으로서 옥상의 가능성을 새롭게 보게 된 것이다. 게다가 옥상은 넓고 평평한 바탕에 햇빛과 바람, 비, 눈을 그대로 접할 수 있는 자연과 같아, 조밀한 도시환경에서 정원으로 조성하기 좋은 잠재력을 갖고 있다.

도시녹화 사업으로 옥상에 흙을 쌓아 인공지반 옥상정원으로 조성한 첫 번째 사례는 1998년 분당 경동보일러 사옥 옥상에 조성한 '하늘동산 21'이 꼽힌다. '하늘동산 21'은 2000년 5월 개장하였고 각종 야생화와 들꽃을 심고 습지를 조성했다. 정원에서 다양한 환경교육 프로그램을 운영했으며, 여러 환경 관련 전시회, 공연 장소로도 활용되고 지역주민에게는 공원으로 개방되었다.

그러나 조성 이후 지속적 관리가 어려워 사실상 방치된 상태였다가 2006년 태양광 발전시설 설치 계획으로 정원을 철거하게 된 것으로 보인다. 당시의 신문기사를 보면 주변 여러 시민단체, 환경운동단체가 옥상정원 철거 반대 성명을 발표할 정도로 '하늘동산 21'에 대한 관심이 높았음을 알 수 있다. 그렇지만 정원 운영에 비용 부담과 인력 부족 문제가 있어 지속화하기 어려웠던 것으로 생각된다. '국내 제1호 옥상녹화정원'이라는 상징성이 있던 정원이었지만 현재까지 남아있지 못해 아쉬운 마음이 크다.

이 시기인 1990년대 말부터 우리나라에서는 옥상녹화의 가능성에 주목하여 여러 옥상정원이 조성되었다. 특히 서울특별시는 2002년부터 현재까지 옥상녹화 조성사업을 보조금으로 꾸준히 지원하고 있다. 2019년 기준, 그동안 모두 758개소의 옥상정원 조성을 지원해왔다. 그중 유네스코회관 옥상생태공원은 제1호 서울시 옥상녹화 조성사업으로 조성된 곳이다. 유네스코한국위원회는 2001년 회관 11층 재축공사를 하면서 옥상정원 조성을 준비하고 있었는데, 시기적으로 잘 맞아 서울시 옥상녹화 조성사업의 첫 번째 대상지 중 하나로 선정되었다.

이렇듯 유네스코회관의 옥상생태공원은 우리나라 옥상녹화 역사의 초기 단계부터 지금까지 지속되어 온 흔치않은 정원이다. 민간건축물 옥상에 공공공간을 조성하고 녹화해 계속 공공에 개방해 왔으며, 조성 이후 18년 동안 잘 보존되어 온 선도적이고 드문 사례로 볼 수 있다. 옥상생태공원 설계에 있어서도 생태적으로 굉장히 고심하여 설계된 정원이었고, 오랜 시간이 지나 정원이 안착했기에 현재 조성되는 옥상정원의 좋은 모델이 되고 있다.

유네스코회관 입장에서도 건립 추진 당시 공공성을 가진 공간을 꿈꿔왔는데 옥상생태공원은 그 이상에 부합하는 공간이기도 하다. 회관을 건립할 때 국제회의장, 전시실, 음악감상실, 도서실 등 문화공간을 많이 도입하고자 하였으나, 실제 건립과정에서는 일반적인 임대 업무시설로 성격이 바뀌게 된 아쉬움이 항상 크게 남아왔다. 중간중간 유네스코회관에 있었던 유네스코 도서관이나 청소년문화교류센터처럼, 옥상생태공원 '작은 누리'는 일반인들이 누구나 편하게 이용할 수 있는 공간이며 문화교육공간으로의 발전 가능성도 큰, 유네스코회관 내 가치 있는 공공공간이 되고 있다. 또한, 과거 최상층 상업시설과 연계하여 옥상정원을 조성하고자 했던 초기 설계 의도를 생각할 때, 옥상생태공원 조성은 실현되지 못했던 유네스코회관의 설계개념을 구현한 것으로도 볼 수 있겠다.

2. '작은 누리' 조성 당시의 모습

유네스코회관은 1997년 건물 11층에 큰불이 나 해당 층 기둥과 지붕이 완전히 무너져 내린 큰 사고가 있었다. 이후 건물 상층부를 복구하기 위해 2001년 11층 재축공사를 하였다. 재축공사는 11층 바닥과 지붕이 주요 공사 범위로, 그 지붕은 '작은 누리' 공간에 해당하는 곳이다. 당시 지붕층은 와이어 매쉬로 무근콘크리트로 보강하고 우레탄 노출형방수재로 코팅을 했다. 향후 옥상 공간을 생태공원으로 조성하려는 계획이 있었기에 우레탄으로 마감하고 다음 계획을 준비했다고 한다.

그리고는 2002년 10월~12월 기간 동안 정원 조성 공사를 하고, '작은 누리'는 2003년 4월 18일 개원하였다. 옥상생태공원 조성사업은 에코텍엔지니어링(주)에서 담당했다. 정원 공간 면적은 약 628㎡, 190평에 이른다. 생태공원을 조성하려는 목적은 1)교육, 과학, 문화의 보급 및 교류의 유네스코 이념을 구현할 수 있는 공간의 조성, 2)도시 지역의 생태계 안정성 및 종다양성 증진을 위한 소생태계 조성, 3)소생물권 확보를 통한 생물서식공간 그린네트워크 창출, 4)도심 내 사공간(Dead Space)인 옥상공원을 활용한 환경교육의 장 확보로 두었다.

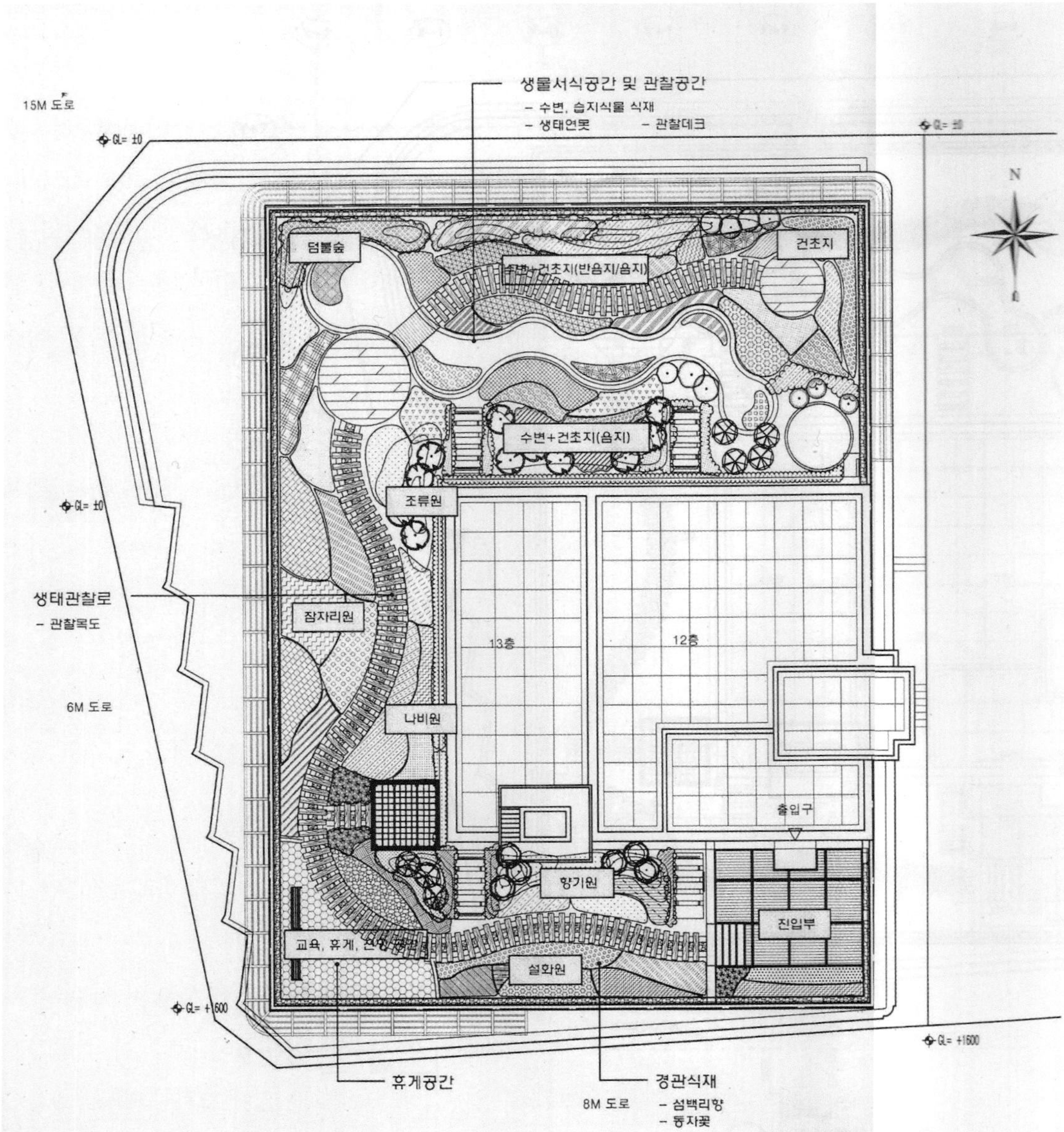

2002년 유네스코회관 옥상생태공원 조성사업 평면도 ©유네스코한국위원회

옥상생태공원 명칭은 공모를 통해 결정되었다. 모두 37개의 명칭이 응모되었는데, '푸른 마루', '초록 지붕', '하늘숲 파첼', '누리하늘터' 이름이 가작으로 선정되었다고 한다. 그중 회의를 통해 응모작 중 아이디어를 얻어 '작은 누리'로 정했다. '작은 누리'란 이름은 다양한 생물종의 공동 서식장소를 의미하는 비오톱(biotope), 소생태계를 우리말로 표현한 것이다. 야생생물이 서식하고 이동하는 데 도움이 되도록 도심 내에 작은 생물서식공간을 마련하고자 하였고, 유네스코에서 지정하는 '생물권보전지역'[156]의 개념을 실험적으로 도입한 생태정원 조성을 목표로 하였다.

'작은 누리'는 다양한 생물에게 서식처를 제공할 수 있는 생태적 요소가 설계에 있어 무엇보다 가장 중요하게 고려되었다. 정원의 공간구성을 전이지역, 완충지역, 핵심지역으로 구분하여 전이지역과 완충지역은 사람들이 활용할 수 있는 공간으로, 핵심지역은 생물 서식처 공간으로 구상했다. 먼저 전이지역은 사람의 출입과 이용이 가장 자유롭고 활발하게 이루어지는 공간으로 입구 부분에 해당한다. 전이지역에는 상추, 고추, 방울토마토, 가지, 부추, 조롱박 등의 채소밭을 만들고 휴게시설을 조성하여 편하게 이용할 수 있는 공간으로 조성했다. 완충지역은 관찰데크가 있어 데크를 따른 제한된 동선으로만 접근 가능하며, 데크 밖 공간은 생물종이 서식할 수 있는 환경으로 보존하여, 환경교육과 관찰, 모니터링이 이루어지는 교육공간을 만들고자 했다. 핵심지역은 대상지 가장 안쪽, 사람의 발길이 가장 미치지 않는 곳에 배치했다. 생태연못과 개울, 습지, 초지, 관목숲, 교목숲을 조성해 다양한 생물들의 서식처가 되도록 계획했다.[157]

정원 운영에서도 태양에너지와 빗물을 이용할 수 있도록 전력을 만드는 집열판과 빗물을 모으는 집수관이 연못 물순환과 정화, 공원 생태를 유지하는 데 활용되도록 설계했다.

156) 생물권보전지역(Biosphere Reserve)은 유네스코 인간과 생물권 계획(MAB)에 따라 생물다양성 보전과 자연자원의 지속가능한 이용을 결합시킨 육지 및 연안 지역을 말한다. 생물권보전지역은 서로 연관되어 있는 3개의 지역을 핵심구역(core zone), 완충구역(buffer zone), 전이구역(transition zone)으로 구분하고 있다.

157) 김귀곤·조동길(2004), 유네스코 생물권보전지역 개념을 도입한 옥상 생물서식공간 조성 기법에 관한 연구-유네스코회관 옥상을 사례로, 한국환경복원녹화기술학회지 7(4), 37; "도심 생태공원 '작은 누리'", 동아닷컴 2003년 4월 22일자.

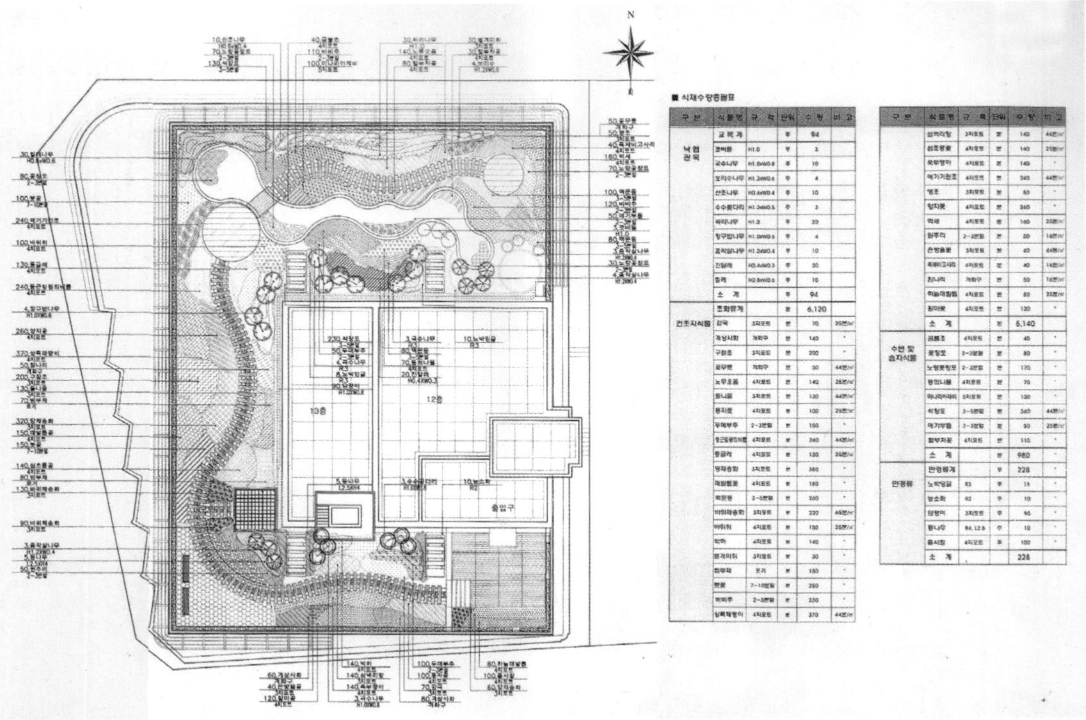

2002년 유네스코회관 옥상생태공원 조성사업 식재계획도
©유네스코한국위원회

옥상을 녹화하는 것을 넘어 다양한 생물이 서식하는 생태공간으로 만들고자 했던 계획대로 '작은 누리'에는 교목, 관목 등 식생이 다양하고 수공간이 넓게 자리하고 있다. 이처럼 토종식생이 다양하게 분포된 옥상정원은 현재도 흔히 찾아보기 어렵다. 당시에 굉장히 실험적으로 조성한 정원 형태였고, 현재에도 이러한 옥상정원은 드문 경우이다. 10~60cm 깊이의 높낮이가 있는 마운딩 지형은 여러 교목이 살아가고 자연스러운 정원을 만드는 데 중요한 역할을 했다.

또한, '작은 누리'는 입지적으로도 비오톱을 조성하기에 적합한 위치였다. 북악산과 남산으로 이어지는 녹지축 중간중간에 청계천, 명동성당, 중국대사관, 용산가족공원 등의 녹지 거점들이 있어 생태축을 연결해 줄 수 있는 징검다리 통로(Stepping Stone Corridor) 역할을 할 수 있었다.

158) 김귀곤·조동길(2004), 위의 논문, 42.

도시 속에서 일조, 통풍, 토양의 환경 조건이 좋은 '작은 누리' 정원은 조성 1년 후 2004년 모니터링 자료에 따르면 식물종과 동물종이 모두 증가한 것으로 나타났다.[158] 당시 유네스코한국위원회 담당자가 촬영한 2003년 '작은 누리' 조성 당시의 모습, 몇 달 뒤의 모습, 그리고 2년 뒤인 2005년의 전경 사진을 봐도, 점차 수목과 덤불들로 무성해지는 모습을 선연히 확인할 수 있다.

2002년 11층 재축공사 후 옥상생태공원 조성 전 전경
©유네스코한국위원회

2003년 4월 옥상생태공원 조성 직후의 전경
©유네스코한국위원회

2003년 7월 옥상생태공원 조성 후 안정화 과정 ©유네스코한국위원회

2005년 7월 옥상생태공원 조성 후 무성해진 식물 ©유네스코한국위원회

3. '작은 누리' 조성 이후 재정비

정원은 가꾸어진 자연으로 누구나 좋아하는 공간이지만 실제 운영해보면 끊임없이 돌보며 가꾸어야 하는 대상이기도 하다. 일 년 내내 계절에 적합한 관리가 필요하며, 애써 관리한 노력이 자연의 힘 앞에서 한순간에 훼손되기도 한다. 특히 공공에 개방된 정원의 경우에는 정원에 대한 선호와 관계없이 가꿈과 돌봄이 필요하므로 누구나 즐길 수 있는 공간인 대신, 누군가 유지 관리할 사람이 필요하다.

'작은 누리'도 조성 이후 관리에 굉장한 어려움이 있었을 것으로 생각된다. 보기에는 자연스러워 보이지만 이에도 지속적인 관리가 필요하다. 웃자란 식물들은 매년 정기적으로 뽑아주거나 잘라주어야 하고, 중간중간 보식 작업도 필요하다. 정기적 관리 외에도 봄에는 마른 숙근초 정리, 포기나누기, 옮겨심기, 교목 전정을, 여름에는 잡초 제거, 장마 대비, 관목 전정, 배수로 청소를, 가을에는 수생식물 관리, 겨울 대비, 겨울에는 나무 주변 정리와 배수 관리, 습지 물 보충 등 계절별 특별 관리도 필요하다. 또한, 옥상은 수분 증발이 빨라 쉽게 건조해져 물주기도 게을리해서는 안 된다.

방수 문제도 정원 관리에 크게 영향을 미쳤다. 2011년에는 건물에 물이 새, 남산이 보이는 쪽 일부를 철거(111㎡)하고 방수액을 다시 발랐다고 한다. '작은 누리'의 전이지역에 해당하는 부분이었다. 대신 화분에 채소를 심어 기르는 식으로 대체했다. 이후에도 방수공사가 필요한 부분은 정원을 철거하였는데, 이때 식물과 토양을 플라스틱통에 옮겨 추후 재조성할 때 이식해 재활용할 수 있도록 보존했다.

'작은 누리'는 곳곳이 철거되어 다시 정원 리모델링 공사를 진행하게 된다. 2013년 서울대학교 산학협력단에 「유네스코회관 정체성 확립 및 명소화 방안 연구」 용역을 발주하여 유네스코회관 전체의 기본구상안을 수립하였고, 이를 토대로 조경디자인 린에 11층과 12층 외부공간 설계를 의뢰하였다. 리모델링 공사는 2013년 마무리되어, '작은 누리'는 2014년 4월부터 다시 개방하기 시작했다.

리모델링에서 조성 당시의 핵심지역, 완충지역, 전이지역의 개념은 드러나지는 않지만, 동선계획에 있어 초기의 영역 구분은 그대로 반영되어 있다.

핵심지역은 10여 년 동안 잘 유지되어 온 기존 습지를 그대로 유지하는 데 중점을 두었다. 습지 생태계를 보전하고 주변 식생을 잘 유지 관리하고자 했다.

완충지역은 초기 계획안보다 면적이 축소되었다. 누수가 우려되는 부분을 제외하고는 기존 동선을 존중하여 침목을 건너면서 다양한 식물을 감상할 수 있게 했다. 건강한 기존 식생의 다양성을 유지하되 노후화된 파고라와 데크 포장을 정비하는 데 주력했다. 또한, 기존에는 비상계단을 통해서만 진입 가능했던 '작은 누리'에 11층 테라스와 연결되는 계단을 추가 설치하였다.

'작은 누리' 완충지역 일부 정원 철거 후 우레탄 포장에 직원 참여형 화분 텃밭 조성
출처: 유네스코한국위원회(2013), 유네스코회관 정체성 확립 및 명소화 방안 연구, 11.

전이지역은 초창기 설계안보다 확장되었고 옥탑층 실내 일부를 카페로 개조하여 정원과 바로 연결되도록 했다. 편히 이용할 수 있는 정원 공간을 확장해 휴식, 친교, 교류 등의 기능을 강화한 것으로 볼 수 있다. 누수 문제로 우레탄으로 급히 포장한 영역을 데크와 고벽돌로 포장하였고 기존 수목을 존치하고 상추, 파, 고추, 호박 등 다양한 농작물이 자라는 텃밭으로 조성하였다. 이는 정원 디자인으로 보면 습지와 조화되지 않는 측면이 있지만, 도시에서 보기 힘든 작물들을 봄으로써 나름의 즐거움을 선사하며, 또 계절에 맞춰 수확물을 거두는 즐거움도 가질 수 있게 한다.

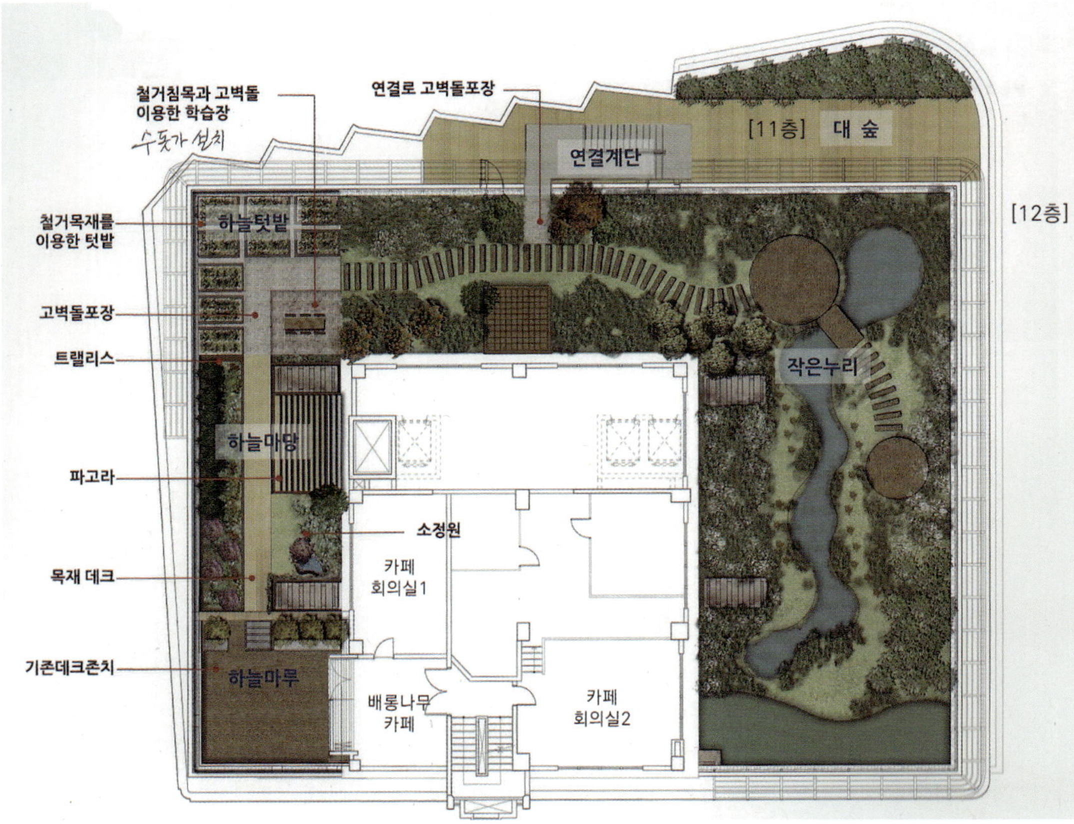

유네스코회관 옥상생태공원 '작은 누리' 2013년 조경계획도 ©유네스코한국위원회

'작은 누리' 2013년 조감도 ©유네스코한국위원회

'작은 누리' 리모델링에서 중시했던 점은 크게 네 가지로 요약할 수 있다.

첫째, 관리의 편이성이었다. 누수 문제가 발생했던 남쪽 진입지역 데크와 고벽돌 포장으로 다시 처리하였다. 생태공원 초기 단계에서는 진입하는 전이지역을 좁게 배치했는데, 리모델링 과정에서 전이지역을 카페와 연결해 넓게 확장했다. 도심 속에서 사람들이 쉬면서 머물 수 있는 공간으로의 기능을 확장해 더 많은 일반인이 이용할 수 있게 배려했다.

둘째, 접근성을 높이는 것이었다. 당초 '작은 누리'는 엘리베이터 마지막 층인 11층에서 비상계단으로 올라와야만 진입 가능해 접근성이 상당히 떨어지는 편이었다. 리모델링 공사를 통해 11층 테라스에서 옥상생태공원으로 바로 진입할 수 있도록 연결계단을 설치했다. 11층은 레스토랑과 유네스코홀이 있어 유네스코회관에서 일반인들이 가장 많이 방문하는 공간이다. 유리문을 나가면 '작은 누리'로 올라가는 계단으로 바로 놓여있다.

카페 밖 데크공간 ©박경립

벽돌로 포장한 동선 ©박경립

'작은 누리'로 올라가는 계단 ©길지혜

계단으로 올라오는 입구를 지키고 있는 배롱나무 ©박경립

셋째, 카페와 결합하는 것이었다. 기계실이었던 공간을 '배롱나무 카페' 이름의 카페로 조성하여 소회의실, 전시 등이 가능한 공간으로 조성하였고 카페 앞에 데크를 설치했다. 카페를 조성함으로써 옥상생태공원에서의 행태가 다양해졌고, 카페에 앉아 창문으로 정원 습지를 바라다보는 프레임 된 경관이 근사하게 만들어졌다.

넷째, 정원의 수직적 확장이었다. 12층 '작은 누리' 정원을 11층과 13층으로도 확장하고자 했다. 11층 테라스에는 신우대를, 13층 옥탑층 위에는 관리가 쉬운 글라스류를 식재했다. 이러한 정원의 확장은 도심 속 소생태계를 이어주는 데 도움이 된다.

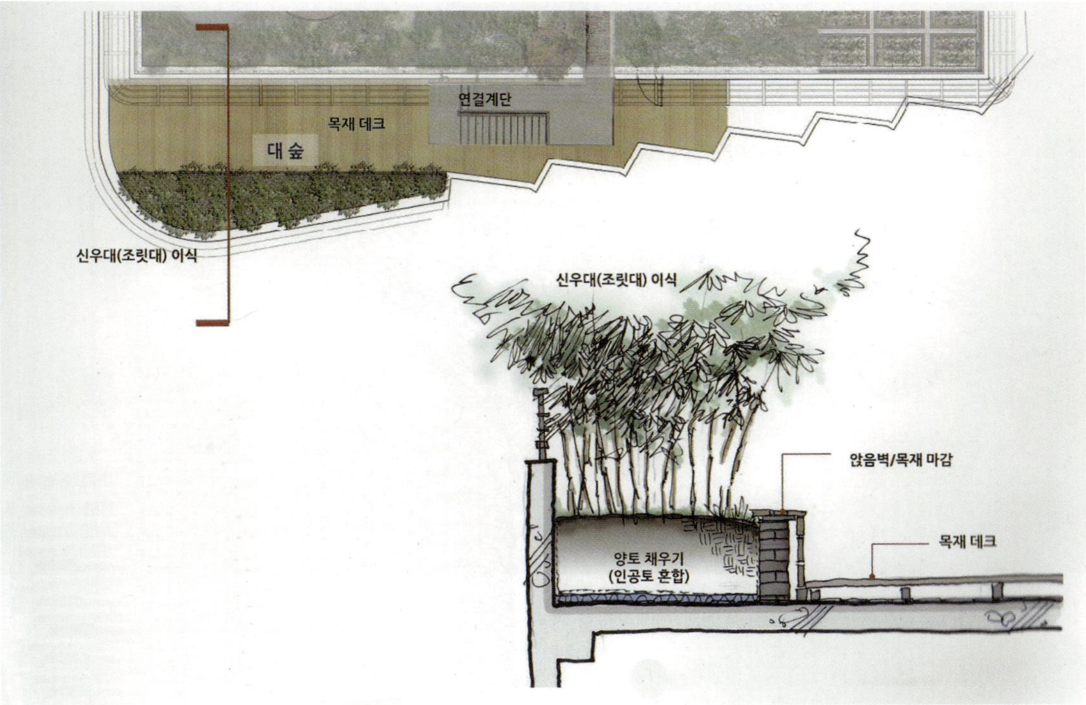

2013년 11층 테라스 조경계획도 및 단면도 ©유네스코한국위원회

옥상생태공원 리모델링 후 정원의 수직적 확장 ©유네스코한국위원회

석류나무 ©길지혜

습지 수공간 ©길지혜

4. '작은 누리' 옥상생태공원의 가치

도시 내 동식물의 소중한 서식공간

'작은 누리'가 가진 가치 중 가장 우선할 수 있는 것은 생태적 가치일 것이다. 작은 규모일지라도 도시의 녹지는 도시 내 소중한 생물서식공간이 된다. 새와 곤충의 쉼터, 은신처, 서식지가 되어 먹이를 공급해준다. 또한 야생동물의 이동 거점으로 사용된다.

명동길 가로에서 비둘기를 본 적이 있다면, 빌딩숲 사이에서 생명체 간 거리를 제대로 인지하지 못하고 비틀비틀 날아가는 모습을 본 경험이 있을 것이다. 그에 반해 '작은 누리'에서 만난 까치, 산비둘기들은 숲에 있는 것처럼 여유로웠다. 축축한 습지에서 목도 축이고, 여러 수목의 유실수를 따먹으며 여유롭게 쉬다가 날아가곤 한다. 작은 규모의 녹지를 조성할 때 처음에는 야생동물이 올 것인지 의문을 갖게 되는데, 조성된 녹지에는 어김없이 야생동물이 찾아온다.

개망초 ©박경립

생태연못 ©길지혜

그 외에도 못, 습지, 습초지, 건초지, 초지, 관목숲, 교목숲의 여러 서식공간은 다양한 생물종의 서식처가 된다. 2004년의 생물종 모니터링 조사에 따르면 조류로 참새와 까치, 지빠귀 3종이 발견되었고 62종의 곤충이 관찰되었다. 조성 후 방사한 아무르산개구리, 참개구리 양서류 2종, 송사리, 참붕어, 붕어의 어류 3종도 계속 서식했다고 한다.[159] 도룡뇽도 '작은 누리' 조성 당시 방사하였는데 아직까지도 계속 산란하며 관찰된다고 한다.[160] 2014년 모니터링에서도 참새, 까치, 박새의 조류 3종과 나비목, 노린재목, 딱정벌레목, 메뚜기목, 벌목 등의 곤충 67종으로 조사되었다.[161]

또한, 초기 조성단계에서 생물종의 서식처 기능을 할 수 있도록 지형 및 경사, 토양, 수환경 조건에 따라 75종의 식물종을 선정하였고 최종적으로는 120종을 식재했다. 습지에는 미나리, 애기부들, 창포, 갈대 등, 습초지에는

159) 김귀곤·조동길(2004), 앞의 논문, 41-42; 김승윤(2005), 도시 옥상 비오톱의 환경교육적 활용을 위한 연구-유네스코 회관 '작은 누리'를 중심으로, 환경교육 18(3), 37.

160) 유네스코뉴스 2015년 4월 1일자.

161) 수리산자연학교(2014), 작은누리 조사 및 모니터링 결과보고서, 13-15.

오리나무, 물억새, 갈대, 줄벌개미취 등, 건초지에는 기린초, 자운영, 나리, 채송화, 비비추, 제비꽃 등, 야생초지에는 벌개미취, 백일홍, 쑥부쟁이, 구절초, 원추리 등을 식재했다. 관목으로는 산초나무, 화살나무, 개암나무, 보리수나무, 조팝나무, 수수꽃다리 등, 교목으로는 감나무, 석류나무, 배롱나무, 오리나무, 사철나무, 꽝꽝나무, 느릅나무 등을 계획했다. 정원 조성 당시에 식재한 식물종 외에도 1년 뒤 자생식물 25종, 귀화식물 48종이 이입되었다고 한다.[162] 인근 녹지에서 유입된 종도 있지만 자연토양 내부에 있던 씨가 발아해 새롭게 안착해 더욱 다채로운 정원이 되었다. 2014년 모니터링에서는 기존 식재된 식물종 중에는 136종, 새롭게 관찰된 식물종으로 82종이 관찰되었다고 한다.[163] 중간에 철거과정이 있었음에도 218종의 식물들이 자리잡고 있다는 데 자연의 커다란 힘을 느끼게 해준다. 실제 '작은 누리'에 가보면 옥상이라고 믿기지 않을 정도로 숲과 같은 모습이 느껴진다. 2014년 기준 옥상생태공원 '작은 누리'에서 관찰할 수 있는 식물종은 아래 표와 같다.

162) 김귀곤·조동길(2004), 앞의 논문, 41-42; 김승윤(2005), 앞의 논문, 37.

163) 수리산자연학교(2014), 앞의 책, 12-13.

2014년부터 2018년경까지는 도시양봉 소셜벤쳐기업 어반 비즈와 협업하여 옥탑층에 도시양봉장, 벌통 5개를 운영하기도 했다. '작은 누리'의 꽃과 작물은 꿀벌에게 먹이를 주고, 꿀벌은 꽃가루를 옮겨 작물의 수분을 돕는다. 이는 자연스럽게 도시 속 생태계가 지속하는 데 도움이 되었다.

옥상생태공원 '작은 누리' 식물종 (2014년 기록)

식물종 (총 218종)	
관·교목류 (44종)	
식재 식물종(39종)	감나무, 갯버들, 국수나무, 길마가지나무, 느릅나무, 때죽나무, 뜰보리수,무궁화, 배롱나무, 벚나무, 보리수나무, 블루베리, 은사시나무, 사철나무, 산딸기, 산수국, 산초나무, 살구나무, 싸리, 석류나무, 수수꽃다리, 오동나무, 신이대, 왕버들, 조팝나무, 만첩조팝나무, 일본조팝나무, 진달래, 졸참나무, 좀눈향, 찔레, 참싸리, 철쭉, 콩배나무, 키버들, 화살나무, 회양목, 홍괴불나무, 황금조팝
식재외 관찰 식물종 (5종)	왕버들, 갯버들, 호랑버들, 가죽나무, 오동나무
초본류 (150종)	
식재 식물종(73종)	갈대, 개맥문동, 고사리, 고추나물, 골풀, 구절초, 금불초, 금낭화, 기린초, 꽃창포, 꿩의밥, 노랑꽃창포, 노랑어리연, 노루오줌, 돌나물, 돌단풍, 동자꽃, 두메부추, 둥글레, 맥문동, 머위, 메리골드, 모시풀, 물억새, 미나리, 미나리아재비, 바위취, 조롱박, 박하, 벌개미취, 부용, 부처꽃, 붓꽃, 비비추, 뱀딸기, 부추, 범부채, 산국, 섬기린초, 섬백리향, 섬초롱꽃, 세모고랭이, 수련, 수크령, 수호초, 애기기린초, 애기범부채, 애기부들, 억새, 오이풀, 옥잠화, 원추리, 일월비비추, 은방울꽃, 이질풀, 작약, 잔디, 줄, 질경이택사, 조릿대, 좁쌀풀, 참나리, 큰까치수영, 큰꿩의비름, 참취, 창포, 청화쑥부쟁이, 층꽃나무, 피막이풀, 한라구절초, 할미꽃, 흰갈풀, 홍띠
식재외 관찰 식물종 (77종)	쥐덩굴, 강아지풀, 냉이, 개갓냉이, 개기장, 개망초, 개미자리, 검정말, 괭이밥, 금방동사니, 고들빼기, 고마리, 기장대풀, 까마중, 깨풀, 꿀풀, 꽃향유, 꽃마리, 꽃다지, 달맞이꽃, 닭의장풀, 돌피, 돌나물, 돌콩, 들깨풀, 둑새풀, 띠, 마, 마디풀, 매듭풀, 메꽃, 망초, 며느리배꼽, 물수세미, 명아주, 미국가막사리, 바랭이, 배초향, 벼룩나물, 별꽃, 비짜루국화, 뽀리뱅이, 사철쑥, 산비늘사초, 새콩, 새팥, 서양등골나물, 서양민들레, 석잠풀, 소리쟁이, 쇠뜨기, 쇠별꽃, 수영, 실망초, 쑥, 씀바귀, 애기수영, 애기똥풀, 여뀌, 여뀌바늘, 왕고들빼기, 우산이끼, 익모초, 조뱅이, 지칭개, 제비꽃, 좁쌀냉이, 주름잎, 쥐꼬리망초, 장구채, 질경이, 코스모스, 털별꽃아재비, 토끼풀, 하늘지기, 한련초, 환삼덩굴
만경류 (12종)	
식재 식물종(12종)	노박덩굴, 사위질빵, 줄사철나무, 칡, 등나무, 인동덩굴, 으름덩굴, 담쟁이덩굴, 청미래덩굴, 댕댕이덩굴, 쥐방울덩굴, 개머루
기타 (12종)	
식재 식물종(12종)	가지, 고추, 방울토마토, 상추, 감자, 치커리, 호박, 보리, 더덕, 콩, 작두콩, 메밀

출처: 수리산자연학교(2014), 작은누리 조사 및 모니터링 결과보고서, 12-13.

옥상생태공원 '작은 누리' 동물종 (2014년 기록)

동물종 (총 70종)		
조류 (3종)		까치, 참새, 박새
곤충 (67종)	나비목: 8종	남방부전나비, 배추흰나비, 암먹부전나비, 호랑나비, 노랑나비, 독나방, 회양목명나방, 차주머니나방
	노린재목: 10종	투명잡초노린재, 애땅노린재, 알락수염노린재, 소금쟁이, 썩덩나무노린재, 국화방패벌레, 밀감무늬장님노린재, 넓적배허리노린재, 노랑배허리노린재, 시골가시허리노린재
	딱정벌레목: 8종	달무리무당벌레, 칠성무당벌레, 무당벌레, 꼬마남생이무당벌레, 깨알물방개, 애홍점무당벌레, 길쭉바구미, 등얼룩풍뎅이
	매미목: 5종	진딧물과 3종, 매미충과 1종, 깍지벌레과 1종
	메뚜기목: 6종	애귀뚜라미, 섬서구메뚜기, 벼메뚜기, 잔날개여치, 왕귀뚜라미, 밑들이메뚜기
	벌목: 6종	어리호박벌, 말벌, 양봉꿀벌, 호박벌, 쌍살벌, 곰개미
	잠자리목: 4종	아시아실잠자리, 등검은실잠자리, 왕잠자리, 배치레잠자리
	파리목: 6종	왕파리매, 호리꽃등에, 꼬마꽃등에, 깔따구과 2종, 각다귀과 1종
	기타: 기안목 5종, 거미목 5종, 등각목 1종	*기안목: 물달팽이, 수정또아리물달팽이, 왼돌이물달팽이, 실지렁이, 논우렁 *거미목: 줄연두게거미, 황닷거미, 흰눈썹깡충거미, 털보깡충거미, 무당거미 *등각목: 공벌레

출처: 수리산자연학교(2014), 작은누리 조사 및 모니터링 결과보고서, 13-14.

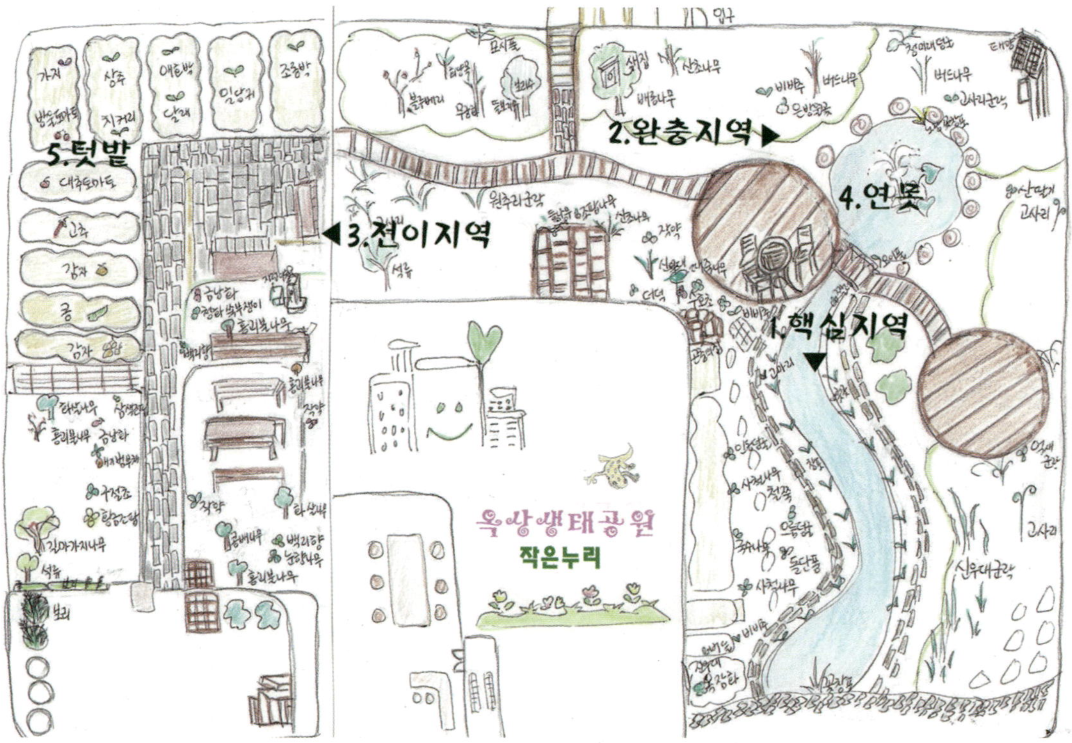

옥상생태공원 '작은 누리' 대표 식재현황 표기 (2014년 기록)
출처: 수리산자연학교(2014), 작은누리 조사 및 모니터링 결과보고서, 16.

지속가능한 도시환경의 대안

한여름 콘크리트나 우레탄으로 포장된 건물 옥상에 올라가면 숨이 막힐 정도로 뜨겁다. 도심지 대부분을 차지하는 건축물의 온도 상승은 건물 내부의 온도를 상승시켜 에너지를 사용하게 하고, 건물 외부로도 뜨거워진 열을 발산한다. 녹화되지 않은 일반 옥상의 경우 태양복사에너지의 95%를 그대로 대기로 방출시켜,[164] 도시 열섬현상의 주범이 된다.

164) 김원주(2008), 에너지 절감을 위한 옥상녹화의 활성화 방안과 모니터링, 서울시정개 발연구원.

그 가운데 옥상정원을 지속가능한 도시환경에 기여할 수 있는 방안으로 주목하며 여러 연구 결과가 나타나고 있다. 이들 연구에서는 옥상정원이 건축물의 급격한 온도 변화를 낮춰 에너지 절감 효과가 있는 것으로 증명했다. 예를 들어 한여름 콘크리트로 마감된 옥상 표면과 녹화된 옥상 표면의 온도차는 적게는 26℃부터 심할 때는 50℃ 이상 차이가 난다고 한다. 옥상 표면온도는 실내온도와 직결되어 정원이 조성된 옥상은 여름철 옥상 아래층의 실내온도를 3~5℃까지 낮추는 효과가 있다고 한다. 결과적으로 이는 냉방에 사용하는 전기 소비량을 절감하게 한다. 또한, 겨울에는 단열효과가 있어 하부층의 실내온도를 1℃ 정도 높이는 효과가 있다고 한다.[165]

165) https://cityfarmer.seoul.go.kr/brd/viewdo?key=1905228807693&ntSn=2621

도심지는 건축물이 면적 대부분을 차지하고 있기에 콘크리트와 시멘트로 된 건축물 표면을 녹지화함으로써 열 유동량을 낮춰 에너지를 절감할 수 있을 것이다. 생각해봐도 건물 표면에 수목이 드리워져 그늘을 만들고, 식물이 자라는 토양이 태양빛이 건물 표면에 바로 닿는 것을 막아주어 건물 내 전달하는 열이 감소할 것이며, 그로 인해 건축물 내 온도 변화가 적어져 냉난방 에너지 절약에 일부 효과를 볼 수 있을 거로 생각할 수 있다. 이에 건물에서 대기로 방출되는 열도 감소해 건물 주변 온도도 역시 낮아질 것을 기대할 수 있다.

'작은 누리'의 경우 옥상정원 중에서도 에너지 절감에 가장 효과적인 여건을 갖추고 있다. 습지, 못과 같은 수공간이 있어 열을 충분히 식혀주며, 관목류 등이 정원 많은 부분을 차지하고 있어 열 저감에도 지피류보다 효과적이다.[166] 또한, 옥상정원의 표면을 포장영역과 녹지영역으로 구분해본다면, 전체 면적 중 포장된 영역의 비율이 낮은 편이다. 최근 조성되는 옥상정원이 이용을 중시해 바닥이 포장된 정원 형식이 많은 것과 비교해, '작은 누리'는 열 유동량을 낮추는 데 최적의 설계안을 갖고 있다.

166) 토양에 수분이 많을수록 그 효과가 크며, 식물이 조밀하게 식재되고 잔디, 초화류보다는 관목 식재지가 더 표면 온도가 낮아진다고 연구결과가 도출되었다. 김원주(2008), 앞의 책, 82.

그 외에도 환경 차원에서 우수유출을 저감하고 미세먼지 등 대기오염물질을 줄이고 도시농업 장소로 활용 가능한 등 옥상정원의 이점은 도시화 과정에서 나타난 여러 문제를 조금은 감소시켜주는 역할을 한다.

2015년 제70차 UN총회에서는 2030년까지 달성하기로 결의한 '지속가능발전목표(SDGs: Sustainable Development Goals)'를 통해 인류 공동의 17개 목표를 제시하였다. 그중 목표 11은 '지속가능한 도시와 공동체'로 '포용적이고 안전하며 회복력 있고 지속가능한 도시와 거주지를 조성'하는 것이다. 이에 옥상정원의 운영은 급속한 도시화 과정에서 도시문제를 완화할 수 있고 공공의 시설과 녹지공간을 도시민이 더욱 쉽게 이용할 수 있게 하여, 지속가능한 도시와 거주지를 위한 하나의 실천이 될 것으로 생각한다.

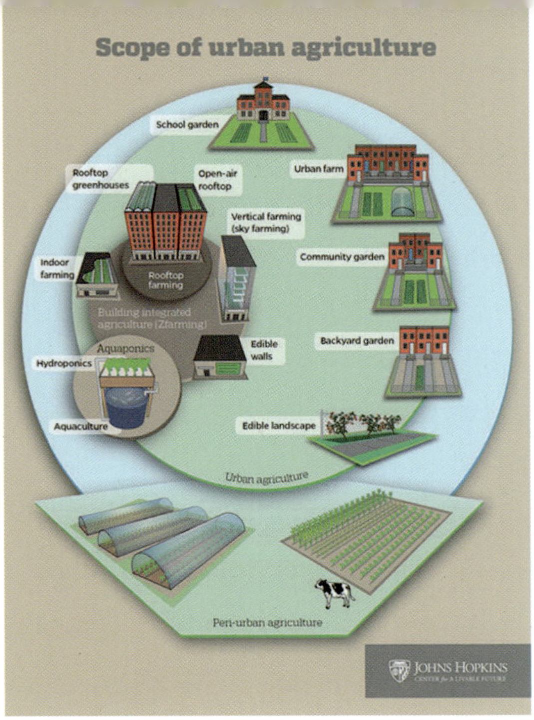

녹색도시로의 변화: 도시농업이 SDG 11에 미치는 영향
출처: https://sdg.iisd.org/commentary/generation-2030/growing -greener-cities-urban-agriculture-and-the-impact-on-sdg -11/

'작은 누리'는 작은 면적이지만 유네스코한국위원회가 담론을 넘어 미래에 대비해 노력하고 있는 실마리를 보여주는 대상이 된다. 현재 우리가 각자의 자리에서 할 수 있는 일을 실제로 행하는 사례를 보여주며 긍정적 효과를 널리 퍼트릴 수 있을 것으로 기대해본다.

교육과 공동체 활동의 장

옥상정원은 도시 속에서 생물다양성을 체험할 수 있는 곳이다. 그렇기에 환경교육과 공동체간의 교류 기회를 가질 수 있는 장소로 활용 가능성이 크다. 정원을 눈으로만 감상하는 것이 아니라, 정원의 생태를 배우고 직접 가꾸며 생태 원리를 체득하고 공동체 간 소통을 도모할 수 있다.

그간 유네스코한국위원회는 '작은 누리'를 대상으로 다양한 교육프로그램 겸 공동체 활동 프로그램을 운영해왔다. 먼저 초기에는 전문가 모니터링을 실시했다. 식생 모니터링과 곤충과 조류 모니터링을 통해 기본 현황을 파악했다. 이후 환경교육에 활용할 수 있도록 12명 정도의 초등학생으로 구성된 '작은 누리 모니터링 프로그램', 초등학생 40명, 중학생 35명이 각각 참여한 '작은 누리 탐방 프로그램'을 실시했다.[167] 또한, 유네스코회관 옥상생태공원 '누리지기'를 모집하여 1년간 자연 변화를 관찰하고 생태교육에 참여할 수 있도록 모

167) 김승윤(2005), 앞의 책, 35-36.

집했다. 생태교육 강사와 함께 월1회 '작은 누리' 동식물과 생태변화를 관찰하는 것이다. '도시생태문화학교'도 운영해 연 150회 정도 반일로 초·중등학생들에게 도시 생태문화 교육프로그램을 진행한 적도 있었다.

프로그램 운영은 시기별로 상황에 따라 달라졌지만, 기본적으로 생태계 변화에 관심을 두고 관찰을 지속하는 교육을 통해 도시 속에서 생태환경을 익힐 소중한 기회를 제공할 수 있다. 현재는 프로그램이 운영되지 않는데, 앞으로 또 의미있는 프로그램이 진행되기를 희망해본다.

또한, '작은 누리'에는 꽤 많은 교목과 관목 식물들에 정성껏 이름표를 표시해 놓아 식물 이름을 익히면서 찬찬히 정원을 둘러볼 수 있게 한다. 계절별로 꽃이 피는 수목이 무엇인지 확인해보며 몰랐던 식물을 익히기도 하고, 이름만 알았던 식물을 실제 보며 새롭게 익히기도 한다. 이러한 노력은 정원을 거닐고 감상하는데 즐거움을 선사한다.

'작은 누리'에서 체험활동 중인 학생들 (2005년) ©유네스코한국위원회

도시양봉 체험활동 (2016년) ©유네스코한국위원회

'작은 누리'는 텃밭도 넓은데 과거에는 유네스코한국위원회 직원들이 정기적으로 모여 텃밭을 가꾸고 농작물을 수확한 적도 있다고 한다. 옥상생태공원에서 텃밭의 인기는 상당해, 카페에 오는 방문객들의 대화 속에서 텃밭 작물 얘기가 심심치 않게 등장하는 것을 들을 수 있다. 현대 도시에서 개인이 정원을 소유하기는 굉장히 어려운 실정이다. 본래 정원은 사유의 개념이 강한 개인적인 장소였는데, 현대 사회에서는 정원도 공공에 개방되어 누구나 들러볼 수 있는 장소로 성격이 확장하게 되었다. 그럼에도 정원은 무엇보다 직접 가꿈으로써 가꾸는 사람이 그 의미를 찾고 더욱 즐거움을 찾는다고 한다. 함께 정원을 가꾸며 즐거움을 느끼고, 서로 교류하며 공동의 여가생활을 보냄으로써 마음과 신체의 건강에도 도움이 될 것이다.

보는 경관, 보이는 경관

옥상은 위로는 하늘을, 수평이나 아래로는 주변 건물군을 부감하며 감상할 수 있는 곳이다. 과거 정원 입지를 정할 때 좋은 자연 가까운 곳을 택했다면, 현대 사회에서는 그가 쉽지 않다. 오히려 부감할 때 주변 건물이 시야를 막지 않고 넓은 개방감을 주며 좋은 경관을 가진 위치에 정원을 조성하는 것이 최적의 대안일 것이다.

실제 최근 건물의 옥상에 대해 그 공간적, 사회·문화적 가치를 다시금 인식하는 변화가 나타나고 있다. 과거 옥상은 자물쇠로 잠가두고 안전을 이유로 개방을 금지하던 곳이었다면, 최근에는 탁 트인 개방감, 도심으로의 조망 등이 매력적이어서 옥상공간을 여러 상업시설로 리모델링하는 경우도 많다. 또한, 많은 문화행사도 옥상을 재발견하며 개최되고 있다. 옥상에서의 루프탑 콘서트, 옥상전시회, 옥상영화제, 옥상캠핑 등 다양한 방식으로 문화예술 장소로 새롭게 변모하고 있다. 협동조합 '열린옥상'의 박혜원 대표는 옥상에서 책 읽기 행사를 진행하는 모임을 2016년부터 이어오고 있는데, 옥상에 대해 아래와 같이 묘사하고 있다.

> **"녹지가 부족한 도시에서 자연을 만날 수 있는 공간이 옥상이에요. 답답한 실내를 벗어나 바람도 쐬고 하늘도 볼 수 있잖아요. 그런 공간이 주는 해방감과 행복감이 있어요."**[168]

168) http://h21.hani.co.kr/arti/culture/culture_general/47696.html

유네스코회관을 방문한 시민들의 블로그를 통해 '작은 누리'를 방문한 내용을 읽어도 비슷한 반응이다.

'도심 한복판에 이런 곳이 있다니 절로 탄성이 나오는 가운데 도룡뇽과 두꺼비가 살고 있다는 작은 연못, 그 옆에 산딸기가 숨어 있었고, 석류나무는 꽃망울을 터뜨릴 준비를 하고 있었고'[169]

'명동을 한눈에 바라볼 수 있는 작은 공원이 있다. 그것도 어디 구석진 곳이 아니라 명동 한복판에서 말입니다. 어디일까요? 명동성당도 잘 보이고 저기 멀리 남산타워까지 보입니다.'[170]

'도심 한가운데에 다니다 보면 가끔 숨이 막힌다는 생각이 들 때가 있죠. 특히 요즘같이 코로나로 인해 마스크를 쓰다 보니 더욱 그런 생각을 절실히 느낄 수 있죠~ 서울의 중심인 명동에서 잠시 쉬어 갈 수 있는 좋은 공간이 있어요!'[171]

169) https://blog.naver.com/ilya/220042603824

170) https://blog.naver.com/lunisolar73/30185597

171) https://blog.naver.com/cgs2020/222071361010

'작은 누리'는 사방으로 주변 건물군을 부감할 수 있는 매력적인 공간이다. 한쪽으로는 명동성당이, 또 다른 명동역 방향으로는 대로 사이 개발되지 않은 조밀한 건물군 블록들이, 다른 한쪽으로는 중국대사관 등이 조망된다. 2014년 한국천주교서울대교구청이 건립되기 전에는 명동성당이 바로 조망되었으나 현재는 일부 경관이 가리어져 아쉬움이 있지만, 그럼에도 불구하고 명동을 잘 조망할 수 있는 장소이다. 정원과 함께 그 배경이 되는 주변 도시환경과 하늘이 함께 조망되며 현대 도시에서만 즐길 수 있는 경관으로의 매력이 높다. 그리고 햇빛과 바람을 개방된 공간에서 느낄 수 있어 더 매력이 배가된다.

보는 경관 외에도 외부에서 바라보는 보이는 경관도 옥상정원은 도시경관에 이바지하는 바가 크다. 명동 거리, 특히 주변 고층건물에서 도시 전경을 내려다볼 때 옥상정원이 있는 건물과 그렇지 않은 건물 모습은 다르게 느껴진다. 최근에는 옥상에 정원을 만드는 건물들이 생기기 시작하며, 초록색 우레탄 방수 포장으로 펼쳐진 도시경관에 다양한 색감으로 다양성을 부여하고 있다. 도시에서 옥상정원은 보이는 경관으로 매력을 부여하고 생기를 제공한다.

로얄호텔에서 조망한 옥상생태공원 '작은 누리' ©박경립

'작은 누리'와 주변 도시경관 ©박경립

명동 지역 옥상 도시경관. 가운데 건물이 유네스코회관이다. ©박경립

'작은 누리' 남쪽 카페에서 보이는 경관 ©길지혜

5. 앞으로의 의미와 가능성

유네스코회관 '작은 누리' 옥상생태공원은 우리나라 옥상정원의 발전과정에서 차지하는 의미가 크다. 옥상 공간에 생태공원을 만든 선도적인 실험을 하였고, 오랜 기간 정원을 잘 가꾸어왔다는 점에 큰 의미가 있다. 생태정원, 정원 카페, 도시양봉 등 시기에 따라 계속 변화해가며 주변에 긍정적인 영향을 미치고 있다고 생각한다. 앞으로도 '작은 누리'가 도시 속 착한 공간으로서 선한 영향력이 계속해 확산하여갈 것이라 믿어 의심치 않는다.

또한, 정원 디자인에서는 최근 '자연주의 정원'이라 부르기도 하는, 인위적으로 디자인한 것이지만 자연에 온 것 같은 느낌을 주는 식재, 정원 스타일에 대한 선호가 높다. 이는 자연에 대한 반성과 자연을 가까이 두고 싶어하는 의식에 기인해, 뉴욕의 하이라인 파크 등은 도시에서 생물다양성 증가와 지속가능성이 실현되는 자연주의 정원을 추구하고 있다.[172] 주변에서 나고 자란 자생종들로 꾸며 투박하지만 따뜻한 느낌이 나는, 치밀한 고민이 반영된 결과이지만 아무 것도 하지 않은 듯한 엉성해 보이는 분위기를 풍기고자 한다. '작은 누리'는 자연주의 정원 개념으로 설계된 정원은 아니었지만 조성시 다양한 자생종들을 식재하였고 시간이 흐르며 생태적 질서가 잡히면서 자연스럽게 어우러진 모습을 보여준다. 그래서 '작은 누리'를 방문한 일반인들의 평에서도 예상치 못한 자연과 같은 공간이 있음에 놀랐다는 평을 볼 수 있다. '작은 누리'도 일부 식재를 보식, 정리하고, 부조화스러운 시설을 보완한다면 정원 디자인 관점에서도 매력적인, 찾아가고 싶은 정원이 될 잠재력이 높다.

172) https://www.lak.co.kr/m/news/view.php?id=10046

옥상정원 조성 이후의 모습을 살펴볼 때, 무엇보다 정원이 계속 지속할 수 있으려면 관리와 운영에 대한 부분이 잘 해결되어야 할 것이다. 정원은 조성 당시의 노력에 못지않게 끊임없이 가꾸는 노력이 중요하다. 시기별로 수행해야 하는 일이 있으며, 잠시 그냥 두면 정원이 흐트러지고 만다. 실제로 옥상정원 지자체 보조금으로 조성된 정원도 유지관리가 쉽지 않아 몇 년 뒤 철거되는 경우도 많았다.

그의 대안으로 여러 공공정원은 시민들이 정원 관리에 참여하는 다양한 방안을 고안하기도 한다. 가드닝 교육 프로그램을 통해 주민참여정원사, 도시정원사를 육성해 정원 관리를 할 수 있게 운영하기도 한다. 정원 가꾸기를 좋아하는, 그리고 해당 정원에 애착을 가진 사람이 관리에 참여하도록 해 잘 운영되고 있는 사례들이 있다. '작은 누리'의 경우 운영에 어떤 방식이 효과적일지는 고려해봐야 할 일이지만, 관리와 운영에 대한 고민은 계속해가야 할 것으로 보인다.

끝이 보이지 않게 계속되어 온 도시화 과정에서 옥상정원은 도시 속에서 잠시 숨 쉴 수 있는 쉼터가 되고 있다. 특히 코로나19로 갑자기 시작된 '거리두기'의 삶은 생태계 보전과 공동체의 중요성을 더욱 절실히 깨닫게 해주었다. 자연과 함께 하는 지속가능한 지구에서의 삶을 위해 우리가 무엇을 해야 할지 많은 고민이 되는 시기이다. 건물로 빽빽이 들어선 도시에서 옥상정원이 하나의 대안이 되리라 생각한다. 도시화 된 사회에서 옥상의 녹화를 넘어선 정원화는 우리가 도시에서 조금이나마 환경에 이바지할 수 있도록 찾아낸 동시대의 해법이 아닐지 생각해본다. 유네스코회관 옥상생태공원 '작은 누리'는 그동안 유네스코가 추구해 온 인간과 자연의 조화로운 공존이라는 이념을 반영하는 좋은 사례가 될 것이다.

참고문헌

김귀곤·조동길(2004), 유네스코 생물권보전지역 개념을 도입한 옥상 생물서식공간 조성 기법에 관한 연구-유네스코회관 옥상을 사례로, 한국환경복원녹화기술학회지 7(4), 32-43.

김승윤(2005), 도시 옥상 비오톱의 환경교육적 활용을 위한 연구-유네스코 회관 '작은 누리'를 중심으로, 환경교육 18(3), 33-44.

김원주(2008), 에너지 절감을 위한 옥상녹화의 활성화 방안과 모니터링, 서울시정개발연구원.

수리산자연학교(2014), 작은누리 조사 및 모니터링 결과보고서.

유네스코한국위원회(2013), 유네스코회관 정체성 확립 및 명소화 방안 연구.

전정은(2012), 문학작품을 통한 1930년대 경성중심부의 장소성 해석, 서울대학교 환경조경학과 석사학위논문.

"도심 생태공원 '작은 누리'", 동아닷컴 2003년 4월 22일자.

"문화교류의 전당", 조선일보 1962년 7월 25일자.

"서울市內 10層이상빌딩", 경향신문 1972년 1월 6일자 6면.

"「知性의 宮殿」 28개월만에 上樑 「유네스코」 회관", 경향신문 1962년 7월 24일자.

http://h21.hani.co.kr/arti/culture/culture_general/47696.html

http://www.seouland.com/arti/culture/culture_general/4803.html

https://blog.naver.com/cgs2020/222071361010

https://blog.naver.com/ilya/220042603824

https://blog.naver.com/lunisolar73/30185597

https://cityfarmer.seoul.go.kr/brd/view.do?key=1905228807693&nttSn=2621

https://sdg.iisd.org/commentary/generation-2030/growing-greener-cities-urban-agriculture-and-the-impact-on-sdg-11/

https://seoulsolution.kr/ko/content/3066

https://stdict.korean.go.kr

https://www.dictionary.com

https://www.lak.co.kr/m/news/view.php?id=10046

유네스코회관 소위원회 활동기

박경립
유네스코회관소위원회 위원장

1. 시작하며

이 글은 유네스코 제260차(2018.11.21.) 집행위원회에서 소위원회가 구성된 이후 책자 발간에 이르기까지의 과정을 요약한 것이다. 유네스코회관은 준공된 지 올해로 53년이 지났고, 기공식(1959.4.11.)으로 보면 61년이 지났다. 사람으로 치면 회갑을 맞는 나이에 해당되니 이곳저곳이 고장 나거나 후락해지는 것은 당연한 일이다. 사람도 그렇듯이 건물도 꾸준히 관리하며 사용하여야 한다. 방치하면 급격히 노후가 되어 문제를 일으키곤 한다.

건물은 사용자가 사용하는 공간과 그를 지원하는 시설로 대별된다. 대부분 사용자는 지원 시설의 공간을 마주치지 않고 사용하게 된다. 그러나 기계실 전기실 공조시설 등 그를 지원하는 설비와 공간은 사람의 심장과 같은 곳으로 이곳 또한 꾸준히 관리 되어야 한다.

건축은 사용자만이 접하는 내부공간과 사용하지 않아도 외부로 노출되는 외부공간으로 이루어진다. 외벽은 각각의 건물이 사회와 만나는 중요한 곳이다. 개개의 건축이 사유물이기도 하고 공공재이기도 한 이유는 외부로 노출되는 건축이 갖는 사회적 영향 때문이다. 크기와 색상은 물론 높이가 갖는 영향력은 일조권, 조망권, 경관권 등의 이름으로 주변에 영향을 주기도 하며 소음과 진동, 교통 등 건축의 영향력은 우리 사회의 삶을 담는 중요한 그릇으로서 작동하게 된다. 건축은 서로 존중하고 양보하며 공존 공생하여야 한다. 건물과 건물 사이의 공간도 서로 양보하며 조화롭게 조정되어야 한다. 건물로의 진입과 도로가 만나는 방법도 매우 신중하게 처리되어야 한다.

요즈음은 장애인을 위한 진입방법과, 화장실의 위치 및 크기도 법으로 정의하고 있다. 건물이 사회의 요구를 끊임없이 반영하여야 함과 건물의 규모가 커질수록 전문적인 건물 관리가 필요함을 알 수 있다. 또한 임대를 해야 하는 건물은 임대 관련한 운영의 전문성이 반영되어야 한다.

유네스코회관 준공 당시에도 큰 건물을 효율적으로 관리하기 위하여 '회관관리위원회'가 구성되어 한동안 운영된 바 있다. 당시 '한국유네스코후원회'와 유네스코한국위원회는 회관 건축의 과정에 온힘을 다하였다. 소유권 문제로 때로는 갈등도 겪고 협력도 하면서 우여곡절 끝에 이 회관은 완성되었다. 박정희 대통령은 1974년 1월 1일자로 건축 재원 마련 때문에 한일은행으로 넘어간 회관 관리권을 유네스코한국위원회에 되찾아주는 데 결정적인 힘을 보태 주었다. 권리를 주장하는 많은 단체와 사람들의 주장은 모두 일축되었고 회관 건물은 이후 유네스코한국위원회가 직접 관리하게 되었다.

2. 유네스코회관소위원회 구성과 출발

지난 회기 제255차 집행위원회(2017.10.26.)에서 회관소위원회의 필요성이 대두되어 변상경 사업 감사, 한경구 교수, 안미리 교수로 구성된 소위원회가 구성되고 유네스코회관의 지속가능성에 대하여 논의를 시작하였다. 주로 현 회관의 문제점을 공유하고 이사를 갈 것인지, 제 자리에 다시 건축을 할 것인지, 아니면 보수하여 계속 사용할 것인지 어느 것이 지속가능한 유네스코 활동을 제대로 받아 주는 것인지에 대하여 논의하였다고 한다. 그러나 전문적 판단을 요하는 이 문제를 다루기에는 무리가 있다고 판단하여 다음 회기에 본격적으로 논의를 시작하게 하는 것 정도로 마무리하였다고 한다.

유네스코한국위원회 위원이 되고 회의를 한 후 저녁 식사 자리에서 인사를 나누며 곁에 앉은 한국위원회 회계감사 홍기택 선생은 유네스코회관 유지 관리에 대하여 말씀을 하시며 이제 전문가가 왔으니 이 일을 맡아 주면 좋을 것 같다는 이야기를 하였다. 그는 집행위원회에 건축가이자 문화재 보존 전문가의 참여는 처음 있는 일로 이 일을 맡기에 적임자라고 하며 계속 언급을 하였다. 당시 이 일의 복잡함과 어려움을 익히 알고 있는 나는 선뜻 대답을 할 수 없었다.

소위원회에 대한 논의가 본격화된 것은 2018년 7월 3일 제258차 집행위원회에서 홍기택 감사가 유네스코회관을 어떻게 유지 관리해야 하는지에 대해 발언하며 전문가 참여의 소위원회를 구성하자는 제안을 하면서이다. 그는 유네스코회관 건물이 오래되어 많은 문제가 발생하고 있음을 설파하고 이를 해결하기 위하여 관계전문가의 참여는 꼭 필요한 일이라고 강조하면서 본격화되었다. 많은 사람들이 공감하며 소위원회 구성은 제259차 집행위원회(2018.10.2.)에서 결의되었다.

그리고 나에게 소위원회 위원장을 맡아 달라는 제안이 왔고 더불어 같이 활동할 위원도 추천해 달라는 주문도 있었다. 위원은 지난번 소위원회 위원 중 한 분인 한경구 교수, 이번 위원 중에 건축 전문가인 이왕기 명예교수를 추천하였다.

제260차 집행위원회(2018.11.21.)에서 소위원회 임기와 위원 선정에 대하여 논의가 진행되었다. 임기를 일 년으로 하여 빨리 결과물을 추출하고 대안도 마련하자는 의견과 3년은 있어야 제대로 연구하고 판단한다는 의견이 제시되어 긴 논의 끝에 2년으로 결정하였다. 소위원회 구성은 현 집행위원 중에 한 분 더 추천하자는 안병욱 부위원장의 의견이 있어 위행복 교수가 추천되었다.

이 소임을 맡기로 한 나는 소위원회 활동이 제대로 작동하려면 한국위원회 사무총장님이 배석하였으면 한다는 주문과 기획경영본부장이 간사로 참여하여 줄 것을 요구하였다.

유네스코회관소위원회 위촉식 ©유네스코한국위원회

소위원회 회의 모습 ©유네스코한국위원회

3. 첫 회의

소위원회 사무실 마련과 필요한 집기, 자료의 비치 등의 필요성과 지원 인원을 부탁하였다. 지원 인원은 제공되지 않았지만 첫 회의를 시작으로 본격적인 논의가 시작되었다.

첫 번 회의에서는 회관의 현황과 향후 가능한 대안에 대하여 집중적으로 브레인스토밍을 하였다. 한국위원회 김광호 사무총장은 첫 회의를 시작으로 부득이한 경우를 제외하고는 전 회의에 배석하였으며 필요한 사항을 공유하였다. 윤병순 기획경영본부장은 제반 사항을 지원하여 주었고 현재의 어려운 상황에 대하여도 피력하였다. 사무처에서는 노지원 기획조정팀장, 신미아 회관관리팀장이 참석하였고, 김보선 전문관이 배석하여 서기를 하여주었다.

4. 소위원회 사무실 그리고 업무 시작

사무실이 회관 9층에 마련되었다. 컴퓨터 1대와 프린터, 책장과 책상 등의 집기와 도면들을 펼쳐 볼 수 있는 테이블이 놓였다.

처음 한 일은 지금까지 보관된 도면 자료를 취합하고 볼 수 있게 정리하는 일이었다. 회관 건축에 대한 도면 자료를 스캔하고 파일로 복사하였다. 자료 대부분은 트레이싱 페이퍼의 원도가 아닌 청사진으로 된 복사본이었다. 그래도 당시의 모습과 변화 과정을 알 수 있는 귀중한 자료이므로 훼손을 최대한 줄이고, 후에 만일의 경우에 대비하여 자료 영구 보관을 위한 것이었다.

다행인 것은 후일 설계원도의 일부가 '목천김정식문화재단'에서 운영하는 '목천건축아카이브'에 잘 보관되어 있는 것을 확인한 것이다. 유네스코회관을 설계한 건축설계 사무소였던 '구조사'가 사무실을 정리하며 중요한 건축가의 아카이브 역할을 하고있는 '목천건축아카이브'에 기증해서 귀중한 자료가 남겨지게 된 것이다. 자료 보존의 중요성을 새삼 확인한 순간이었다.

첫 번째 본격적으로 한 일은 보존되어 있는 목록을 작성하고 연표를 정리하여 시기별로 어떤 변화의 과정을 거쳤는지 파악하는 일이었다.

이 일은 신미아 개발협력본부장의 협조가 많은 힘이 되었다. 회관관리팀장에서 본부장으로 승진하여 소위원회 담당 업무에서 벗어났지만 가장 최근에 건물관리팀장을 맡아 건물에 대한 상황을 잘 알고 있고 자료에 대한 이해도뿐만 아니라 건물 보존과 보호에 대한 인식도 높아 특별히 요청하여 소위원회 활동을 계속 해 줄 것을 요구하여 함께 하게 된 것이었다.

처음으로 확인한 것은 회관 건물에 대한 자료가 모아져 있지도 않고 어디에 있는지 아는 사람들이 거의 없다는 것이었다. 예전에 유네스코한국위원회에는 자료실과 도서실이 제법 큰 규모로 있었으며 전문 사서도 있었다. 그러나 어느 순간 이 기능은 축소되었고 지금은 유네스코 관련 자료도 뿔뿔이 흩어져 버렸다. 10층 입구에 작은 자료실과 5층에 자료를 보관하는 창고가 있지만 일반인들이 쉽게 접근할 수 없게 되어있다. 회관에 관한 자료도 대부분 사무처 내 전자

소위원회 첫 회의 후 회관 이 곳 저 곳을 둘러보았다. ©유네스코한국위원회

데이터베이스에 저장되어 있어 접근이 쉽지 않아 매번 신미아 본부장의 도움을 받아 과업을 진행할 수밖에 없었다. 다행히 사진 자료들이 남아 있어 그중 건물과 관련된 사진을 김현철 선생으로부터 전달 받아 사진을 통하여 시기별 변화의 상황을 확인할 수 있었다.

가장 가슴을 뛰게 만든 것은 1962년 상량식 사진이었다. 저 멀리 보이는 북악산의 모습과 중앙청의 외관이 담긴 이 사진은 수도 서울이 어떻게 폐허가 되어있었나를 증언 해주는 귀중한 사진이었다. 당시 유네스코회관은 명동의 랜드마크가 아닌 서울의 랜드마크였음을 이 한 장의 사진을 통하여 다시 한 번 절감하게 되었다.

두 번째 일은 현 유네스코회관을 육안 점검을 통하여 현황을 조사하고 문제점을 인식하는 것이었다. 소위원회가 열리던 2019년 3월 21일 이왕기 위원과 위행복 위원, 신미아 팀장과 함께 건물 전체를 돌아보았다.

지하층 전기실, 기계실을 비롯하여 건물 곳곳을 둘러보며 변화 상태를 파악하였다. 어느 곳은 상태가 심각한 곳도 있었고 생각한 것보다 잘 유지된 곳도 있었다.

매년 정기 점검을 시행하고 있으니 별문제가 없다고 생각하겠지만 이 건물은 1962년에 골조가 완성된 후 몇 년을 방치되어 있다가 재원을 구하여 1967년 준공된 것으로 건물 곳곳이 노후 되어 문제가 생기고 있음을 확인하였다.

일부는 변형되고 구조부재도 손을 대 지금까지는 잘 버티어 왔다 해도 이제 본격적 점검을 통하여 재정비를 할 때가 된 것이었다. 옥상층에는 화재도 있었고 누수 되는 곳도 있어 전반적인 보수 보강의 시기가 왔음을 확인할 수 있었다.

이날 육안 점검을 통하여 구조 전문가를 초빙하여 함께 살펴볼 필요가 있음을 확인하고 2019년 5월 8일 건축사이자 구조기술사인 강신량 선생과 보수 보강 전문 업체의 노수종 대표를 초빙하여 같이 전 건물을 살펴보았다. 결론으로 정밀구조안전진단이 필요하다는 자문을 얻었고 이를 수행하기 위한 계획과 예산 집행을 신청하였다.

이와 함께 관계전문가들을 모시어 건축의 현황을 돌아보고 이 건축의 문화재적 가치에 대하여 논의하였다. 모두 이 건축이 부분적으로 변화를 겪었음에도 아직도 귀중한 건축문화유산임을 확인하여 주었다.

5. 건축의 가치 찾기와 지속가능한 사용

첫 번째 심도있게 검토한 것은 이 장소와 건축의 가치는 무엇이고, 유네스코한국위원회의 입장에서 가장 이익이 되는 방안이 무엇인지 하는 것이었다. 이 회관 건축은 계속 사용할 수 있는지, 지금의 건축을 헐고 새로 지을 수 있는지, 새로 짓는다면 얼마만큼 지을 수 있는지, 팔고 새로운 곳으로 이사 가는 것이 좋을지 등 모든 가능성을 열어 놓고 검토를 하였다.

결론적으로 새로 짓는 것은 건폐율, 용적률, 고도제한, 차량진입의 어려움 등 많은 제약이 있어 현실적으로도 도움이 되지 않으며 보수 보강, 리모델링을 통해 계속 사용하는 것이 가장 효과적이라는 것을 확인하였다. 아울러 이 건물이 그냥 오래되어 낙후된 건물이 아닌, 오래되었지만 사회 문화사적으로도, 건축사적으로도 매우 가치있는 건축이라는 것을 확인하게 되었다.

문제는 유네스코한국위원회 위원과 사무처 분들에게 이 건축의 유무형적 가치를 어떻게 전달하느냐 하는 것과 국가등록문화재가 되어도 받게 되는 불이익은 거의 없으며 건축의 가치를 보존하면서도 많은 장점이 있다는 것을 효과적으로 이해시키는 것이었다.

등록문화재는 대부분 근현대건축물을 위주로 계속 사용할 수 있는 건축이 지정된다. 등록되더라도 중요한 건축적 특징을 보존하면 내부를 리모델링하여 사용하는 데는 하등 지장이 없는데 많은 사람들이 문화재가 되면 경제적 손실이 생길까 봐 많은 우려를 표하였다. 다행히 집행위원회에 2차례 보고를 하였고 대부분 위원들이 이 상황을 이해하게 되었다.

6. 등록문화재 신청

수차례의 회의를 거치며 8차 소위원회(2020.10.15.)에서 등록문화재 신청을 결의하였고 신청을 위한 자료 정리가 본격화되었다. 이 과정은 매우 일의 양이 많고 전문성을 요하므로 사무처에 인원 보충을 요청하였다. 문화정보커뮤니케이션 분과의 이동현 전문관이 지원하기로 결정되었고 길지혜 박사가 기간제로 신청서 작성을 위한 작업을 돕기로 하였다. 주로 공문 정리와 발송, 관과의 협력은 이동현 전문관이 하여주었고 길지혜 박사는 도면을 정리하고 신청서 작성을 도왔다.

처음 1959년 설계공모부터 당선 안 결정의 과정 그리고 설계변경 과정과 이슈, 건축가와 시공사, 건축주 간의 이견의 배경, 설계안 결정의 과정을 분석하며 당시 우리 기술력으로 멋진 건축을 실현하겠다는 의지가 얼마나 굳건하였는지 보존된 서류와 서신 검토 과정에서 실감할 수 있었다. 최고로 만들고 싶으나 당시 열악하였던 건설 환경을 극복하고 이를 실현하기 위하여 노력한 자료가 속속 발견되어 다시 힘을 낼 수 있었다.

유네스코한국위원회가 보유하고 있는 시기별 변화를 확인할 수 있는 도면은 비록 청사진으로 남아 아쉬움이 있었지만 매우 소중한 자료였다. 이들을 보존하는 것도 중요한 기록 보존임을 확인하며 훼손을 최소화하기 위하여 도면 자료를 복사하고 스캔하였다.

건물의 입면을 그린 디지털화 된 도면이 없어 외부 전문가에게 도움을 요청하였다. 문화재 실측설계 면허를 갖고 있는 이소건축사무소의 김미진 건축사가 흔쾌히 도움을 주었다.

윤인석 성균관대학교 교수가 얼마 전 전시회에서 유네스코 도면 일부가 전시된 것을 보았노라고 전해주었다. '목천김정식문화재단'은 건축가와 관련된 자료를 중심으로 아카이빙을 하며 중요한 자료를 정리하고 연구하며 때론 전시도 하는 귀중한 사설문화재단이다. 건축가 배기형이 운영하던 사무실인 '구조사'로부터 자료를 기증받아 보관 중이고 그중 현대건축도면 자료를 중심으로 전시를 한 것이었다.

목천건축아카이브에서 자료 촬영하는 모습 ©박경립

3차례 방문 끝에 목천김정식문화재단의 김태영 선생을 만나 자료를 확인할 수 있었다. 유네스코한국위원회가 보유하고 있는 청사진 원도를 소장하고 있음과 당시의 다양한 서류도 소장하고 있음을 확인하였다. 다음번에 사진 촬영을 하는 것도 허락을 받았다.

이 방대한 작업을 혼자 할 수 없어 동행을 요청하였고 신미아 본부장, 이동현 전문관, 사진가 김현철 선생, 길지혜 선생과 함께 2020년 11월 4일 방문하여 자료 사용 시 허락을 받는다는 조건으로 자료 촬영에 임하였다. 기꺼이 자료 공유를 하여준 것에 깊은 감사를 드린다.

유네스코회관 국가등록문화재 등록 신청시 제출한 유네스코회관의 문화재적 특징은 아래와 같이 세 가지로 요약된다.

첫째, 유네스코회관은 건립 이후 대한민국 국제활동의 발원지로 유관 단체 및 활동을 수용하는 유네스코 정신 구현의 중심적 장소로 역할해왔다.

둘째, 유네스코회관은 유네스코한국위원회가 상주하며 국제회의 및 세미나, 교육, 대중문화 활동을 적극 수용하는 지속적 교육, 과학기술, 문화 활동의 산실이다.

셋째, 유네스코회관은 20세기 중반 한국 현대건축 태동기의 역사적 경관을 유지해오고 있다. 명동예술극장, 명동성당, 가톨릭회관 등과 함께 명동 도시경관의 형성과정을 증언하는 역사적 건축물이다.

유네스코회관은 1950~60년대 한국 현대건축 태동기의 경관과 시설을 잘 간직하고 있는데, 특히 회관 건물 파사드의 커튼월 시스템과 다양한 기하학적 요소로 조형된 외부 벽면 및 내부공간이 잘 보존되어 있다.

유네스코회관 서측 파사드 ©박경립

유네스코회관 남측 파사드 ©박경립

유네스코회관 동측 파사드 ©박경립

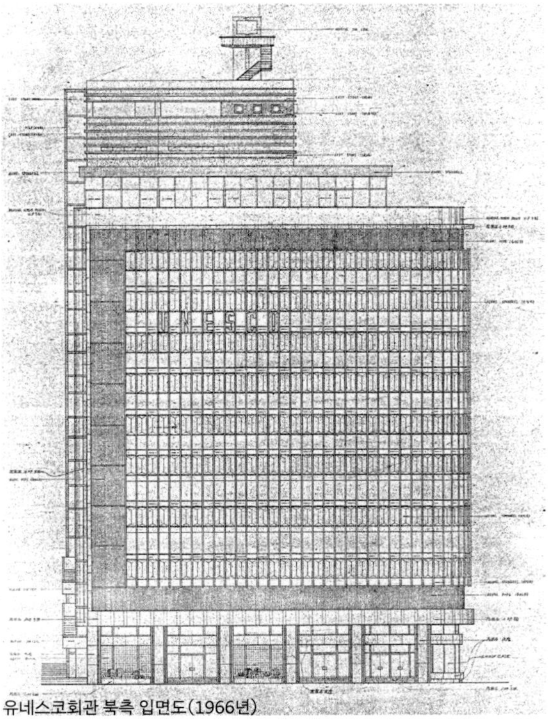

유네스코회관 북측 입면도(1966년)

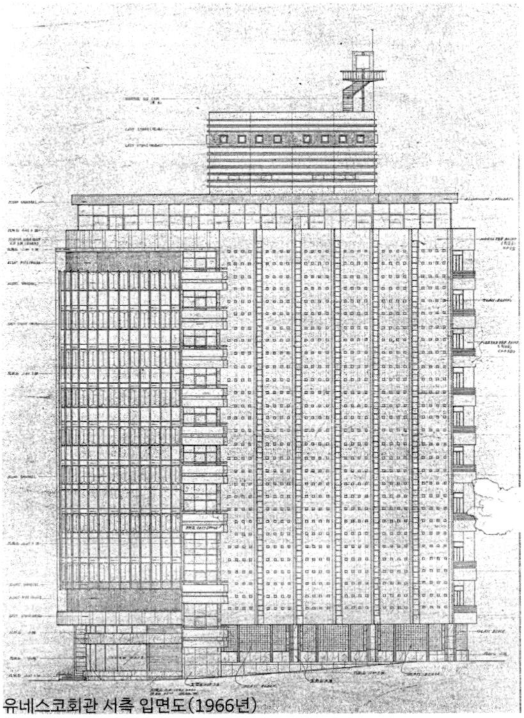

유네스코회관 서측 입면도(1966년)

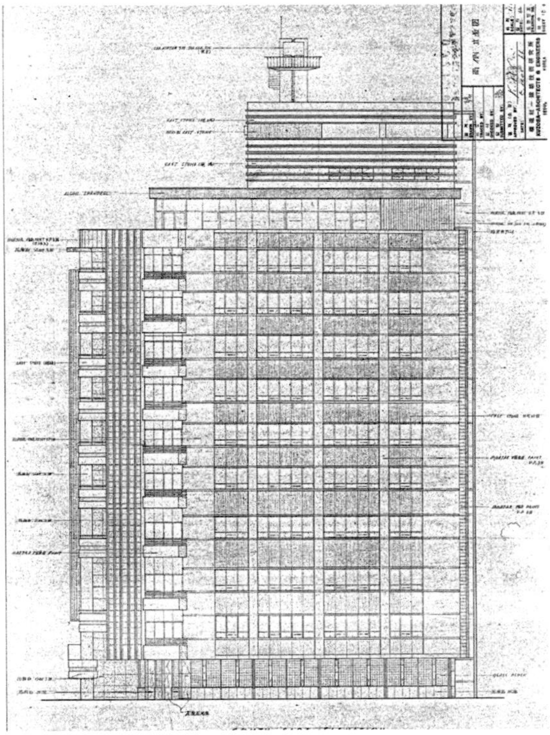

유네스코회관 남측 입면도(1966년)

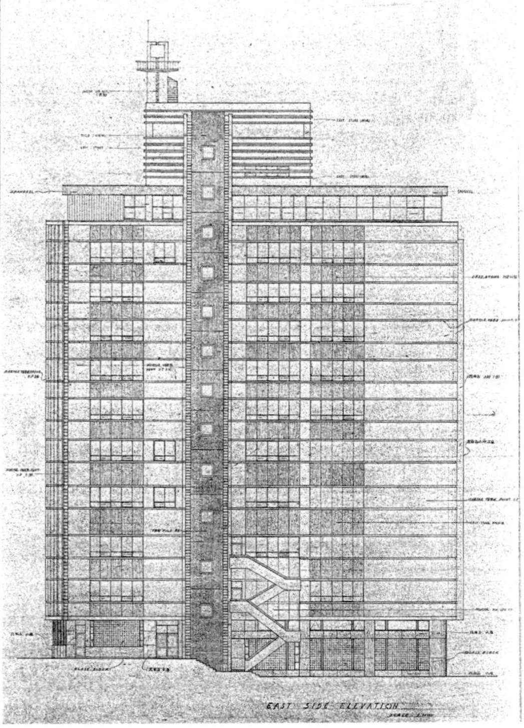

유네스코회관 동측 입면도(1966년)

건물 내 중앙 계단실 ©박경립

바닥 인조석 물갈기 마감 ©박경립

또한, 실내공간도 인조석 연출 마감의 복도 등이 그대로 보존되었으며 계단실, 3층~5층 극장(현 난타전용관) 로비와 나선형 계단도 계속 보존되며 사용 중이다. 지하층 기관실에 설치된 준공 당시의 GE 발전설비도 지금까지 사용되고 있다.

4층에서 5층으로 연결되는 나선형 계단 ©박경립

지하 기관실 GM 터빈 ©박경립

7. 자료정리와 책자 발간

자료를 정리하며 유네스코한국위원회도 관련 자료를 당연히 정리하고 보관하여야 했으나 그렇지 않았음에 안타깝다는 생각이 들었다. 유네스코가 하는 일 중의 하나가 중요한 문화유산을 발굴하고 기록하며 보존하는 일인데, 막상 본인들의 귀중한 유산을 보존하지 못하고 있음에 당혹스럽기도 하였다. 문화정보커뮤니케이션 분과에서는 유형의 문화유산뿐만 아니라 무형유산과 더불어 기록유산을 발굴하여 많은 성과를 이어가고있는 중이다.

관계 자료를 정리하며 이를 보다 자세하게 기록할 필요를 느끼게 되었다. 논의 끝에 회관 건축이야기를 책으로 남기자는 제안이 있었고 만장일치로 책자 발간 사업도 하기로 하였다. 소위원회 위원들에게도 전공에 맞게 원고를 부탁하였다.

유네스코 자료에 접근이 가능한 신미아 본부장에게는 가장 어려운 원고 청탁을 하였다. 초기 건축의 복잡한 과정을 쉽게 알아볼 수 있게 연표를 만들고 그에 따라 중요 내용을 정리하여 줄 것을 요청하였다. 유네스코 10년사, 20년사, 30년사와 더불어 신문기사와 유네스코 뉴스 등 관련 자료를 전부 섭렵하여 정리하여 줄 것을 요청하였는데 신미아 본부장은 열정적으로 검토하고 정리하여 주었으며 우리가 꼭 보아야 하는 자료를 찾아 제공하여 주었다.

이왕기 위원에게는 회관 전면 파사드에 커튼월을 사용하게 된 시대적 배경과 회관건축의 디테일과 관계되는 사항을 주로 서술하여 줄 것을 요청하였다. 아울러 윤도근 교수가 유네스코회관 설계에 어떻게 관여하게 되었는지 인터뷰하여 줄 것도 요청하였다.

위행복 위원에게는 유네스코회관에서 어떤 의미 있는 활동이 이루어졌는지, 회관은 어떤 의미가 있고 왜 보존되어야 하는지에 대하여 원고 청탁을 하였다. 유네스코회관이 한국위원회의 국제 활동의 출발지이자 국내 활동의 근거지로서 지난 역사 속에 중요한 위치를 점하고 있음을 확인하여 주셨다.

한경구 위원에게는 초기에 사무처 직원들에게 설문할 내용을 요청한 바 있으나 설문 대신에 주로 면담으로 확인을 하여 이를 시행하지 않은 바 있다. 한경구 위원은 유네스코 활동에 오랫동안 열정을 갖고 임하였던 경험을 지니고 있으므로 그간 한국위원회의 활동을 시기별로 분석하고 변화하는 양상과 특징을 써줄 것을 다시 청탁하였다.

기간제로 참가한 조경학 박사인 길지혜 선생은 유네스코한국위원회의 집행위원회와 총회 발표의 자료를 ppt로 정리하여 주었고 옥상정원에 관한 원고도 청탁하였다. 옥상정원은 회관 사용자뿐 아니라 주변의 사람들이 사랑하는 오픈스페이스가 되었고 유네스코회관이 시대의 요청에 부응하여 노력한 중요한 모습 중의 하나이기 때문에 이를 기록으로 남기고자 한 것이다.

사진 촬영에 동행하여 고생한 이동현 전문관은 행정 업무를 신속하게 지원하여 우리가 본 작업에 집중할 수 있게 하여주었다. 김현철 선생도 관련 사진을 찾아주고 목천김정식문화재단에도 동행하여 전문가의 솜씨로 자료를 촬영하여 주어 많은 도움이 되었다.

나는 좀 더 큰 틀에서 유네스코회관 건축의 의미와 가치를 찾기 위하여 다양한 각도에서 바라보았고 좋은 위치를 찾아 사진도 촬영하였다. 회관 입지의 의미와 명동과의 관계도 조명하기 위하여 여러 번에 걸쳐 명동 답사를 하였다. 1960년대 지어진 건축물도 답사하고 채록하였으며 명동 안의 숙소에서 머무르며 밤낮의 풍경도 새롭게 보기도 하였다. 이제 1960년대 지어진 건축들은 거의 사라져 가고 있다. 동시대 지어진 메트로호텔, 지금은 가톨릭회관으로 쓰이는 성모병원 등이 당시 우리 힘으로 시도한 현대건축의 모습을 남기고 있을 뿐이다.

예전 같으면 어느 곳에서나 보이고 쉽게 촬영을 할 수 있었을 텐데 회관이 잘 보이는 곳을 찾기는 쉽지 않았다. 뒷모습이 환히 보이는 곳을 찾다가 눈에 들어 온 고층에 자리한 호텔 최상층에 머물며 눈에 들어온 회관의 뒷모습에 가슴이 내려앉기도 하였다. 평소에 보이지 않던 뒷 벽면의 모습이 환히 들어온 것이었기 때문이다.

주변 고층건물에서 바라본 유네스코회관 일대 전경 ©박경립

건축은 그 건축이 입지한 지역에 많은 영향을 받는다. 명동이 쇠퇴할 때 회관도 어려움을 겪고 지금도 그 상황은 마찬가지였다. 오랫동안 명소로 이름을 날렸던 난타극장도 문을 닫았다. 임대 여건도 나빠져 공실이 증가하고 있었다. 가장 비싼 장소였던 일층의 화장품 업체도 어려움을 견디지 못하고 문을 닫았다.

회의 도중 유네스코한국위원회가 회관 살리기는 물론 명동 살리기도 나서야 한다는 이야기도 나왔다. 할 일은 많지만 차근차근히 하기로 하고 등록문화재 신청부터 마무리하기로 하였다. 그리고 모든 서류가 정리되어 2020년 11월 25일자로 등록 신청을 하였다. 일단 긴 여정 중 하나의 매듭이 맺어진 것이었다.

유네스코회관 내 공실 모습 ©박경립

2년 가까이 끌던 정밀안전진단도 진전이 있었다. 우여곡절 끝에 조달청에 입찰 공고를 내게 된 것이다. 이제 입찰이 끝나 계약을 하게 될 것이고 구조안전진단은 본격화될 예정이다.

유네스코회관 책자 원고도 속속 들어 왔다. 이제는 서로 읽어보고 사실을 다시 확인하고 편집하는 일이 남게 되었다. 소위원회 임기는 2020년 12월 26일까지이다. 그전에 책자 발간을 꿈꾸며 자료를 정리하고 있다. 마지막 9차 회의에서는 정리된 원고를 확인하는 작업을 할 예정이다.

8. 집행위원회와 총회 보고

2020년 12월 10일에 열린 유네스코한국위원회 제69차 총회는 코로나 상황으로 갑자기 대면 회의는 취소되고 비대면 총회로 전환되었다. 장소도 바뀌어 새롭게 비대면 회의를 준비하느라 관계자들이 매우 수고를 하였다. 지난 집행위원회의 발표를 위원 모두에게 알리는 것이 좋겠다는 김광호 사무총장님의 제안으로 발표 자료를 다시 준비하였다. 그동안 모아진 자료와 회관을 여러 각도에서 찍은 사진을 다시 편집했다.

발표자는 회의 장소에 와서 발표하라는 요청에 따라 로얄호텔 2층에 마련된 회의장에서 발표를 하였다. 유네스코한국위원회 위원장 유은혜 부총리가 직접 참석하여 주재한 총회에는 김광호 사무총장을 비롯한 소수의 관계자들만 모이고 회의는 비대면 화상회의로 진행 되었다. 시간의 제약으로 짧게 해달라는 부탁으로 오랫동안 준비한 많은 자료를 충분히 전달할 수 없어 아쉬웠지만 짧은 시간의 발표에도 많은 분들이 공감하여 주었다. 등록문화재로 등록되면 어떤 장점과 단점이 있느냐는 질문도 있었고 회관소위원회의 활동과 노력에 박수를 보내는 내용도 있었다. 등록문화재는 가치도 보존하고 활용에도 지장이 없는 좋은 제도임과, 가치를 지닌 부분을 잘 보존하면 내부는 물론 외부의 일부도 자유롭게 리모델링 하는 것도 가능하며, 지원도 따를 수 있다는 내용을 언급하였다.

반드시 보수하여야 하는 회관 뒷면 모습과 훼손 방치된 곳곳의 모습을 본 위원들은 향후 관리를 철저히 하고 보수 보강을 통해 제 모습을 되찾아야 한다는 의견과 함께 예산도 마련하여 그에 대비할 것을 피력하여 주셨다. 유은혜 위원장은 소위원회가 위원들의 의견을 잘 종합하여 대안을 마련하여 줄 것을 언급하였다.

소위원회에서는 구조안전정밀진단 결과에 따라 보수 보강 계획을 세우고, 등록문화재로 등록될 경우 사용 가이드라인을 만들고 임대 방향도 유네스코 활동과 관련된 것으로 노력하여 지속적으로 잘 관리하고 사용할 수 있게 하겠다는 의견을 피력하였다. 아울러 주변 건물과의 인접 대지를 정비하여 좋은 환경을 만들고 내부도 리모델링하여 보다 쾌적하고 에너지 효율적인 공간과 장소로 전환할 것을 언급하였다.

유네스코총회에서 회관소위원회 활동 결과를 보고하는 모습과 소위원회 활동 종료 기념식 모습 ©유네스코한국위원회

이런 일을 위하여 유네스코회관소위원회는 지속적으로 운영되어야 함과, 회관 건축이 단순히 오래되고 낙후된 건물이 아닌 오래되었지만 가치있고 지속가능한 건물임을 인식하여 줄 것을 언급하고 앞으로도 위원장을 비롯한 부위원장과 위원들 그리고 관계 공직자들의 적극적인 협조를 당부하며 발표를 마무리하였다.

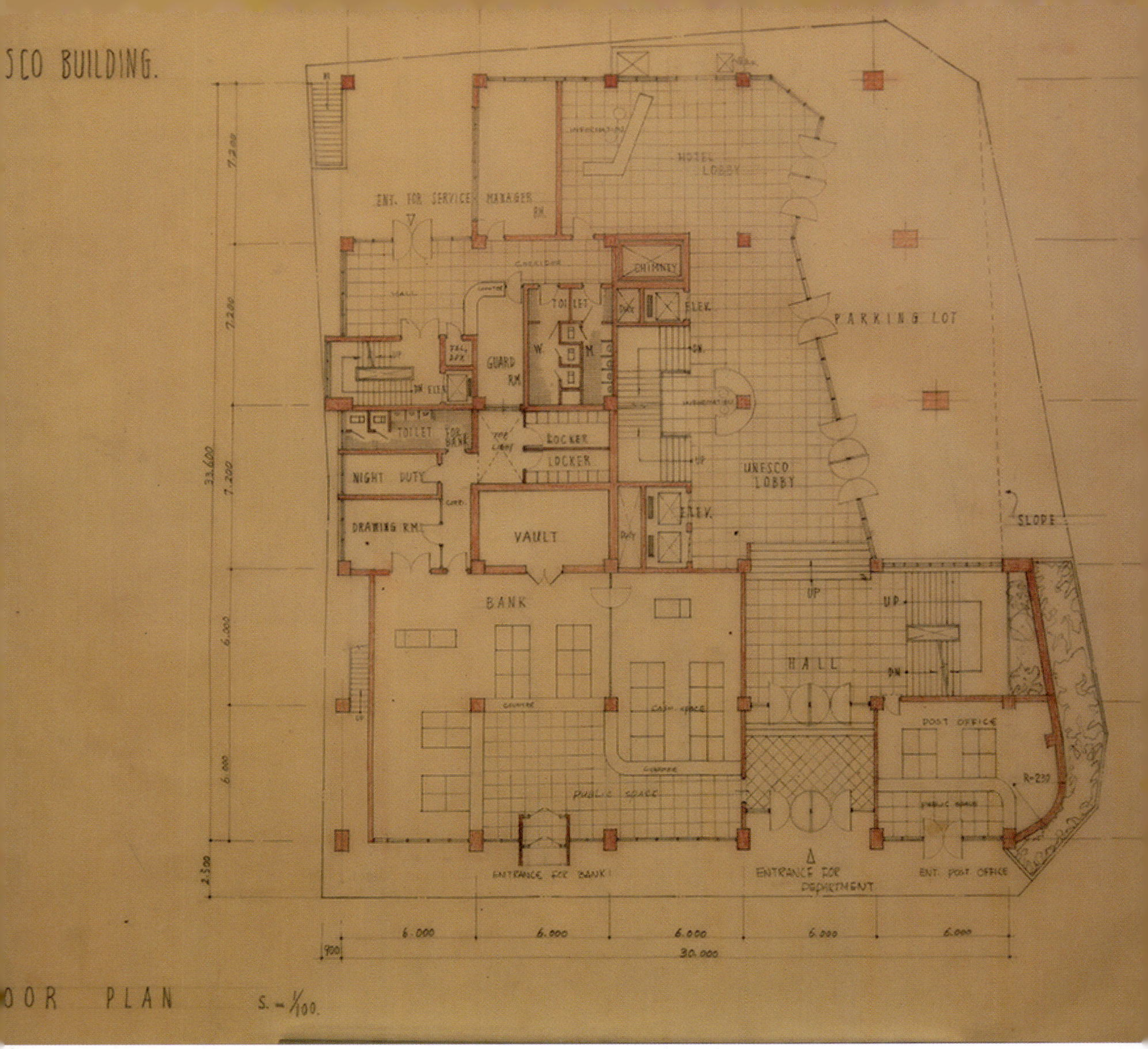

설계 초창기 유네스코회관 1층 설계도면 ©목천건축아카이브

9. 마무리하며

시작이 반이라고 했는데 시작하자마자 끝이 난 듯이 빠른 세월이 지나갔다. 코로나로 인해 2020년은 평생 겪어 보지 못한 세월을 보내고 그 와중에 주어진 시간 안에 소위원회의 소명을 다하기 위해 회관 9층의 자그마한 소위원회 사무실에서 많은 시간을 보내게 되었다. 60년 전의 자료를 접하며 기록의 중요성과 보존의 중요성을 다시 한 번 실감하였다. 매번 이 회관 건축을 돌아보면서 1층

출입구 부분을 지금과 같이 설계한 건축가에 대한 의구심이 있었다. 입면에 갖은 노력을 하였으면서 왜 진입은 이렇게 이상하게 하였을까 하는 것이 항상 가슴에 남아있었다. 어느 순간 건축가의 초기 설계도면을 보며 그동안 갖고 있었던 의구심이 다 녹아내렸다. 아무리 그 시절이 가난했어도 이렇게 설계하지는 않았었지. 그동안 의구심을 품었던 나는 조용히 건축가에게 마음속으로 사과를 하였다. 그가 회관 건축에 부여하고 싶었던 건축의 공공성을 반영하는 많은 부분이 재원 부족으로 삭제되고 변형된 것을 확인할 수 있었다.

도면자료와 시방서 등을 읽고 분석하는 일은 매우 지난한 작업이었다. 그러나 가난을 벗어나기 위하여 국민 모두가 매진하였던 때의 모습과 국제 사회의 당당한 일원이 되기 위하여 선배들이 보인 열정과 노력에 감동하며 우리의 자리를 되돌아보는 계기도 되었다.

집행위원회에서 소위원회 그간의 활동을 보고하고 난 후 다가와서 그 뭉클한 감동을 전하여준 교육부 최은희 국장님의 말씀도 힘이 되었다.

기억을 하고 기록을 하는 것은 역사를 이어가게 하는 것이고, 현재가 그냥 이루어지지 않았음을 알게 하는 것이다. 그리고 이는 미래를 헤쳐나가는 원동력이 되기도 한다.

근현대 건축은 가까이 항상 있어 와서 그 가치를 깨닫기 쉽지 않다. 그러나 이 또한 우리 시대를 증언하는 지켜나가야 할 중요한 문화유산인 것이다.

이제 유네스코회관이 등록문화재가 되면 새로운 국면으로 들어설 것이다. 앞으로도 할 일은 많다. 건물 사용과 보수, 보강의 가이드라인을 구체적으로 설정하여 체계적이고 합리적인 보존과 유지관리를 하여야 할 것이다. 앞으로 중요하게 행하여야 할 주요 과제를 언급하면 다음과 같다.

첫째, 구조안전진단 결과에 따른 보수 보강이다. 취약하다고 확인된 부분과 변경에 의해 약화된 부분의 구조 보강 및 보수가 필요하다. 아울러 회관 리모델링 시 현행 법규에 의거 내진 보강도 해야 한다.

둘째, 지하층에 위치한 기계실과 전기실, 옥상 등 건물 중추공간의 누수된 부분을 정비하는 것이다. 건물 전체 안전을 위해서도, 이곳에서 근무하는 근무자들을 위해서도 바닥과 외벽, 천정 등 오염·훼손된 지하환경을 정비하고 개선하여야 한다.

셋째, 외벽 마감재 탈락으로 인한 안전사고가 발생하고 있고 미관 또한 많이 훼손되어 정비가 시급하므로, 외부 콘크리트 벽체의 크랙 간 부분을 보수하고 외부 마감재를 재시공하여 유네스코회관의 본 모습을 찾아야 한다. 아울러 커튼월 유리를 지지하고 있는 접착제의 노후 탈락으로 인한 위험이 발생하고 있으므로, 이 또한 빠른 시일 내 정비하여야 할 것이다.

넷째, 오십여 년 전에 시공된 얇은 홑창과 저강도의 창호 프레임으로 인해 태풍 시 재해 위험이 상존하며, 에너지 성능이 매우 낮으므로 효율적 유지관리를 위하여 에너지 성능 강화를 위한 강화 프레임과 복층유리로의 교체가 필요하다고 본다. 창의 형상은 기존의 형태를 유지하며, 현 법규에 맞지 않게 낮게 설치되어 있는 부분은 안전을 위하여 리모델링 시 보완하는 것을 권장한다.

다섯째, 전층 오픈된 중앙 계단에 현행 법규에 맞추어 각 층마다 방화문을 설치하여 화재에 대비하고 건물 내 제거 되지 않은 석면 등 유해물질을 제거하며 리모델링 시에는 새로운 친환경 마감재로 교체하여야 한다.

여섯째, 노후되어 효율이 매우 낮아진 배관 등을 교체하고 냉난방 전기설비 등 건물 관리 시스템을 자동화하여 유지관리의 효율성을 높여야 한다.

일곱째, 유네스코한국위원회의 사무환경을 전반적으로 개선하는 작업을 하여야 한다. 사무실 내 과중하게 조성된 벽체를 철거하고 경량 파티션을 설치하여 하중을 경감하고 유효공간을 넓게 확보해 근무환경을 개선하도록 한다. 경비원 숙직실 환경 개선, 천정 마감 교체 및 개선, 바닥 정비도 필요하다. 또한, 기록보존센터, 유네스코한국위원회 위원실, 온라인 회의가 가능한 회의실 등을 보완하여 한국위원회의 활동을 활성화할 것을 기대한다.

여덟째, 회관 외부 공간에 설치된 불법시설이 정비되어야 한다. 커튼월에 부착된 간판 정비를 통한 원상회복, 2층의 훼손된 콘크리트 난간 복원 및 외부 마감재 철거와 정비, 파출소와 인접한 동측면 불법 건축물 철거 및 복원 정비 공사, 북측과 서측의 저층부 간판 및 불법 부착물 제거 및 정비, 에어콘 실외기 정비 및 안전시설 보완 등이 함께 이루어져야 한다.

끝으로, 회관 및 주변환경 정비 계획과 설계가 필요하다. 리모델링 설계 시 변경된 저층부 복원과 각층 공간의 효율성 제고를 고려하고, 장애인 화장실을 설치하고 경계 없는 접근로를 확보하며 후문 진입로 정비가 이루어져야 한다. 또한, 국가등록문화재로 신청 중인 회관 유지 관리를 위한 보존계획과 가이드라인이 수립되어야 한다.

유네스코회관은 구조안전진단의 결과에 따라 보수보강과 함께 이 시대가 필요로 하는 방향으로 리모델링을 하여 앞으로 또 다른 60년을 대비하여야 할 것이다.

장애인들을 위한 시설은 물론 누구나 장애없이 드나들 수 있는 barrier free design이 건물 곳곳에 반영되고 smart한 system 도입으로 전기, 냉난방을 최적화하는 시설로 전환하여야 한다. 창으로 열효율이 최하인 외벽들도 지혜로운 대안으로 보완하여야 하며 새로운 공간 활용을 위한 공간의 재배치도 적극 시도하여 건물 전체가 효율적 개선을 하여야 할 것이다. 화장실의 위치와 적정수에 대한 검토는 물론 첨단 설비의 도입으로 가치있고 쓸모있는 공간으로 다시 태어나야 한다. 이를 위해 예산의 확보는 가장 중요한 요소가 될 것이다.

많은 지원과 성원을 기대하며 소위원회 활동기를 마무리하려 한다.

부록

1. 유네스코회관 건축 연표
2. 유네스코회관 주요공사현황 및 현재 도면
3. 유네스코한국위원회 소장 도면
4. 유네스코한국위원회 소장 사진
5. 유네스코본부
6. 관련 문서 목록

1. 유네스코회관 건축 연표

일자	주요 내용
1954. 1. 30.	유네스코한국위원회 창립
1954. 4. 26.	유네스코한국위원회 제2차 집행위원회, 유네스코회관 건립 토의
1956. 1. 20.	유네스코한국위원회 제3차 총회, 유네스코회관 건립 대정부 건의안 제출
1957. 3. 27.	유네스코한국위원회 제13차 집행위원회, 유네스코회관 건축 촉진 의결
1957. 8. 23.	신영순씨, 중국인 담정택씨(행방불명) 소유 명동 부지 370평에 대한 임차권을 유네스코한국위원회에 양도 약정
1957. 9. 10.	유네스코한국위원회, 담정택씨 재산관리인인 성업사와 토지 임대차계약 체결 (월 임대료 납부)
1957. 9. 20.	유네스코한국위원회, 위 토지 내 유네스코회관 건립 공표 기자회견 개최
1958. 10. 7.	사단법인 한국유네스코후원회 창립총회 개최 - 유네스코한국위원회 사무총장이 동 후원회 사무총장 겸직
1958. 11. 12.	문교부장관, 한국유네스코후원회 설립인가
1958. 12. 5.	한국유네스코후원회 설립등기
1959. 1. 30.	유네스코한국위원회 제7차 총회, 유네스코회관 건축을 한국유네스코후원회에 일임하기로 의결
1959. 2. 5.	한국유네스코후원회 제2차 총회, 유네스코회관 건축을 수임 의결
1959. 3. 30.	한국유네스코후원회, 동흥공무사와 회관 지하 1층 ~ 지상 5층 골조공사 계약 체결
1959. 4. 11.	한국유네스코후원회, 유네스코회관 기공식 개최
1959. 6. 3.~7.	유네스코회관 설계도 현상모집 입선작 시상식 및 입선작 전시회 개최 (최종 당선작 : 구조사건축기술연구소)
1960. 9. 30.	한국유네스코후원회, 계약 불이행 사유로 동흥공무사 공사계약 해지
1960. 10. 28.	한국유네스코후원회, 풍전산업과 시공계약 신규 체결
1960. 11. 29.	한국유네스코후원회, 중부경찰서와 명동파출소 철거 및 이전에 관한 계약서 체결
1961. 9. 19	한국유네스코후원회, 산업은행에서 공사비 22,000,000원 융자
1961. 11. 18.	한국유네스코후원회, 산업은행에서 공사비 8,000,000원 추가 융자
1962. 3. 14.	한국유네스코후원회, 산업은행에서 공사비 4,300,000원 추가 융자
1962. 3. 28.	한일은행, 한국유네스코후원회에 유네스코회관 입주보증금 15,000,000원 납부
1962. 7. 24.	한국유네스코후원회, 유네스코회관 상량식 개최
1963. 5. 6.~10.	문교부, 한국유네스코후원회 감사 실시
1964. 6. 15.	유네스코한국위원회 위원 일동, 정부의 유네스코회관 건립 지원을 촉구하는 대정부 건의안 채택

일자	주요 내용
1964. 8. 24.	문교부, 한국유네스코후원회 설립허가 취소 및 유네스코회관 건립추진위원회 구성
1965. 5. 31.	유네스코한국위원회 위원 일동, 정부의 유네스코회관 건립 지원을 촉구하는 2차 대정부 건의안 채택
1965. 11. 10.	문교부, 한일은행에서 회관 공사비 융자 알선 발표
1965. 11. 19.	유네스코한국위원회, 한일은행과 회관 건립을 위한 부동산관리계약 체결
1966. 3.	한일은행, 유네스코회관 최종 설계도면 완성
1966. 4. 4.	한일은행, 풍전산업과 유네스코회관 건축공사 계약 체결 - 계약기간 : 66. 4. 4. ~ 66. 12. 20.
1966. 4.	한일은행, 구조사와 유네스코회관 건축 감리 계약 체결
1966. 9. 9.	유네스코회관 토지 소유자 담정택씨, 대법원에서 동 토지 관련 소유권 소송 승소
1966. 10. 21.	유네스코한국위원회, 김현옥 서울특별시장과 명동파출소 옛 부지 교환계약 체결 - 유네스코한국위원회 소유 16.6평과 서울시 소유 20.2평 교환
1966. 12. 7.	유네스코한국위원회, 명동파출소 옛 부지 소유권 취득 (등기)
1966. 12. 20.	풍전산업, 유네스코회관 공사 완공
1967. 2. 15.	중구청, 유네스코회관 사용승인
1967. 2. 17.	유네스코한국위원회, 한일은행, 유네스코회관 준공기념식 개최 / 한일은행 명동점 개점
1967. 2. 20.	유네스코한국위원회, 유네스코회관 7층 입주
1967. 7. 8.	유네스코한국위원회, 유네스코회관 소유권 취득 (등기)
1968. 2. 1.	유네스코한국위원회 제59차 집행위원회, 대통령 및 정부에 한일은행의 유네스코회관 관리권 위원회 이양을 위한 협조 요청 결의문 채택
1968. 5. 14.	유네스코회관 관리권 이양을 위한 청와대회의 개최 및 1974. 1. 1.자로 유네스코한국위원회 이양 의결
1973. 12. 31.	유네스코한국위원회, 한일은행, 유네스코회관 관리권 인계 인수식 개최
1974. 1. 1.	유네스코한국위원회, 유네스코회관 관리 시작
1974. 12. 24.	유네스코한국위원회 기능 중 유네스코회관의 관리운영 조항을 신설하는 유네스코활동에 관한 법률 개정안 공포
1977. 6. 16.	유네스코한국위원회 제92차 집행위원회, 담정택씨 소유 유네스코회관 부지 매입 의결 - 매입금액 : 2억 5천만 원
1978. 12. 9.	유네스코한국위원회, 유네스코회관 담정택씨 부지 소유권 취득 (등기)
1997. 12. 27.	유네스코회관 11층 화재 및 전소

일자	주요 내용
2001.	유네스코회관 정밀안전진단 실시(한미구조물안전진단(주))
2002. 4. 22.	유네스코한국위원회, 유네스코회관 11층 재축
2003. 4. 18	옥상 생태공원 '작은 누리' 개원
2003~2004	서울특별시, 근대 문화유산 목록화 사업 실시 - 유네스코회관 등록
2008. 5.	유네스코한국위원회, 중구청에 유네스코회관 대수선(지하 1층~지상 1층 주계단 위치 변경) 공사 신고
2008. 6.	중구청, 유네스코한국위원회의 유네스코회관 대수선 신청 관련 서울특별시에 문화재 등록 검토 요청
2008. 7. 4.	서울특별시, 유네스코회관 현장 조사
2008. 7. 23.	서울특별시 문화재위원회, 유네스코회관의 등록문화재 가치 심의 심의결과: 알리미늄 멀리온을 이용한 우리나라 최초창기 알리미늄 커튼월 건물로 메트로호텔·구 명동성모병원 등과 함께 명동 지역을 상징하는 몇 안되는 근현대 역사적 건축물 가운데 하나이며, 일부 개축에도 불구하고 건물 내·외부 모두 건축 당시의 원형이 잘 남아 있으므로 등록문화재로 등록할 가치가 있음
2008. 7. 25.	서울특별시, 문화재청에 유네스코회관의 등록문화재 등록 검토 요청
2009. 12. 3.	문화재청 문화재위원회 근대문화재분과 심의 심의결과: 50년 미경과로 문화재 등록 부결 (문화재보호법 시행규칙 제42조 제1항에 불부합)
2012. 12. 10.	서울특별시, 서울 미래유산 선정 관련 유네스코회관 현장 조사
2013. 10.	서울특별시, 유네스코한국위원회에 유네스코회관의 서울미래유산 예비목록 선정 알림
2014. 12. 31.	서울특별시, 유네스코회관 "서울 미래유산" 선정
2017. 10. 26.	유네스코한국위원회 제255차 집행위원회, 제1차 회관소위원회 구성 의결 - 변상경 위원, 안미리 위원, 한경구 위원
2018 11. 21.	유네스코한국위원회 제260차 집행위원회, 제2차 회관소위원회 구성 의결 - 박경립 위원(위원장), 위행복 위원, 이왕기 위원, 한경구 위원
2020. 10. 21.	회관소위원회, 유네스코한국위원회 제267차 집행위원회에 활동 보고
2020. 11. 25.	유네스코한국위원회, 유네스코회관 국가등록문화재 신청서 제출(서울시 경유 문화재청)
2020. 12. 10.	회관소위원회, 유네스코한국위원회 제69차 총회에 활동 보고

1950년대

1950. 6. 14. 대한민국, 유네스코 가입

1954. 1. 30. 유네스코한국위원회 창립

1954. 4. 26. 유네스코한국위원회 제2차 집행위원회, 유네스코회관 건립 논의

1956. 1. 20. 유네스코한국위원회, 유네스코회관 건립 대정부 건의안 제출

1957. 8. 23. 신영순 대표, 유네스코한국위원회에 명동 부지 임차권 양도

1957. 9. 20. 유네스코한국위원회, 유네스코회관 건립 기자회견 개최

1958. 10. 7. 한국유네스코후원회 창립총회

1958. 11. 3. 유네스코본부 청사 준공기념식 (프랑스 파리)

1959. 4. 11. 유네스코회관 기공식

1959. 6. 3.~7. 유네스코회관 현상설계입선작 전시회

1960년대

1962. 7. 24. 유네스코회관 상량식

1964. 8. 24. 문교부, 한국유네스코후원회 설립허가 취소

1965. 11. 19. 한일은행, 유네스코회관 공사 인수

1966. 10. 21. 유네스코한국위원회, 서울시와 명동파출소 부지 교환계약 체결

1966. 12. 20. 풍전산업, 유네스코회관 공사 완료

1967. 2. 15. 중구청, 유네스코회관 사용 승인

1967. 2. 17. 유네스코회관 준공기념식

1967. 2. 20. 유네스코한국위원회, 유네스코회관 입주

1968. 5. 14. 한일은행, 유네스코회관 관리권 이양 합의

1970년대 및 이후

1974. 1. 1. 유네스코한국위원회, 유네스코회관 직접 관리 시작

1978. 12. 9. 유네스코한국위원회, 담정택 소유 유네스코회관 부지 소유권 취득

1997. 12. 27. 유네스코회관 11층 화재 및 전소

2002. 4. 22. 유네스코회관 11층 재축

2003. 4. 18. 유네스코회관 옥상 '작은 누리' 조성

2008. 7. 23. 유네스코회관 서울시 등록문화재 심의 통과

2009. 12. 3. 유네스코회관 문화재청 등록문화재 심의 부결 (50년 미만)

2014. 12. 31. 유네스코회관, '서울미래유산' 등록

2020. 11. 25. 유네스코한국위원회, 유네스코회관 문화재청 등록문화재 신청

2. 유네스코회관
주요공사현황 및 현재 도면

유네스코회관은 대지 1,345.8㎡에 위치한 연면적 13,367.1㎡, 건축면적 1,152.23㎡, 높이 13층의 건물로, 명동에 오랜 기간 자리해 와 명동의 랜드마크 역할을 하는 중요한 건물이다. 유네스코회관이 위치한 명동길은 과거와 지형에 큰 변화 없이 굽은 언덕길로 현재까지 그대로 전해진다. 건물 외관도 큰 변화가 없으며 건물 내부도 재료 마감과 창호 상세, 로비와 코어 공간이 많은 부분 보존되어 있다. 건물 관계자들이 유네스코회관의 위상과 상징성을 인식하여 외관 형상이나 내·외관 재질 변경에 매우 신중한 편이다.

2020년 12월 기준, 유네스코회관 10층에는 유네스코한국위원회 사무총장실과 기획경영본부, 교육본부, 과학문화본부가, 9층에는 회관관리팀과 감사평가실, 개발협력본부, 유네스코회관소위원회실, 유네스코한국위원회 사무처 노동조합과 직원 휴게실, 8층에는 유네스코 세계시민학교, 11층에는 행사를 위한 유네스코홀이 각각 자리잡고 있다. 3층에 있는 유네스코협회연맹을 제외하면 나머지 공간은 대부분 상업용으로 임대하고 있다.

유네스코회관은 1994년 외장마감 대수선공사, 2002년 11층 재축공사, 2008년 1층 계단 리모델링 공사 외에는 큰 변화 없이 실내공간만 부분적으로 개수해왔다. 보일러, 냉동기, 난방 배관을 교체하기도 했으나, 주요 설비용 기계도 계속 사용하고 있다. 주요 보수관리 내용은 아래와 같다.

1967~2020년간 주요 보수관리 사항

연도	주요 내용
1977년	11층 회의실 공사
1983년	4층~11층 방재시설 개수공사
1994년	유네스코회관 서측 외장마감 변경 대수선 공사
1999년	유네스코한국위원회 8층, 10층 이전 공사
2000년	2층 청소년문화교류센터(MIZY센터) 신축공사
2001년	회관 정밀안전진단
2002년	11층 재건축 공사
2003년	옥상생태공원 '작은 누리' 조성 공사
2008년	지하 1층~지상 1층 계단 리모델링 대수선 공사
2012~2013년	보일러 교체공사
2017년	9, 10층 사무공간 재구획, 후문 진입로 보수공사
2017년	유네스코회관 자산관리실사
2018년	냉동기 교체공사, 회관 전기설비 보수공사, 난방배관 교체공사, 내부 공용공간 도장 등 정비공사, 간판 교체 및 정비 공사

1층 현황 평면도(2020년)

1층에는 상업시설이 입주해있다. 준공 당시와 비교했을 때 1층 서쪽 매장의 실내 벽체가 로비 복도공간으로 많은 부분 옮겨져 있다.

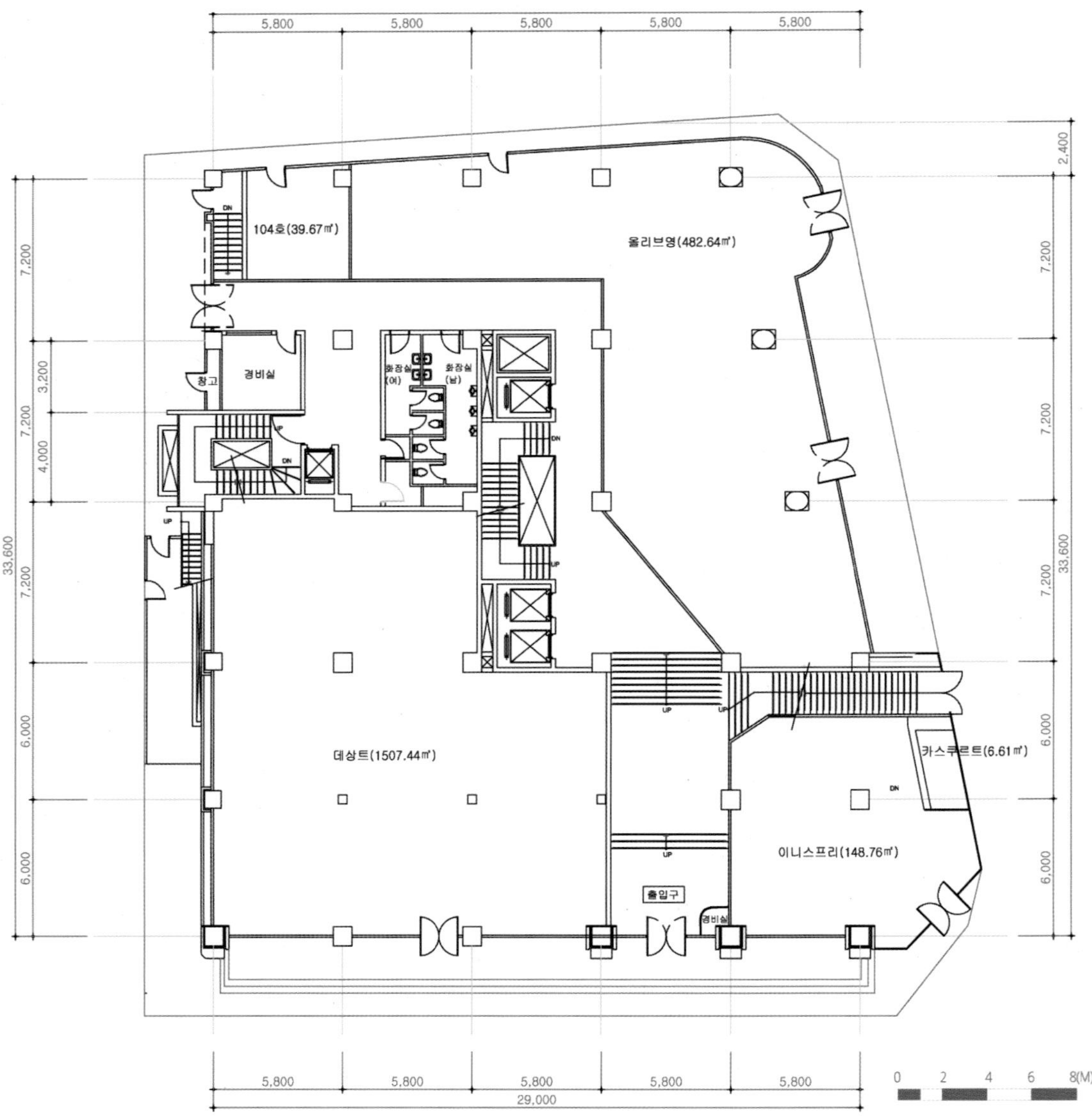

2층 현황 평면도(2020년)

2층에는 1층과 연결된 상업시설이 넓게 자리하고 있다.

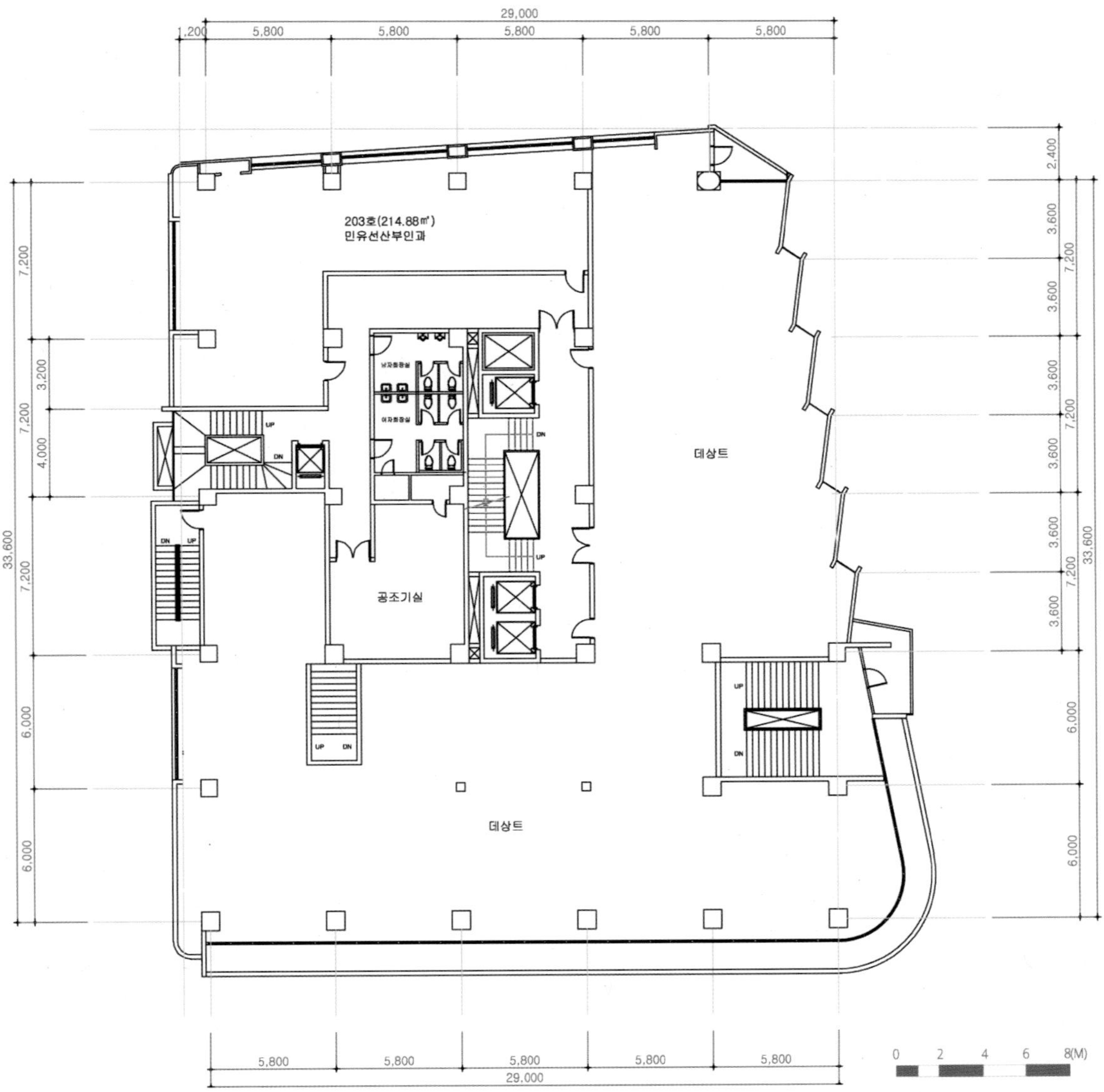

3층 현황 평면도(2020년)

준공 당시 3층부터 5층까지의 대회의실은 국제회의실로 계획하였다. 실제로는 준공 후 1968년 코리아극장이 들어서 2002년 폐관 때까지 운영되었다. 이후에는 2009년 명동 난타전용관이 개관하게 되었다. 난타전용관의 공간 용도는 준공 이후 '회의실'로 되어 있었으나, 1992년 '극장'으로 용도 변경하게 되었다.

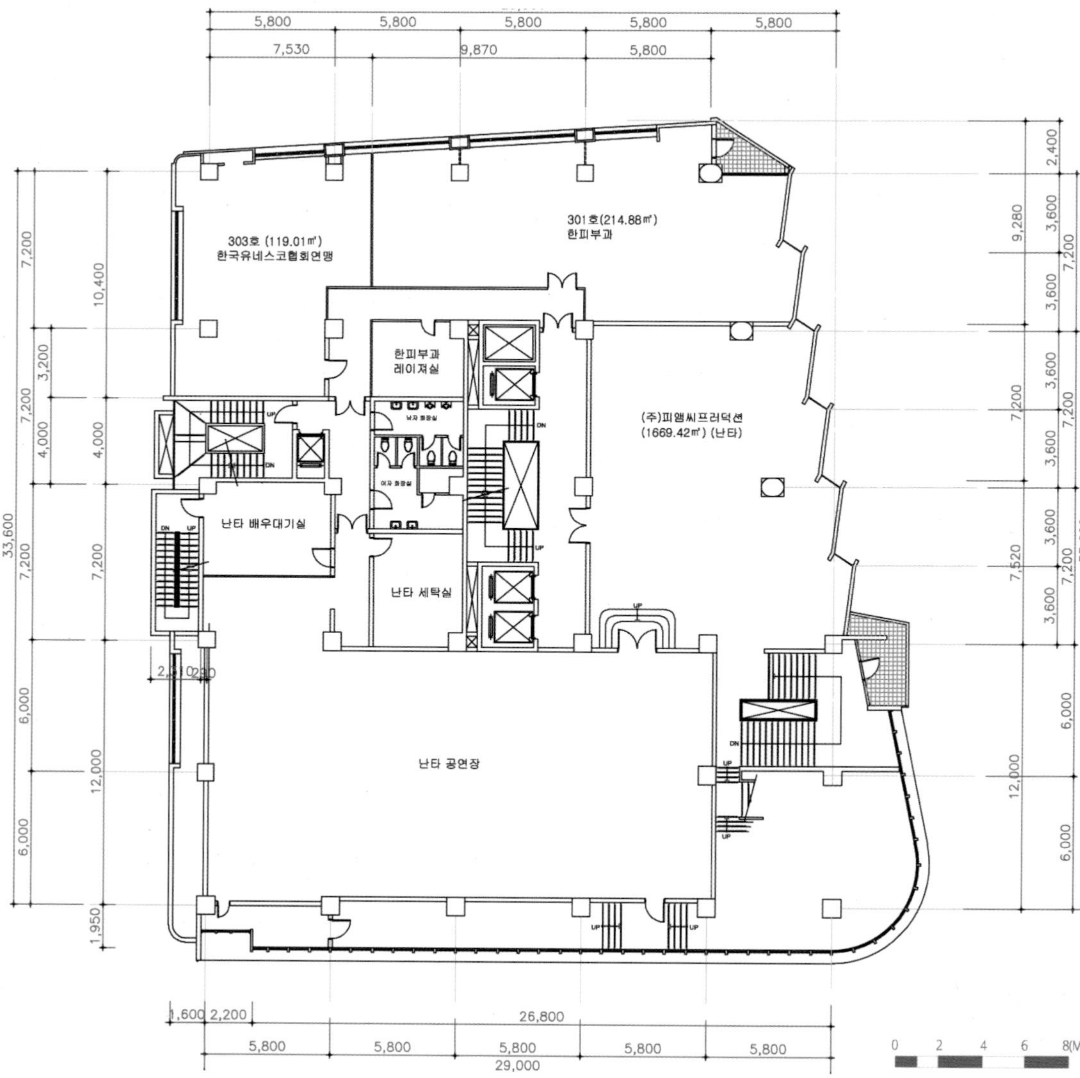

4층 현황 평면도(2020년)

4층 난타전용관 로비에는 4층에서 5층으로 올라가는 나선형 계단이 준공 당시 모습 그대로 남아있다. 유리와 철로 마감된 곡선형 외관을 따라 조성된 계단은 독특한 분위기를 보여준다.

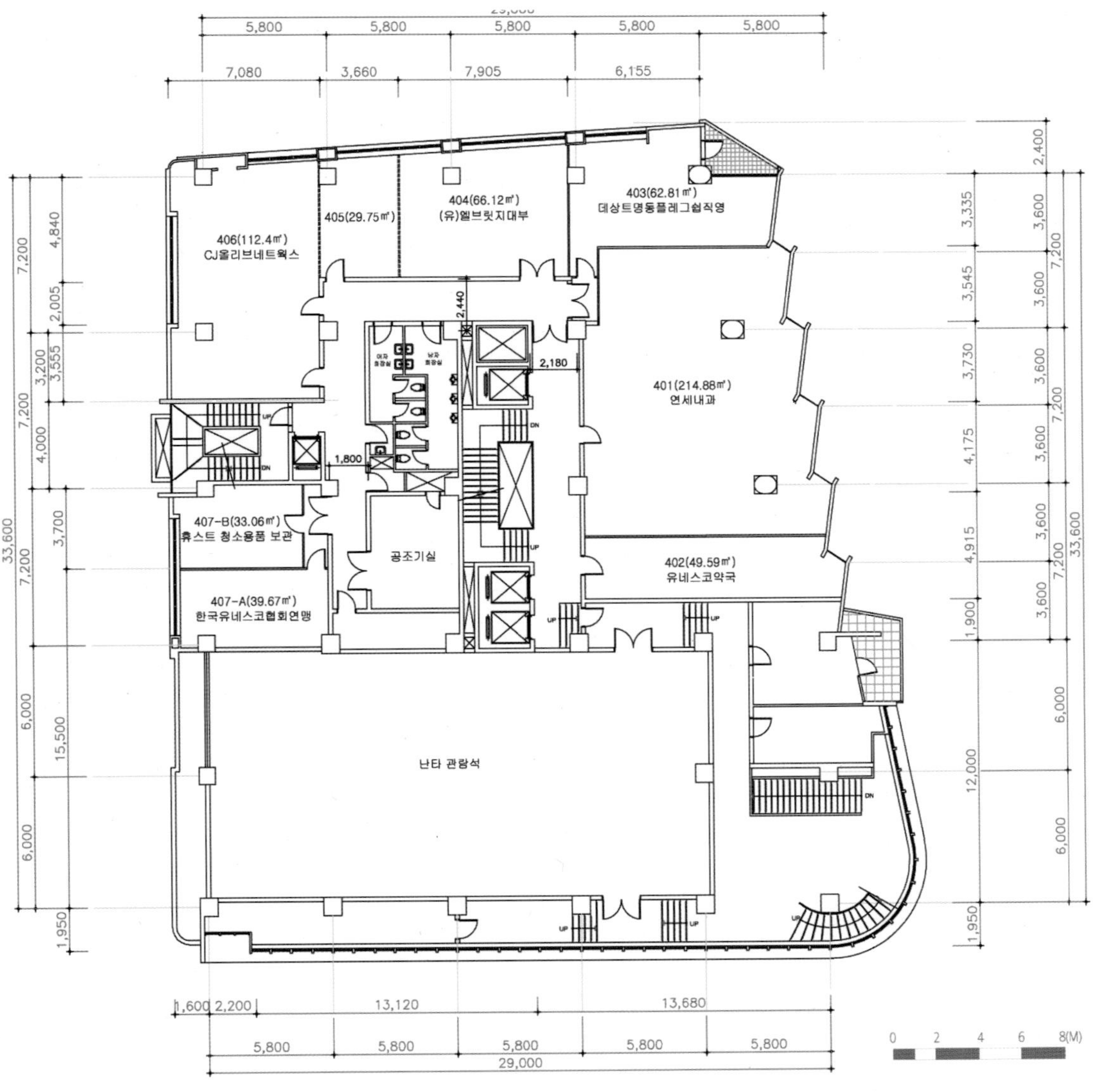

5층 현황 평면도(2020년)

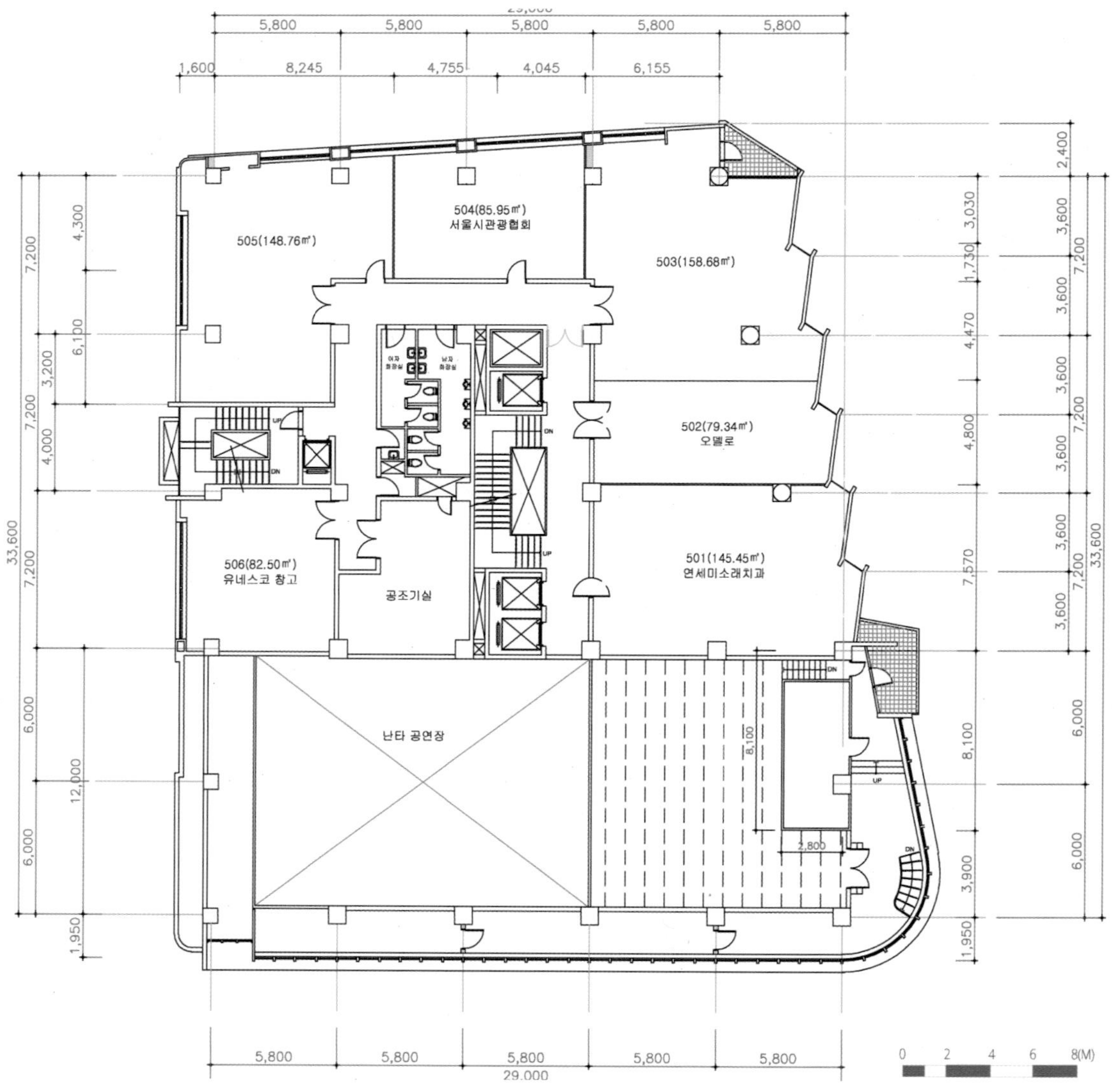

6층 현황 평면도(2020년)

6층, 7층은 같은 구조로 임대시설에 따라 공간이 다르게 구획된다.

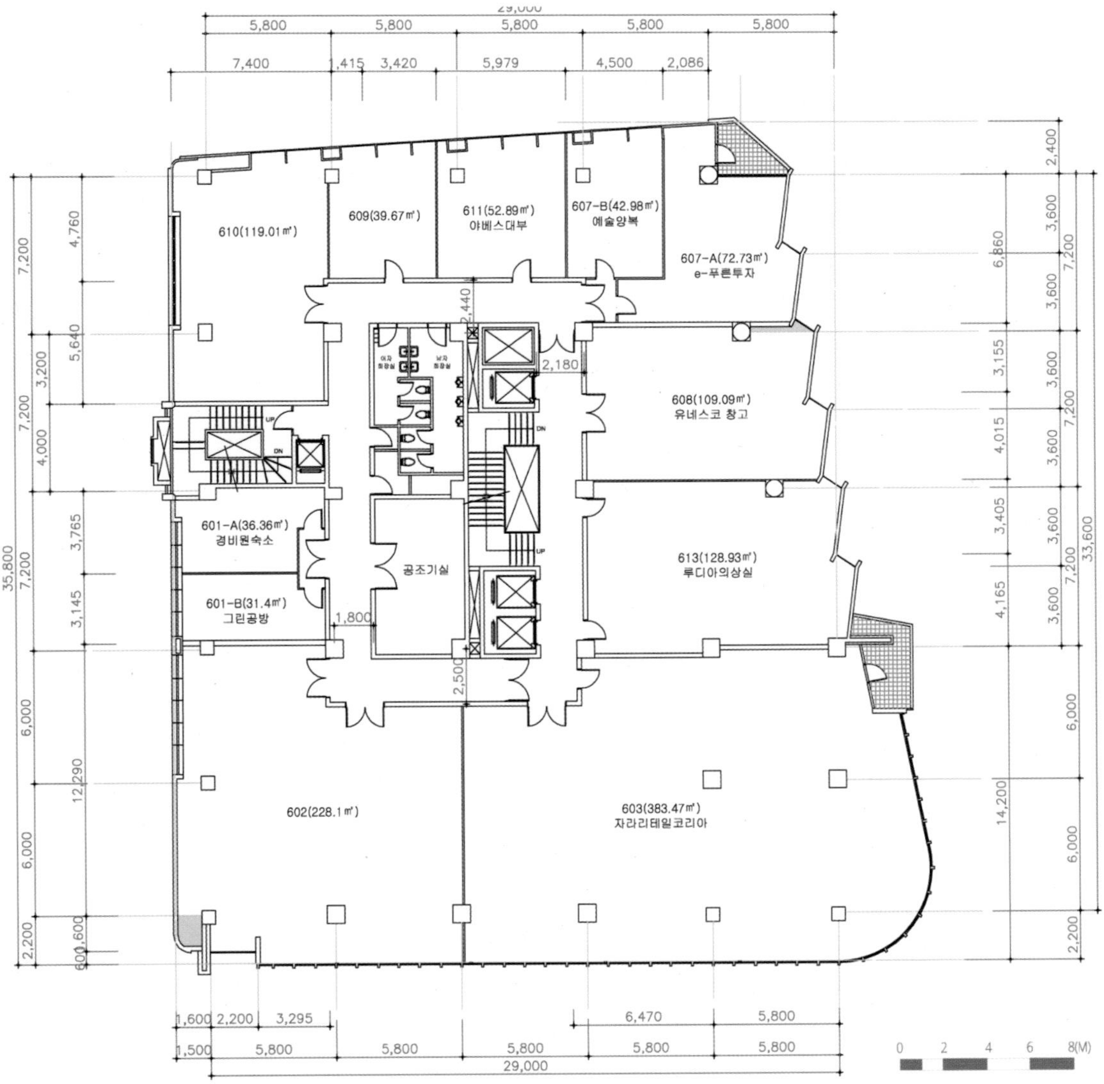

8층 현황 평면도(2020년)

8층에는 유네스코 세계시민학교 회의실이 있다. 또한, 2019년에는 주한헝가리문화원이 입주하여 한국과 다양한 문화 행사를 개최하는 등 국가간 교류가 진행되고 있다.

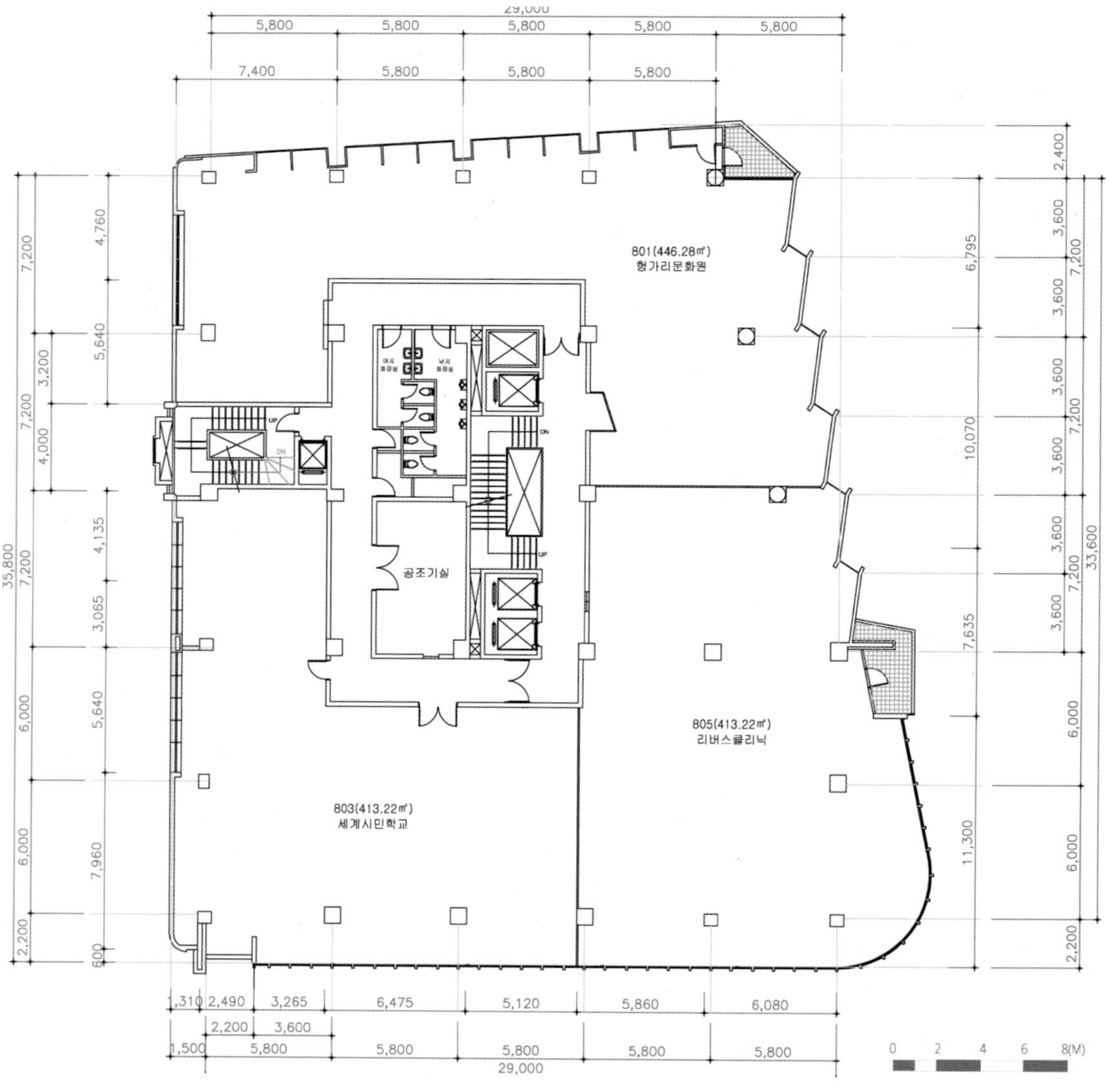

9층 현황 평면도(2020년)

9층에는 유네스코한국위원회 개발협력본부와 회관관리팀, 회관 소위원실, 노조사무실 등이 위치해 있다.

10층 현황 평면도(2020년)

10층에도 유네스코한국위원회 사무국이 들어서 있다. 사무총장실을 비롯하여, 기획경영본부, 교육본부, 과학문화본부 사무실과 여러 회의실이 있다.

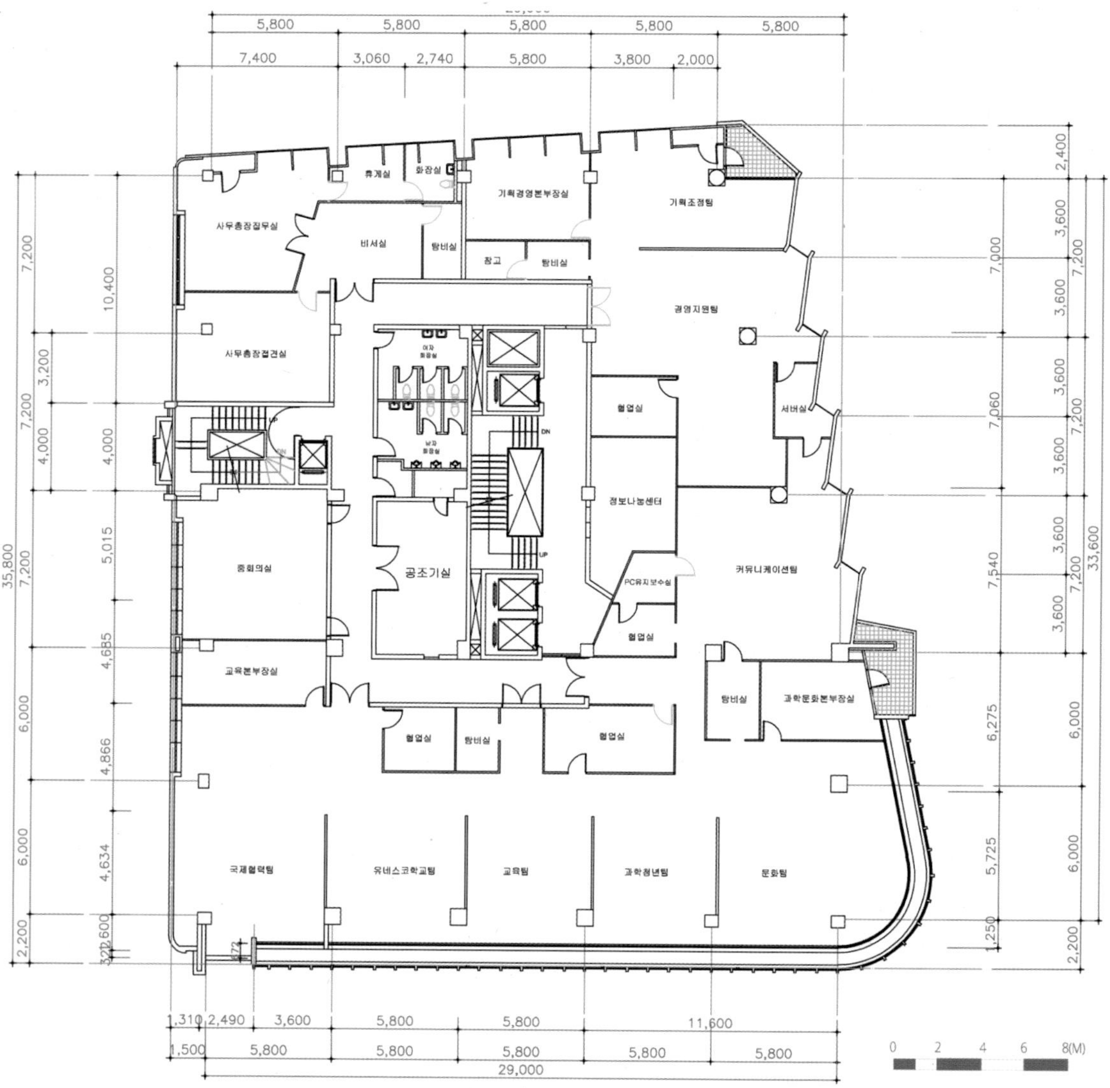

11층 현황 평면도(2020년)

11층에는 대회의실인 '유네스코홀'을 조성했다. 유네스코 관련 회의와 행사를 개최하고, 외부에 대관도 하고 있다. 남향으로는 과거 식당이 있었던 위치에 '마노디셰프'란 이태리 레스토랑이 들어와 있다. 유네스코홀과 레스토랑 사이 로비는 외부 테라스 공간으로 연결되며, 테라스에 있는 계단을 통해 12층의 '작은 누리' 옥상생태공원으로 올라갈 수 있다.

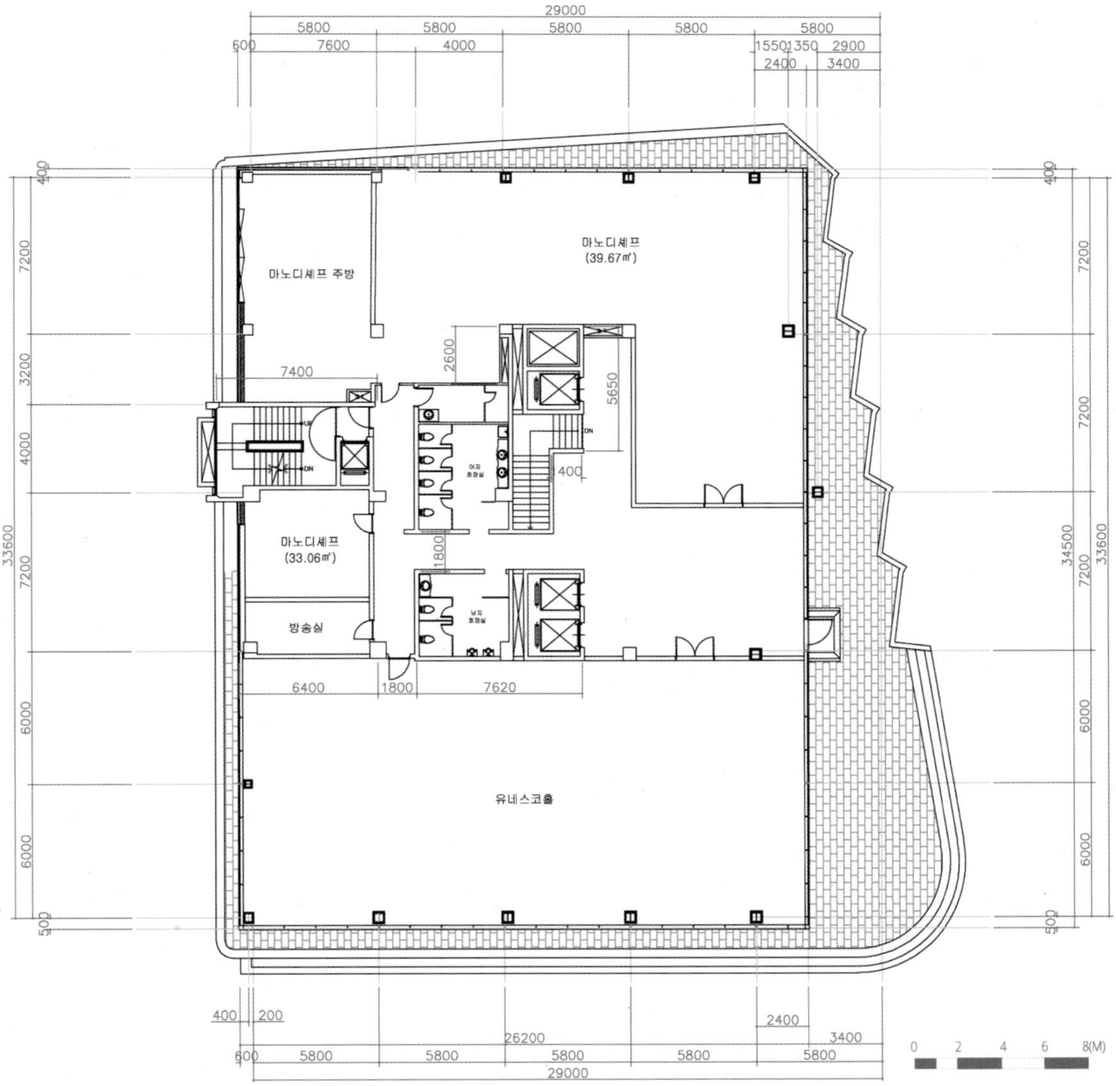

12층 현황 평면도(2020년)

12층은 옥상1층에 해당한다. 옥상에는 2003년 생태공원을 조성해 '작은 누리'라고 이름을 붙였다. '작은 누리'는 도심 소공원과 남산 사이의 동식물의 생태적 연결 통로 역할을 한다. 2003년 환경부가 주최한 제3회 생태조경 녹화대상 공모전에서 장려상을 수상하기도 했다. 정원 한편에는 카페도 조성하여 사람들에게는 도시 속 휴식공간으로 작용하고 있다.

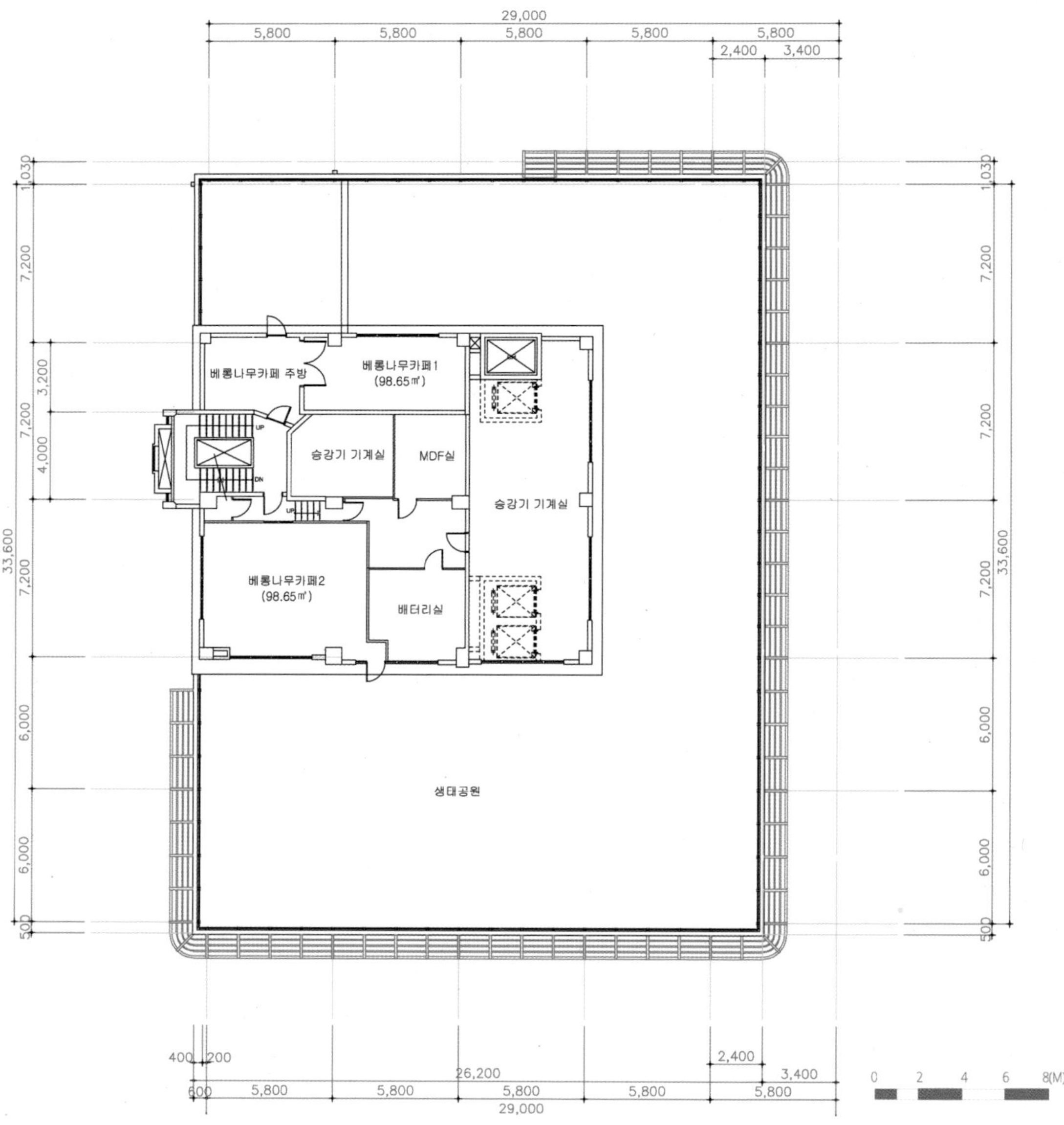

13층 현황 평면도(2020년)

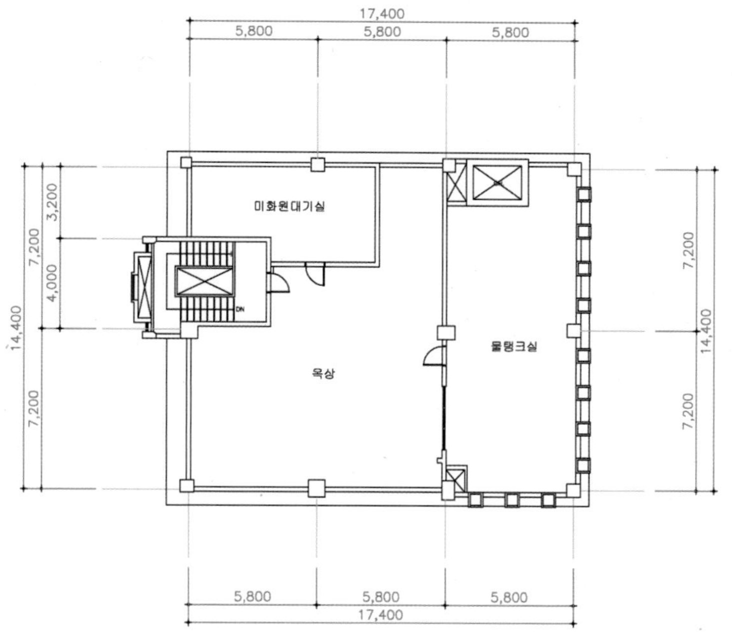

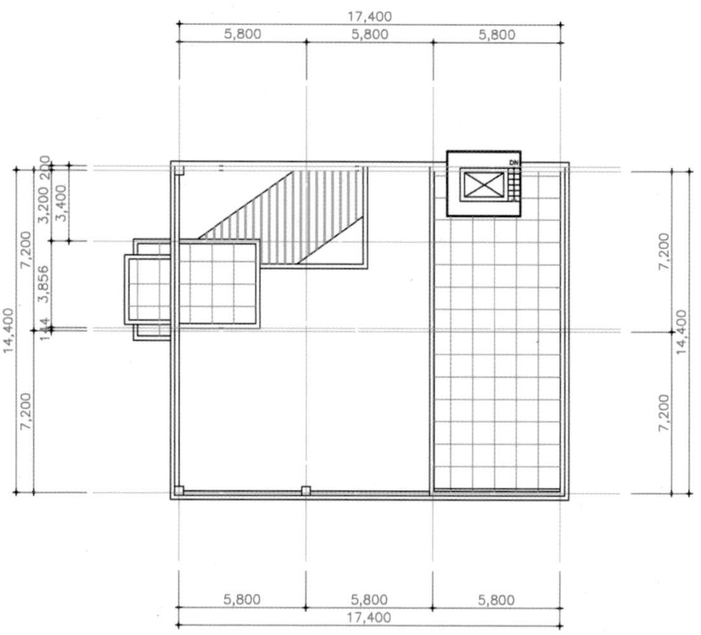

지하층, 지하중층 현황 평면도(2020년)

지하층에는 상업시설 외 기관실, 전기실, 특고압실의 관리시설이 위치하고 있다. 건물 지하 기관실에는 준공 당시의 GE 터빈 설비가 잔존해 있다.

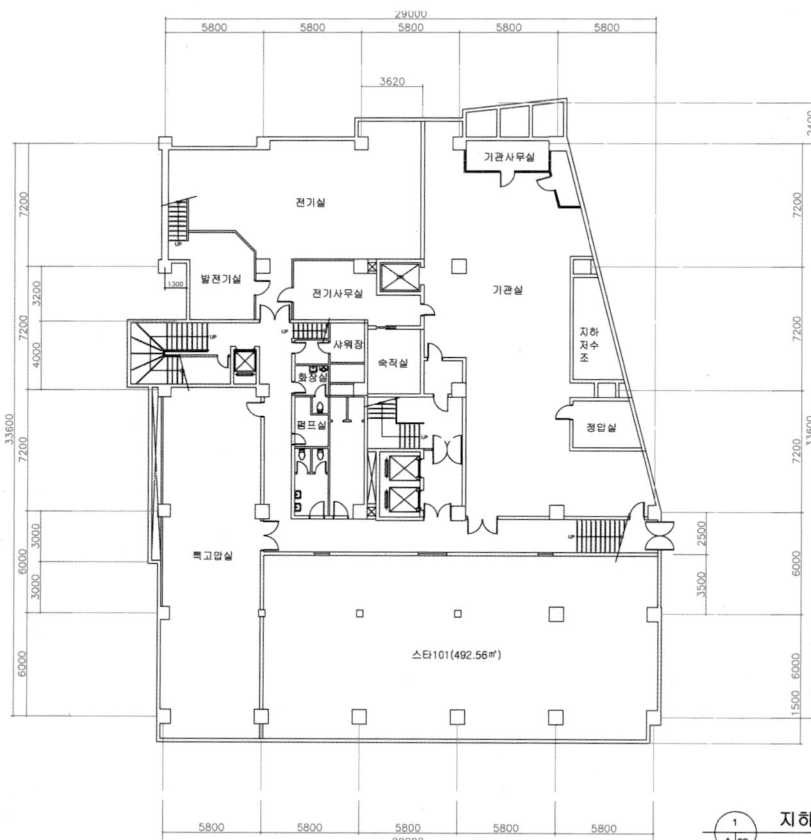

1 A 02 지하층 평면도
축척:1/200

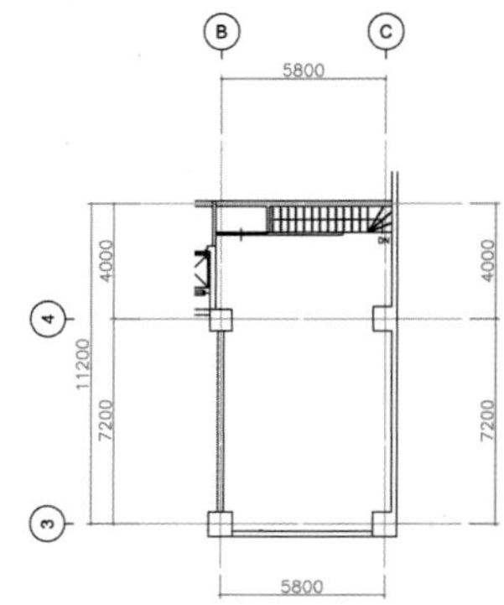

2 A 02 지하중1층 평면도
축척:1/200

종단면도(2020년)

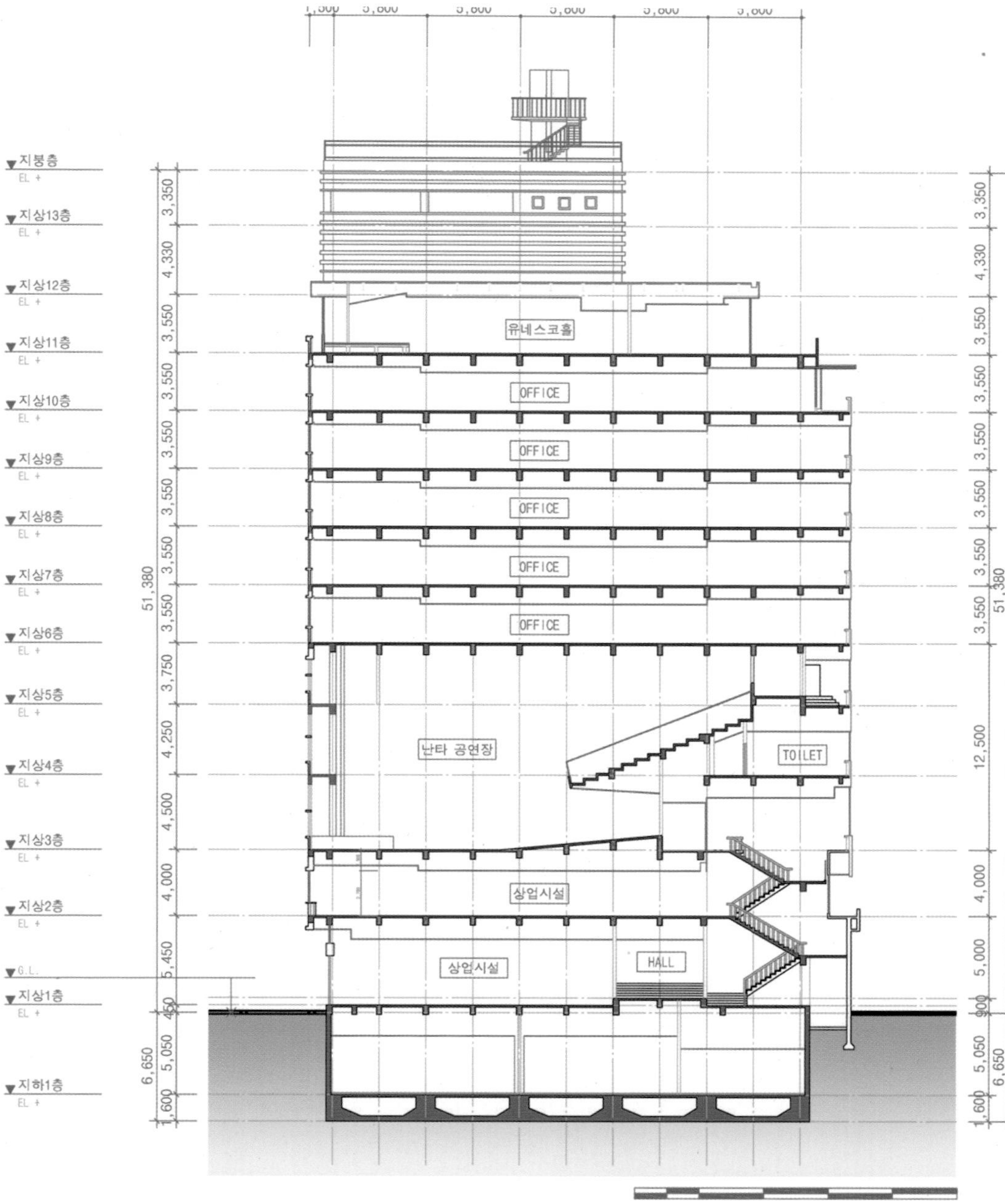
지붕층
지상13층
지상12층
지상11층
지상10층
지상9층
지상8층
지상7층
지상6층
지상5층
지상4층
지상3층
지상2층
G.L.
지상1층
지하1층
유네스코홀
OFFICE
OFFICE
OFFICE
OFFICE
OFFICE
난타 공연장
TOILET
상업시설
상업시설
HALL
51,380
12,500
6,650

북측 입면도(정면도, 2020년)

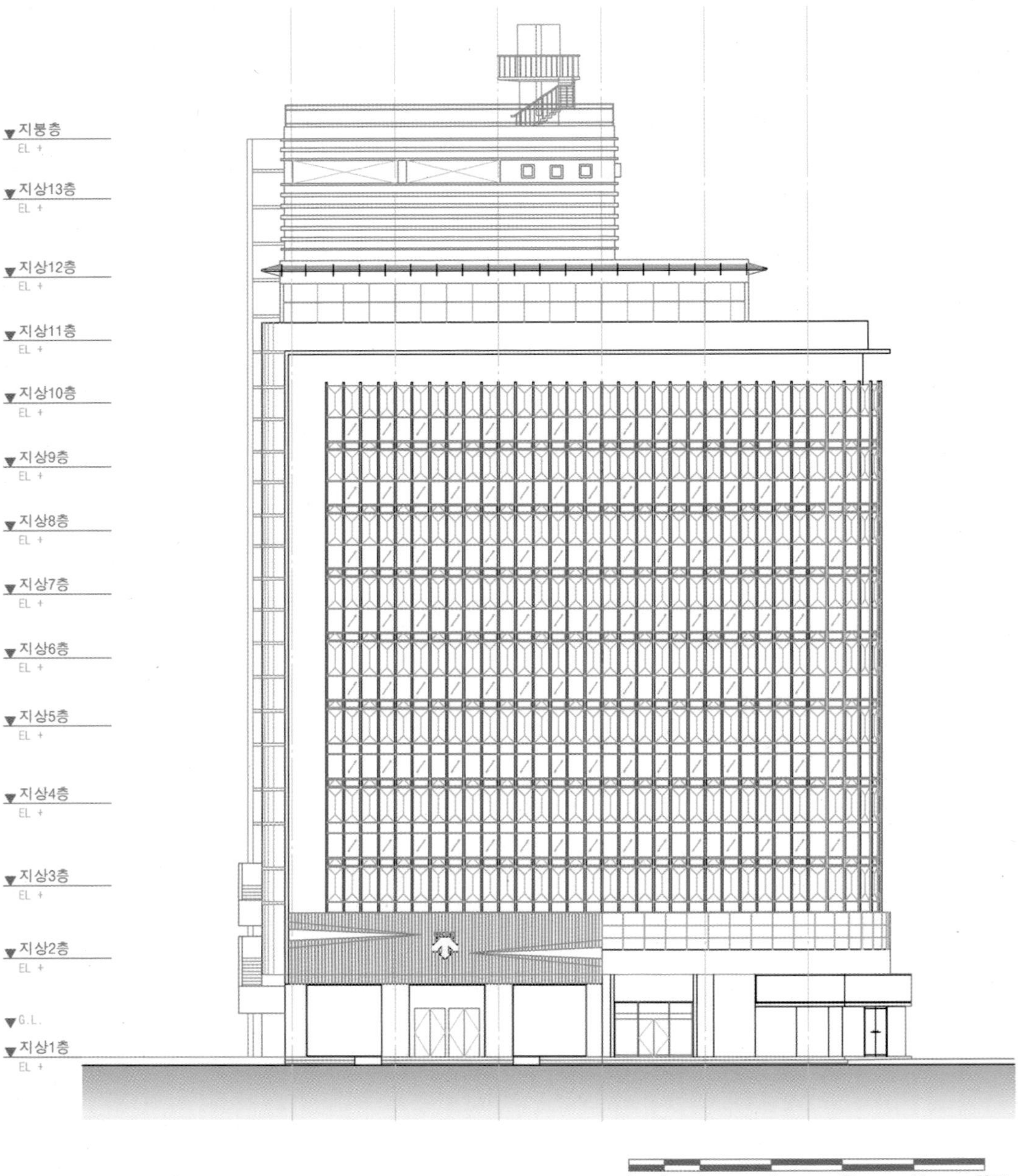

서측 입면도(2020년)

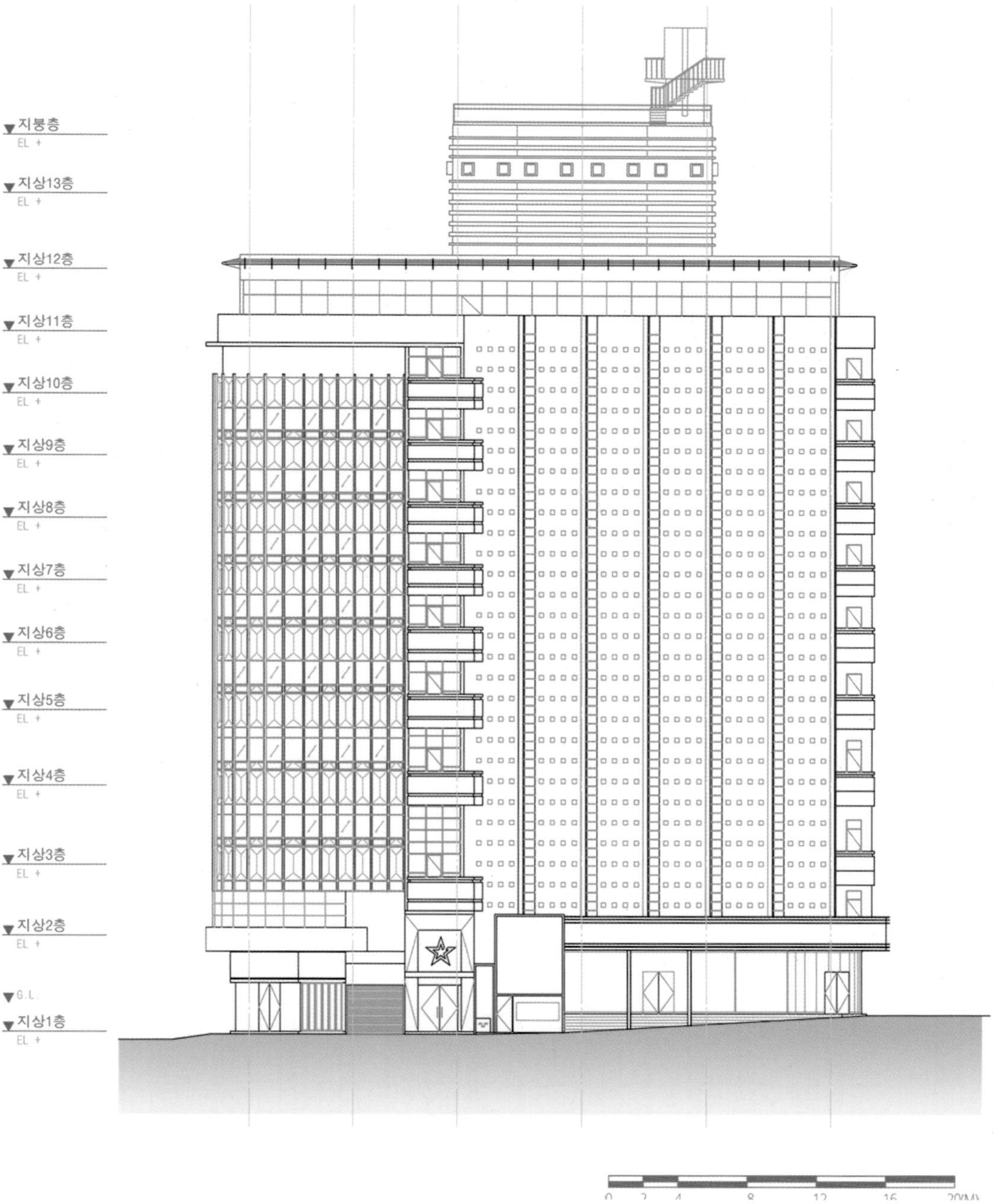

지붕층
EL +
지상13층
EL +
지상12층
EL +
지상11층
EL +
지상10층
EL +
지상9층
EL +
지상8층
EL +
지상7층
EL +
지상6층
EL +
지상5층
EL +
지상4층
EL +
지상3층
EL +
지상2층
EL +
G.L.
지상1층
EL +

유네스코회관 남측 입면도(2020년)

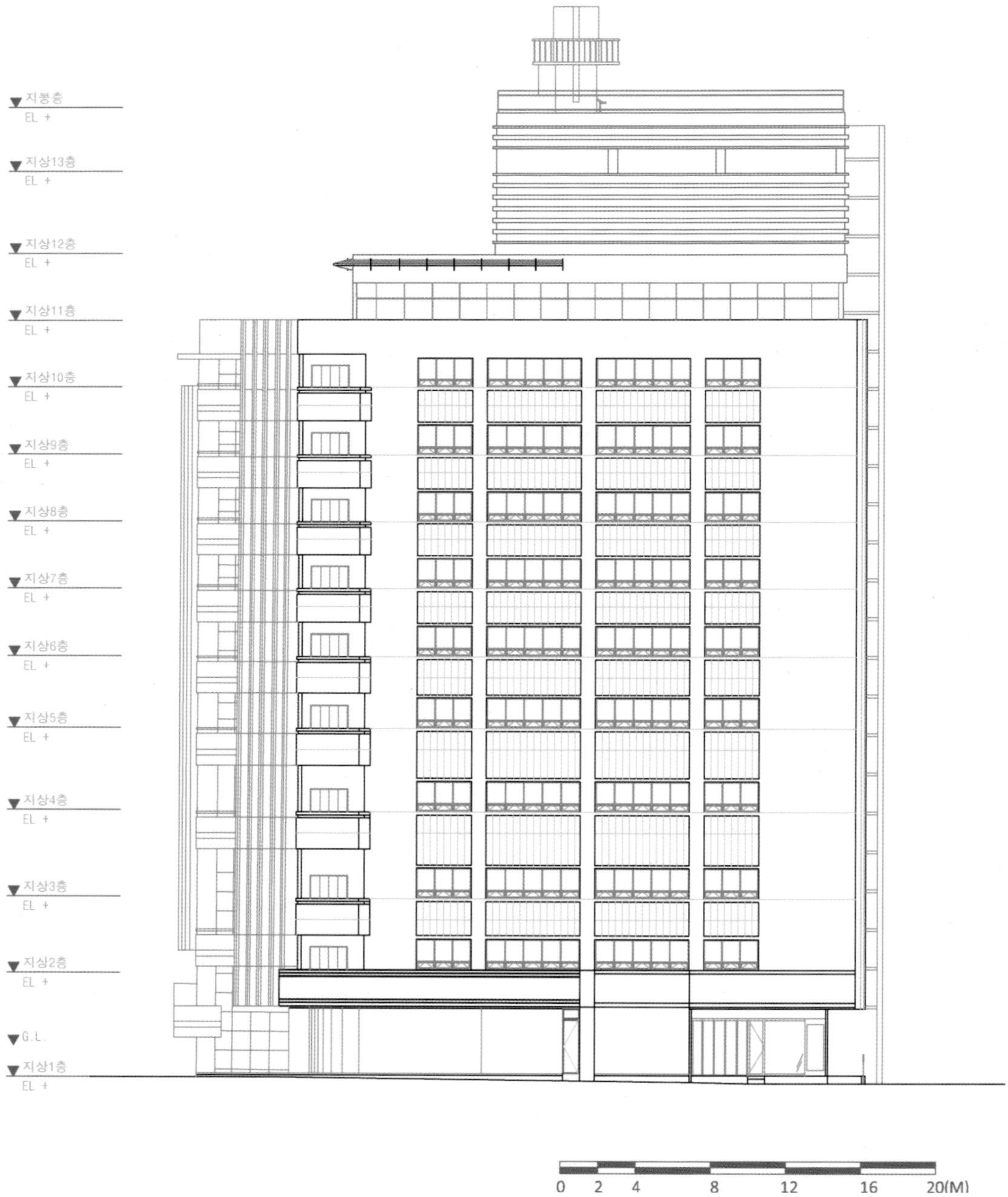

유네스코회관 동측 입면도(2020년)

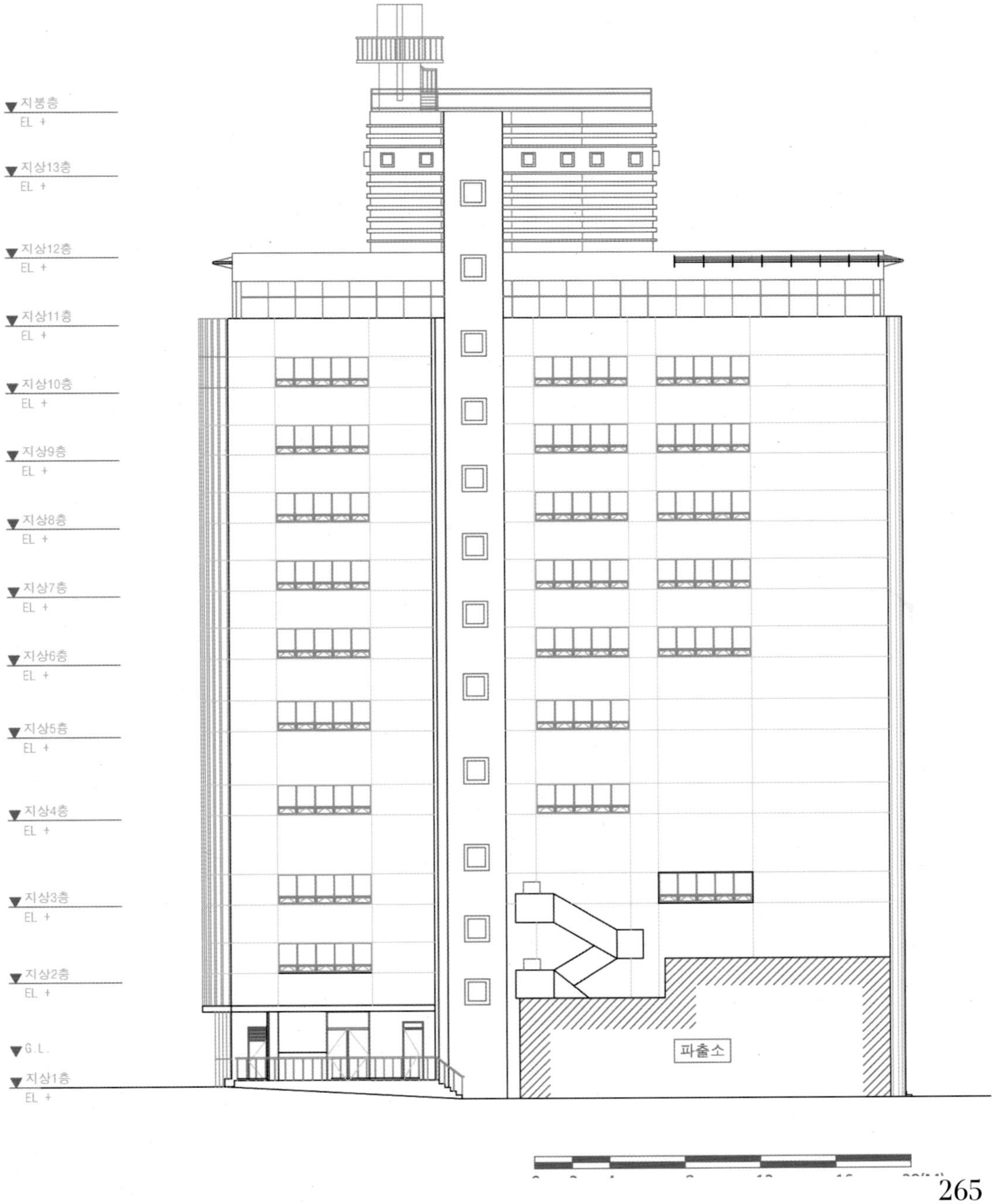

3. 유네스코한국위원회 소장 도면

유네스코한국위원회는 회관 신축 당시부터 현재까지 진행된 여러 공사도면과 안전진단 도면을 잘 보관해오고 있다. 청사진 원도, 종이 복사본, 캐드 도면 등 다양한 유형의 도면을 목록화했고, 이 중 일부는 디지털 스캔을 통해 파일로 보관하고 있다. 도면 목록은 아래와 같다.

소장도면 중 현상설계안을 많은 부분 계승한 것으로 추정되는 "UNESCO회관 신축공사설계(초안) 1" 도면과 준공도면으로 현재와 많은 부분 유사한 "UNESCO회관 신축공사설계(설계변경마감)" 도면을 이어 수록하였다. 2001년 회관 정밀안전진단을 실시하면서 초기 도면을 CAD로 작성해두었다.

제작연도	도면명	문서유형	면수
1960년	UNESCO회관 신축당시 구조도면 1차 (정밀안전진단)	2001년 AutoCAD 작성본	12p
1962년	UNESCO회관 신축당시 구조도면 2차_추가공사 (정밀안전진단)	2001년 AutoCAD 작성본	14p
1964년	UNESCO회관 신축당시 구조도면 3차_설계변경 (정밀안전진단)	2001년 AutoCAD 작성본	14p
1962~1966년	UNESCO회관 신축공사설계(초안) 1	종이도면	26p
1962~1966년	UNESCO회관 신축공사설계(초안) 2	종이도면	12p
1966년	UNESCO회관 신축공사설계(설계변경마감)	청사진	76p
1966년	UNESCO회관 신축설비공사설계도(공기조화, 난방, 위생), (전기도면)	청사진	60+100p
1977년	유네스코 장치공사 설계도	청사진	28p
1983년	UNESCO회관 방재시설 개수공사설계도	청사진	22p
1992년	코리아극장 용도변경도면	청사진	20p
1993년	정화조 도면	청사진	2p
1994년	UNESCO회관 전체평면도	청사진	14p
1994년	유네스코회관 대수선공사 평면도	종이도면	2p
1994년	한일증권 명동지점	청사진	5p
1995년	한일은행 신설설계도	종이도면	30p
1996년	한일은행 보수공사	종이도면	8p
1999년	한일은행 명동입구 지점 원상복구공사	종이도면	6p
1999년	유네스코한국위원회 명동이전공사	청사진	9p
1990년대	11층 지붕개수공사 상세도, 철골평면도	트레이싱지	2p
2000년	2층 청소년교류센터(MIZY센터) 신축도면(건축, 전기배선, 기관공조)	종이도면	7+5+18p
2000년	지하1층 골드코스타 비상문 공사	종이도면	5p
2001년	유네스코한국위원회 11층 재건축 신축공사	청사진	71p
2001년	명동 유네스코회관 정밀안전진단(건축도면),(구조도면)	종이도면	14+28p
2008년	명동 유네스코빌딩 대수선공사(1층 계단 리모델링)	종이도면	26p
2020년	현황도면	AutoCAD 작성본	18p

UNESCO회관 신축공사설계(초안) 1

총 26페이지로 두 개의 설계 초안으로 구성되어 있다. 여기 수록한 도면은 두 번째 도면으로, 건물 서쪽으로 호텔 출입구와 건물 주출입구가 배치된 안이다.

도면은 아래와 같이 구성되어 있다.

- 배치도
- 지하층 평면도
- 지하복층 평면도
- 1층 평면도
- 2층 평면도
- 3층 평면도
- 4층 평면도
- 5층 평면도
- 6층 평면도
- 7, 8, 9, 10층 평면도
- 11층 평면도
- 12층 평면도
- 13층 평면도
- A-A' 단면도
- B-B' 단면도

유네스코회관 설계 초안 배치도(1962~1965년)

건물 서남쪽 방향으로 건물이 set-back 되어 건물 앞에 소광장을 조성했다. 서남쪽 출입구에서 호텔과 유네스코회관 위층 사무공간으로 바로 진입하도록 계획되어 있었다. 이후의 준공도면을 보면 서남쪽 출입구가 없어져 사무공간으로 재편되고 북측 출입구만 남아있는 것으로 나타난다.

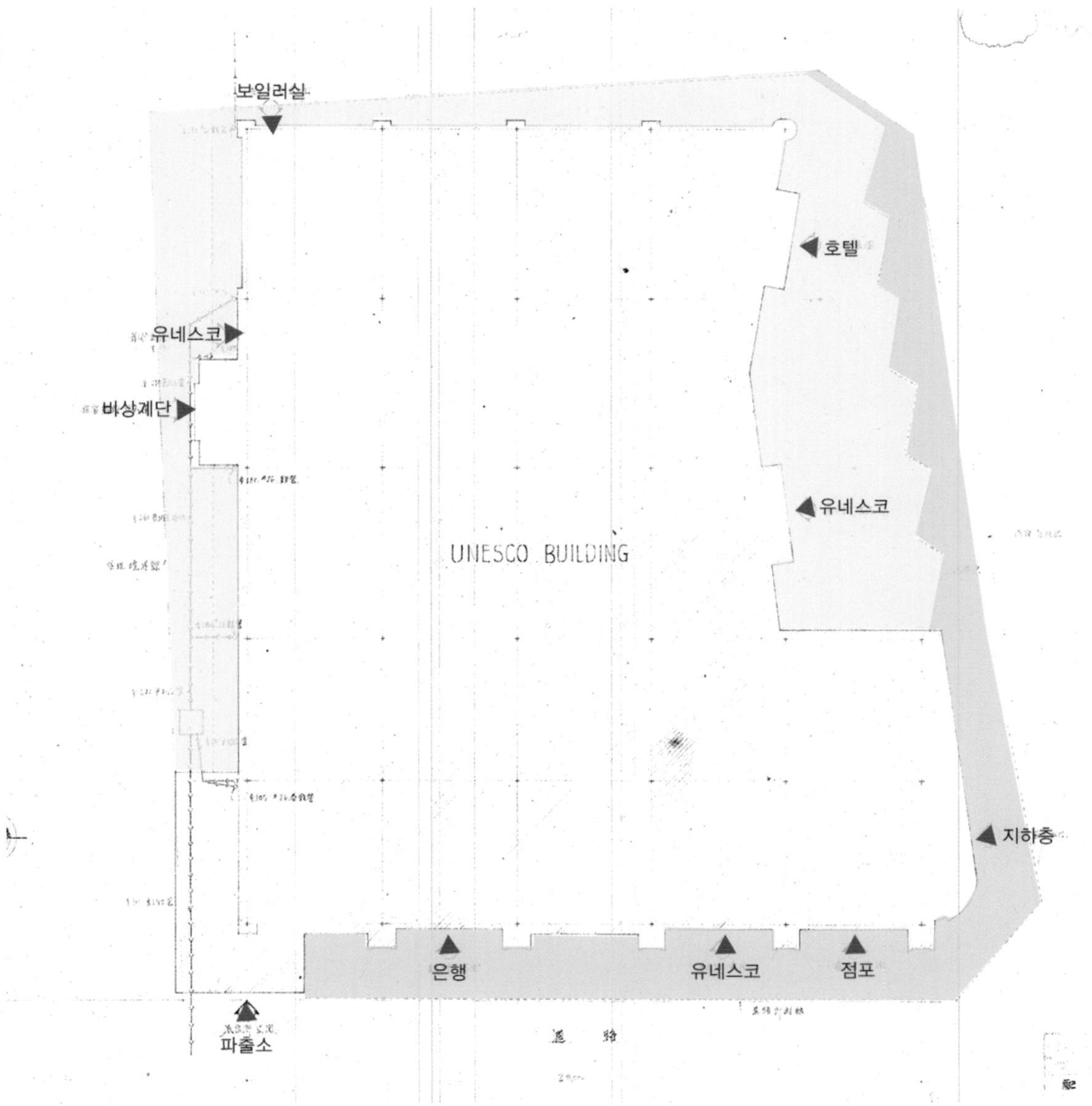

유네스코회관 설계 초안 1층 평면도(1962~1965년)

초기 설계안에는 호텔과 회관 주출입구가 서쪽으로 분리되어 있었다. 계단실의 위치도 현재와 다르게 계획된 것을 알 수 있다. 유네스코회관 건립 부지는 원래 명동파출소와 바로 인접해 있었는데 공사 편의를 위해 파출소를 허물고 회관 안에 신축하기로 했다. 설계 초안에서는 이를 고려해 회관 동북쪽에 파출소 공간을 마련한 것을 확인할 수 있다. 추후 상호합의하여 현재와 같이 완전히 분리되었다.

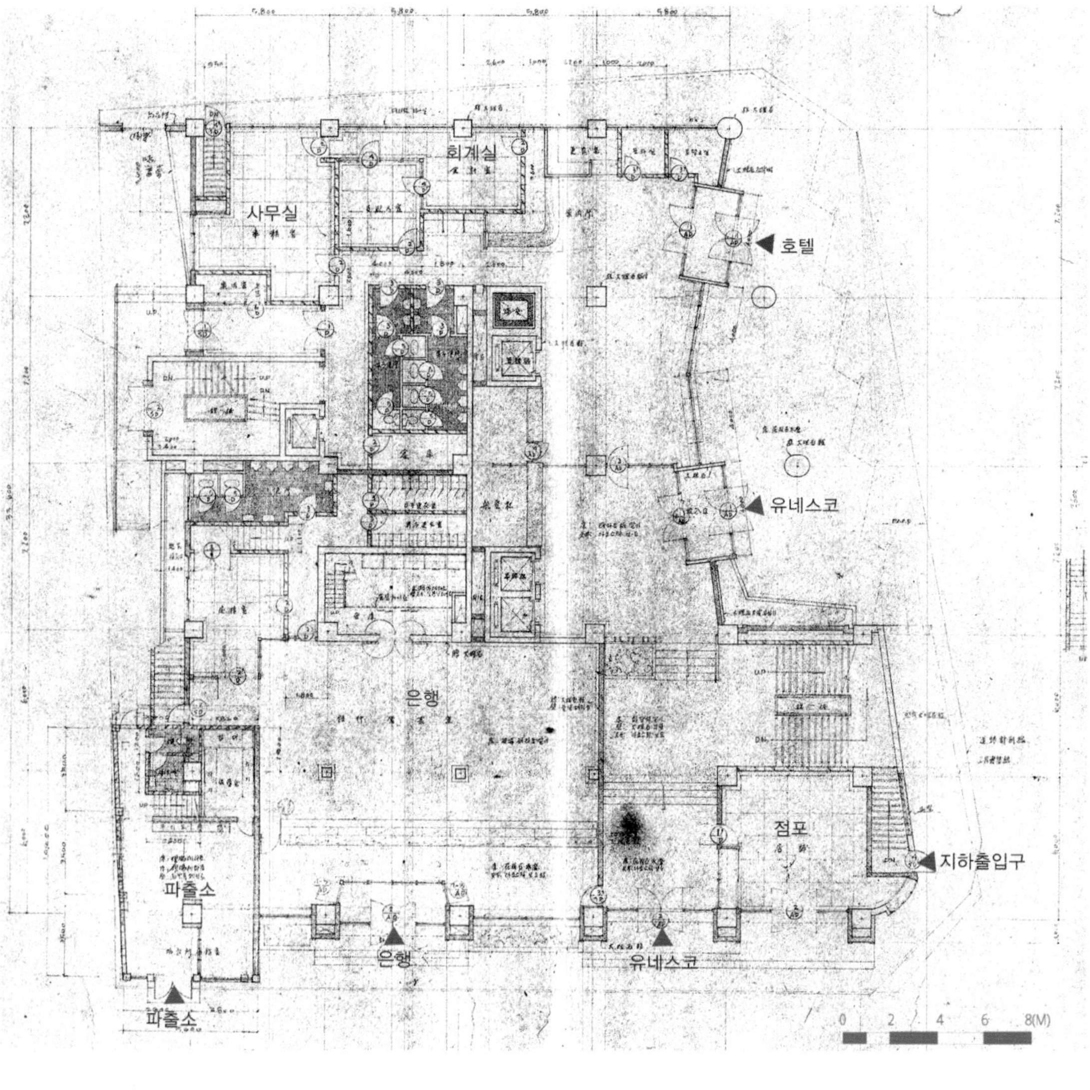

유네스코회관 설계 초안 2층 평면도(1962~1965년)

2층에는 전시실, 강의실, 점포와 은행 사무실을 배치 계획했다.

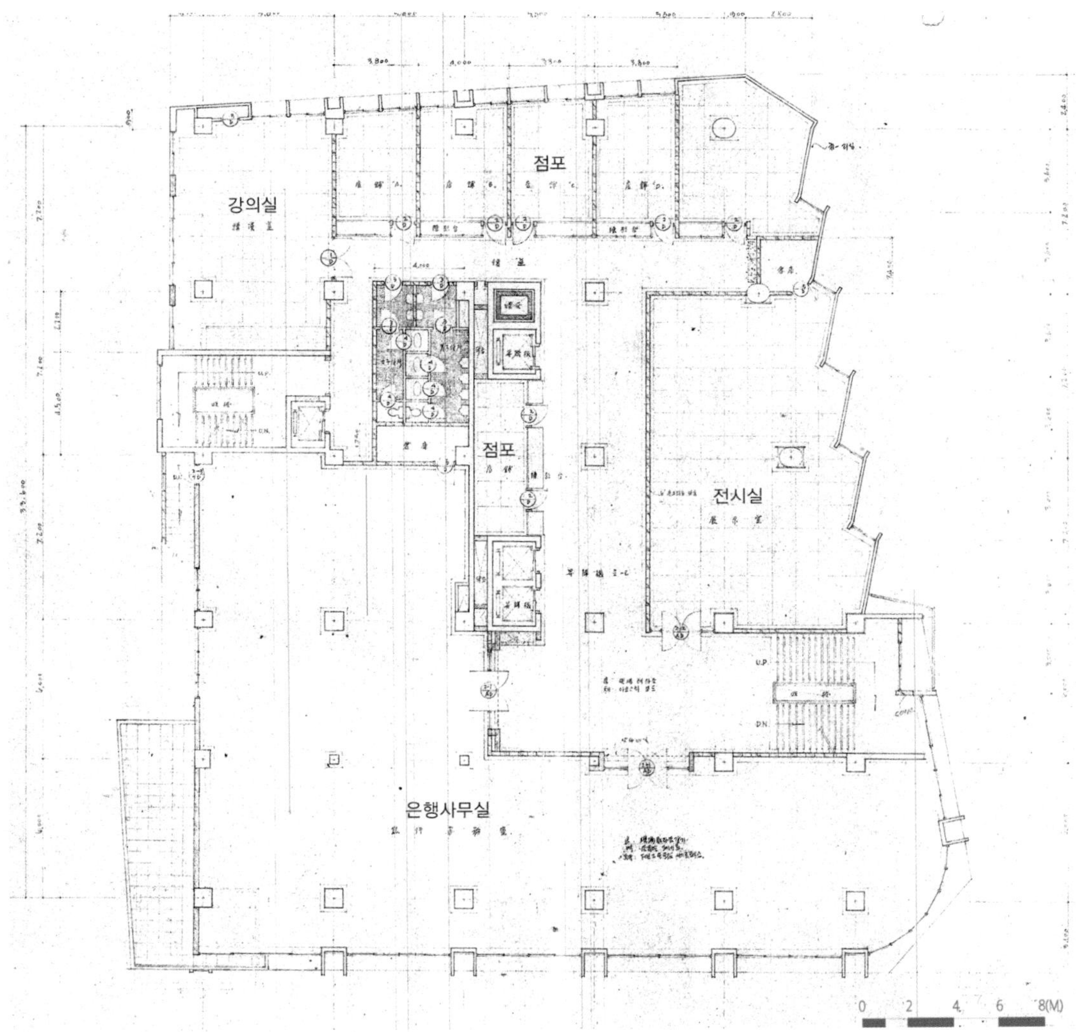

유네스코회관 설계 초안 3층 평면도(1962~1965년)

3층에는 극장, 극장 로비 및 부대시설, 사무실 등을 계획했다. 극장은 3~4층에 걸쳐 조성하고, 국제적 수준의 동시통역시설과 영화나 공연을 감상할 수 있는 시설을 갖추게 하고자 계획했다.

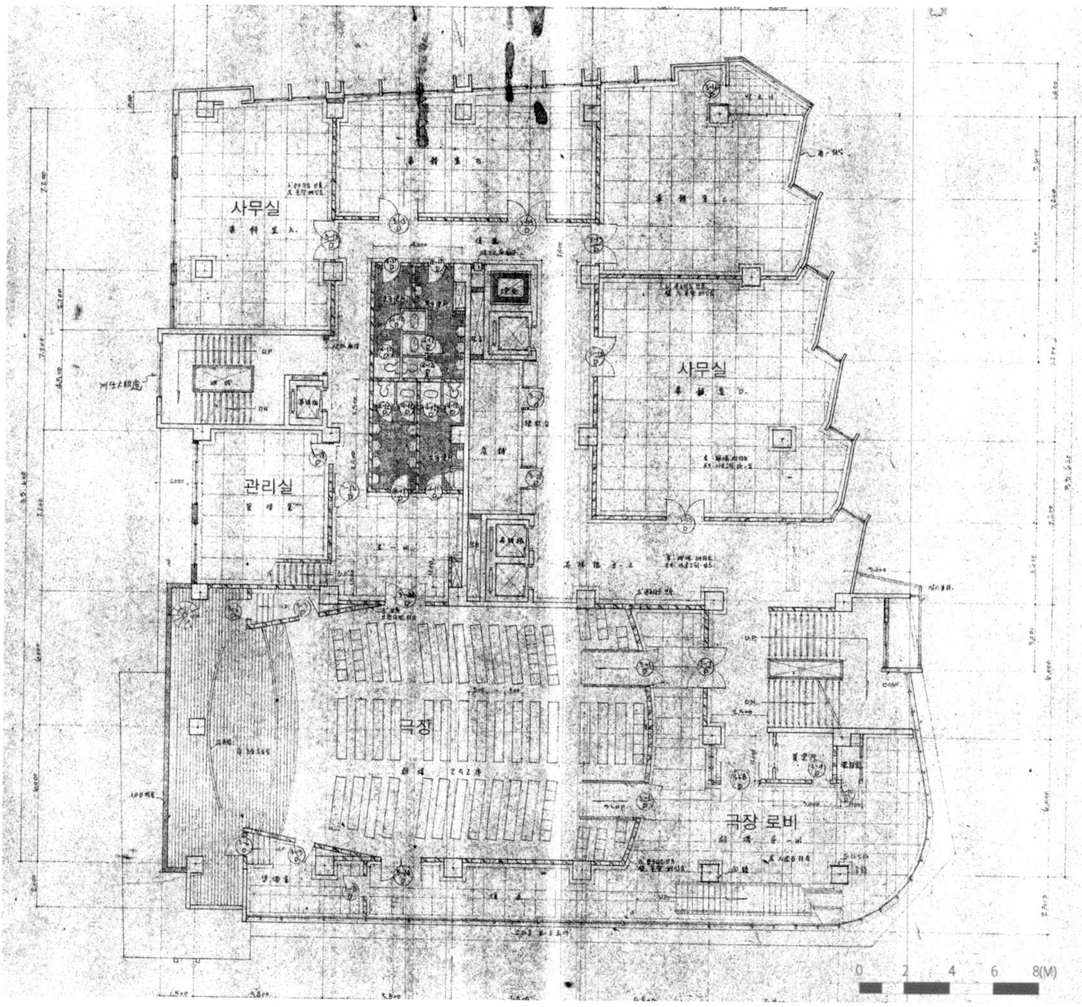

유네스코회관 설계 초안 4층 평면도(1962~1965년)

초기 설계안에는 4층까지만 극장으로 계획되어 있었다. 4층에는 별도의 극장 로비, 극장 상층부 좌석, 관리실을 배치 계획했고 그 외 사무실 공간도 조성할 계획이었다.

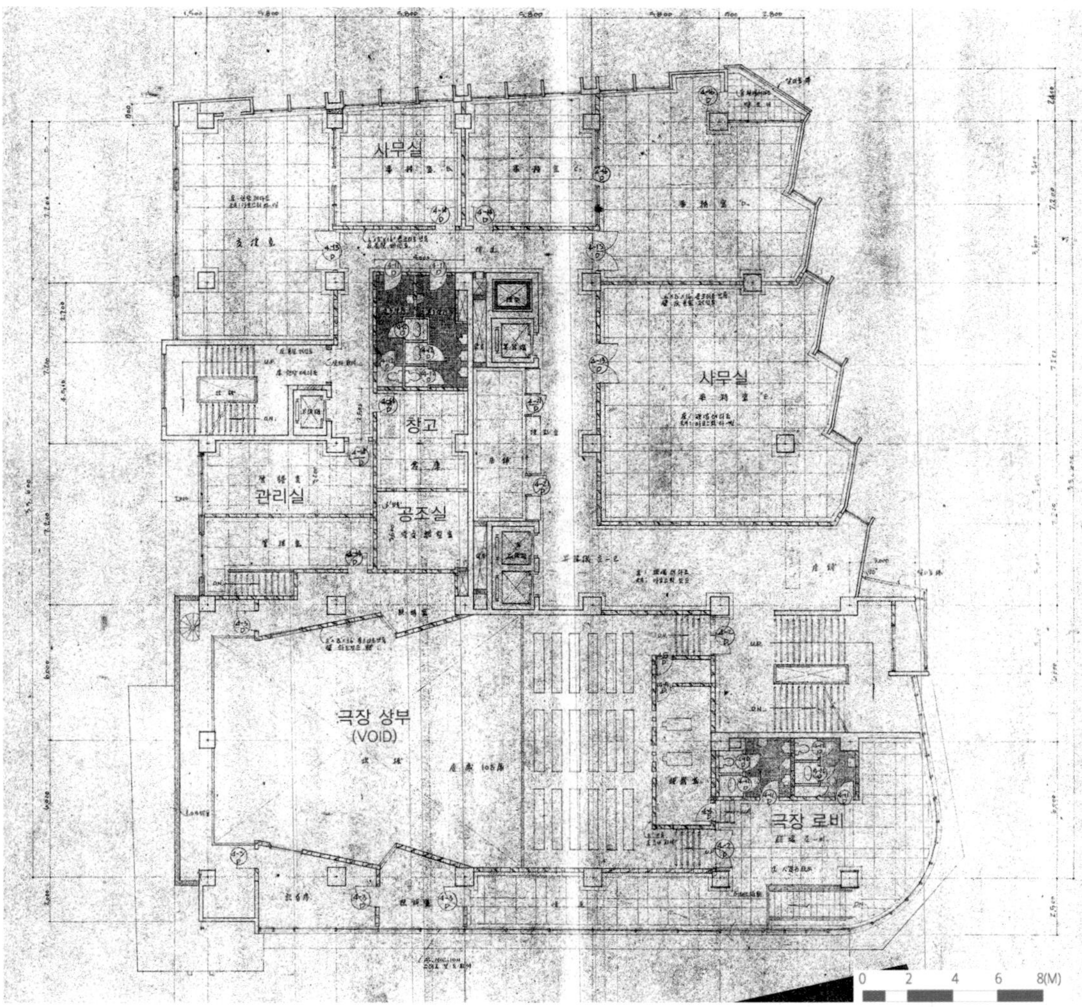

유네스코회관 설계 초안 5층 평면도(1962~1965년)

5층에는 여러 크기의 회의실과 사무실, 위원실을 배치하고자 계획했다.

유네스코회관 설계 초안 6층 평면도(1962~1965년)

6층부터 10층까지는 호텔 공간으로 계획했다. 유네스코 활동과 관련한 용무로 여행하는, 또는 국제회의에 참석하는 외국인들을 위한 숙박시설로 조성하고자 했다. 업무와 회의, 숙박, 식음, 여가 활동이 모두 한 번에 이루어지는 복합시설로 조성을 꾀하였다. 6층에는 호텔 라운지와 직원 시설을 배치했으며, 사무실이 함께 계획되었다.

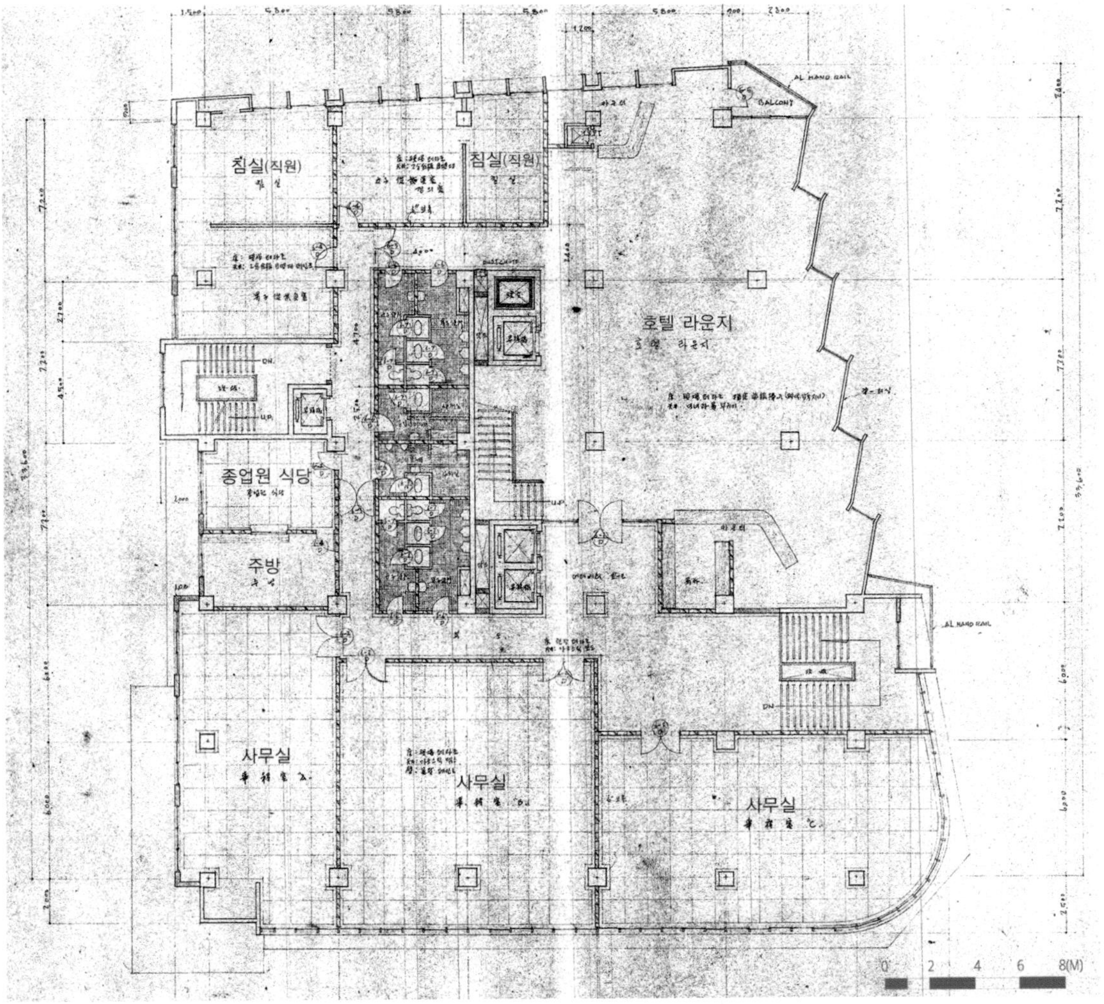

유네스코회관 설계 초안 7~10층 평면도(1962~1965년)

7층부터 10층까지는 호텔 객실을 배치 계획했다. 한 층에 23개 정도의 객실이 배치되었다.

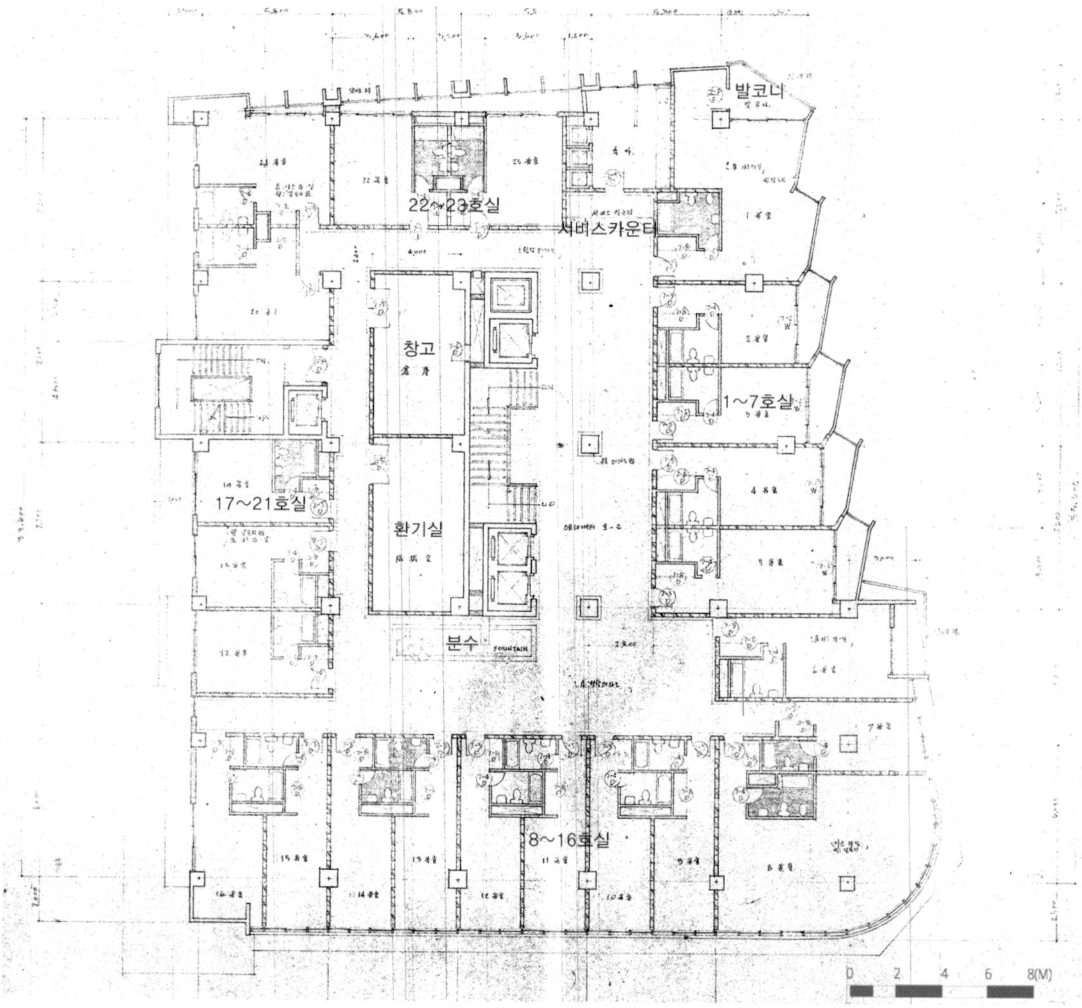

유네스코회관 설계 초안 11층 평면도(1962~1965년)

11층에는 연회장(banquet room), 바, 무도실(ball room), 식당(dining hall)과 주방 등을 조성할 계획이었다.

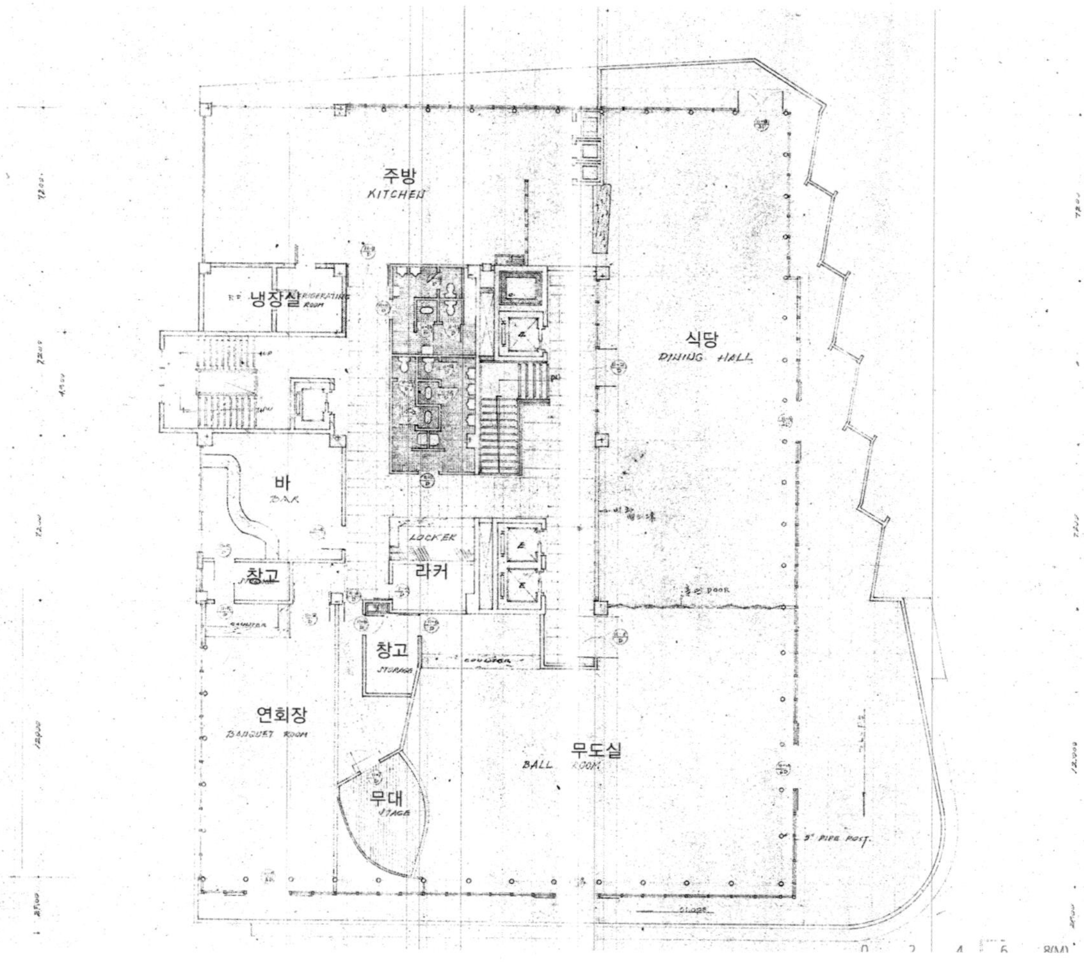

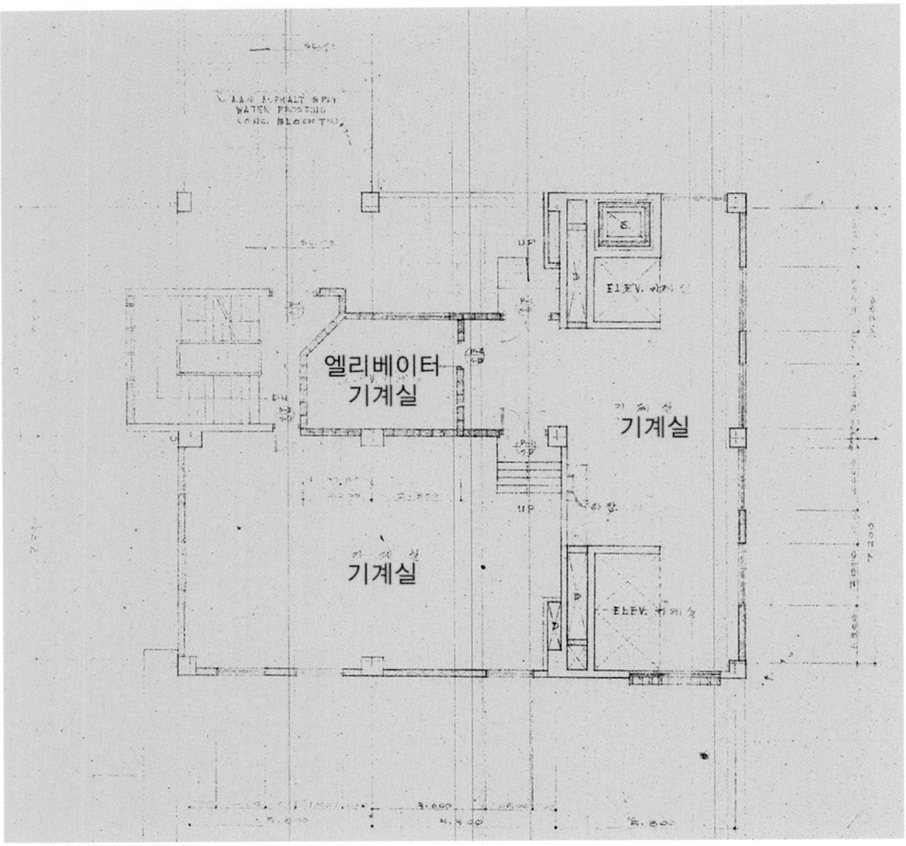
엘리베이터
기계실
기계실
기계실

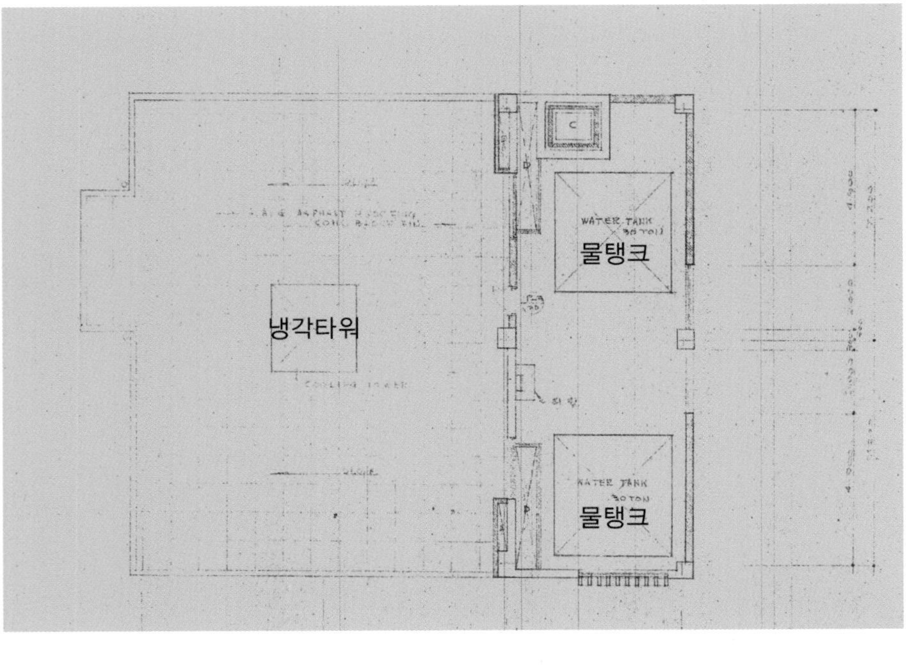
물탱크
냉각타워
물탱크

유네스코회관 설계 초안 지하층 평면도(1962~1965년)

지하층에는 나이트클럽, 식당(Grill), 다방(Tea Room), 이발소 및 보일러실 등을 배치 계획했다.

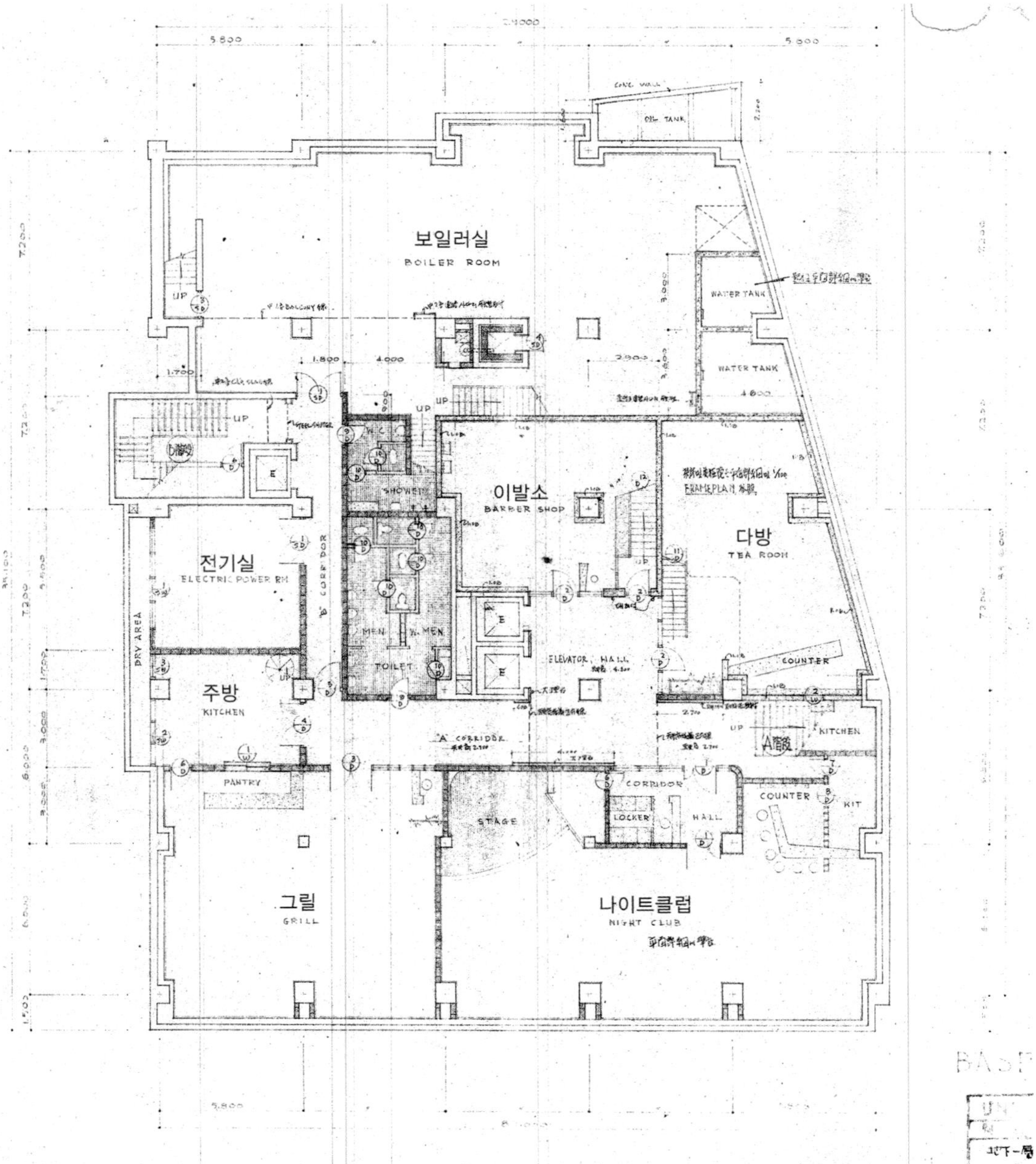

유네스코회관 설계 초안 지하2층 평면도(1962~1965년)

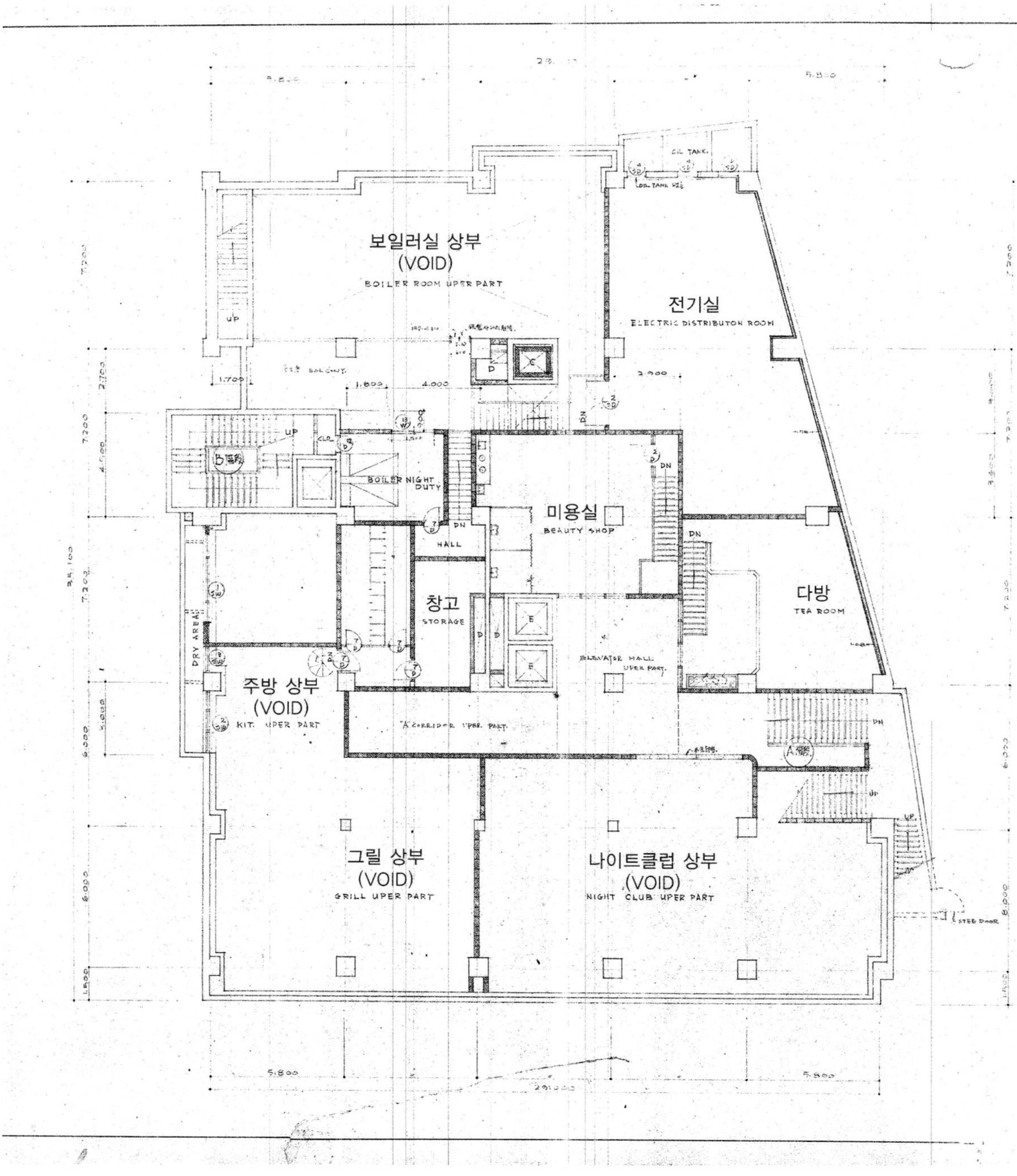

유네스코회관 설계 초안 단면도(1962~1965년)

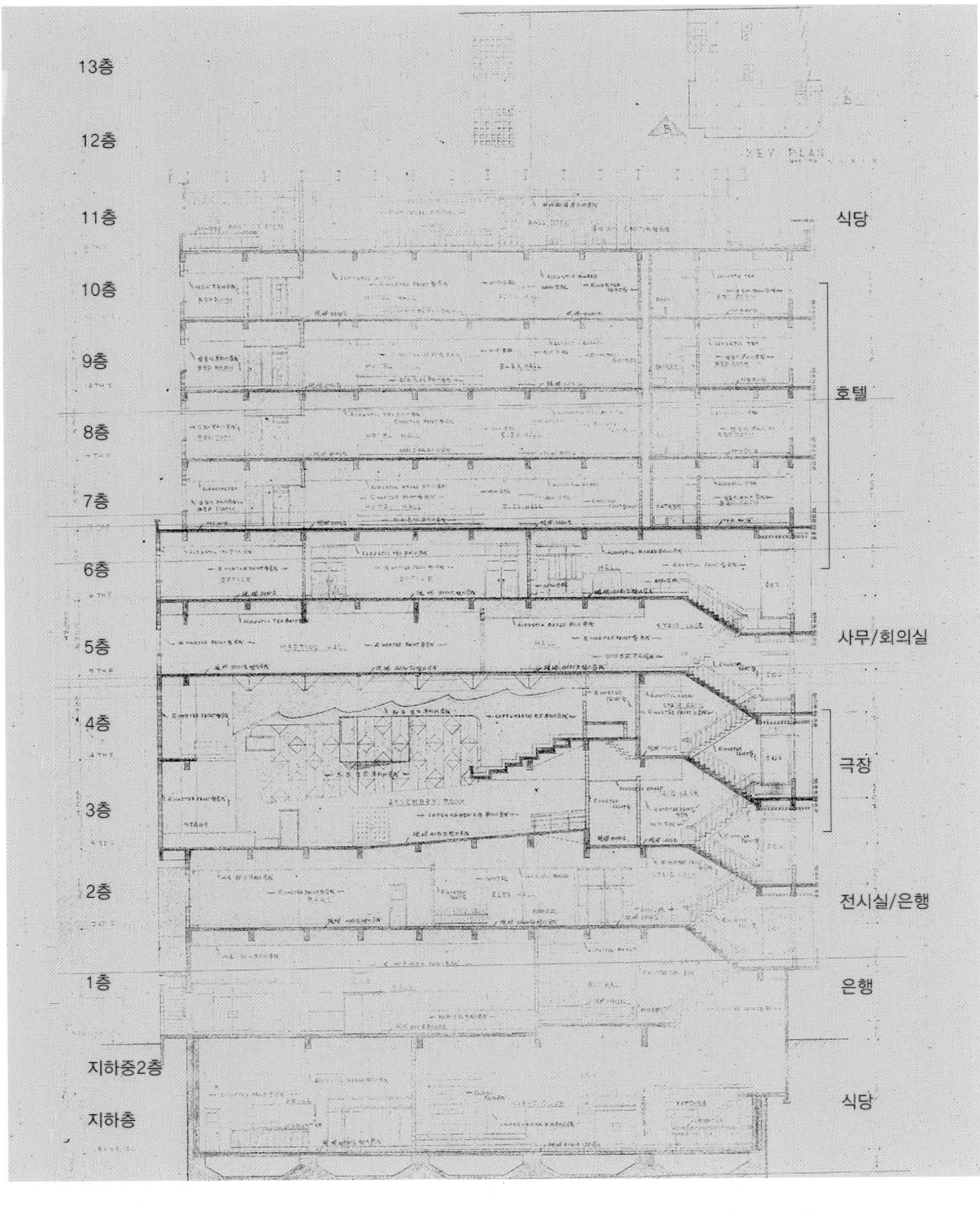

UNESCO회관 신축공사설계(설계변경마감)

준공도면은 도면집 표지에 구조사-건축기술연구소에서 작성한 "UNESCO會館 新築工事設計圖-設計變更마감工事設計圖"로 기입되어 있다. 총 126장의 도면으로, 1966년 5월 5일 결재한 도면이다.

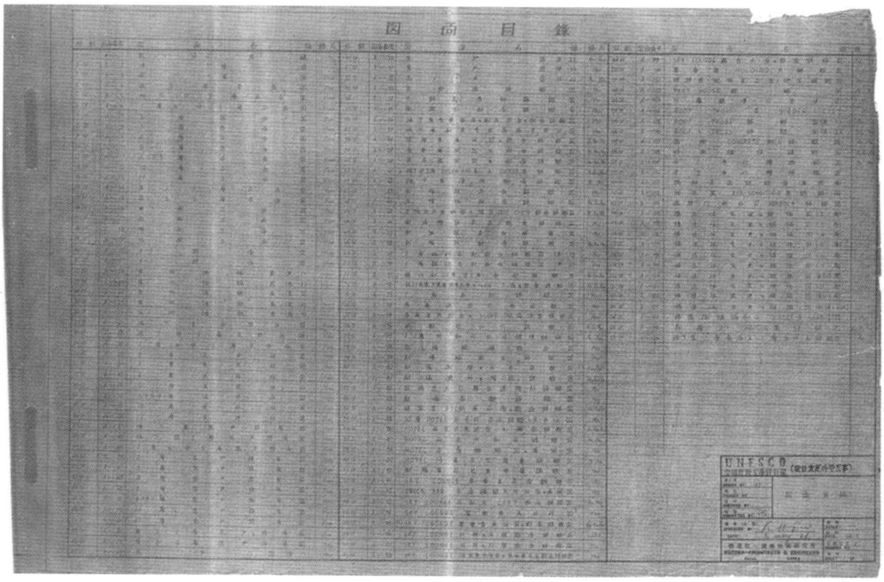

유네스코회관 설계 변경 후 배치도(1966년)

준공도면은 초창기 설계도면과 다르게 건물 주출입구가 북쪽으로 통합되었다. 이로 인해 건물 서쪽에서 단차 없이 진입될 수 있었던 로비가 사라지고 북쪽 계단을 통해 건물로 들어서게 되었다. 유리로 건물에 개방성을 부여했던 서쪽 주출입구 공간이 시공과정에서 변경되어 아쉽게도 주출입구 외에는 건물 외부와 단절된 공간으로 바뀌게 된 것이다. 실내 로비 공용공간도 많은 부분 면적이 줄고 사무실로 전용되었다.

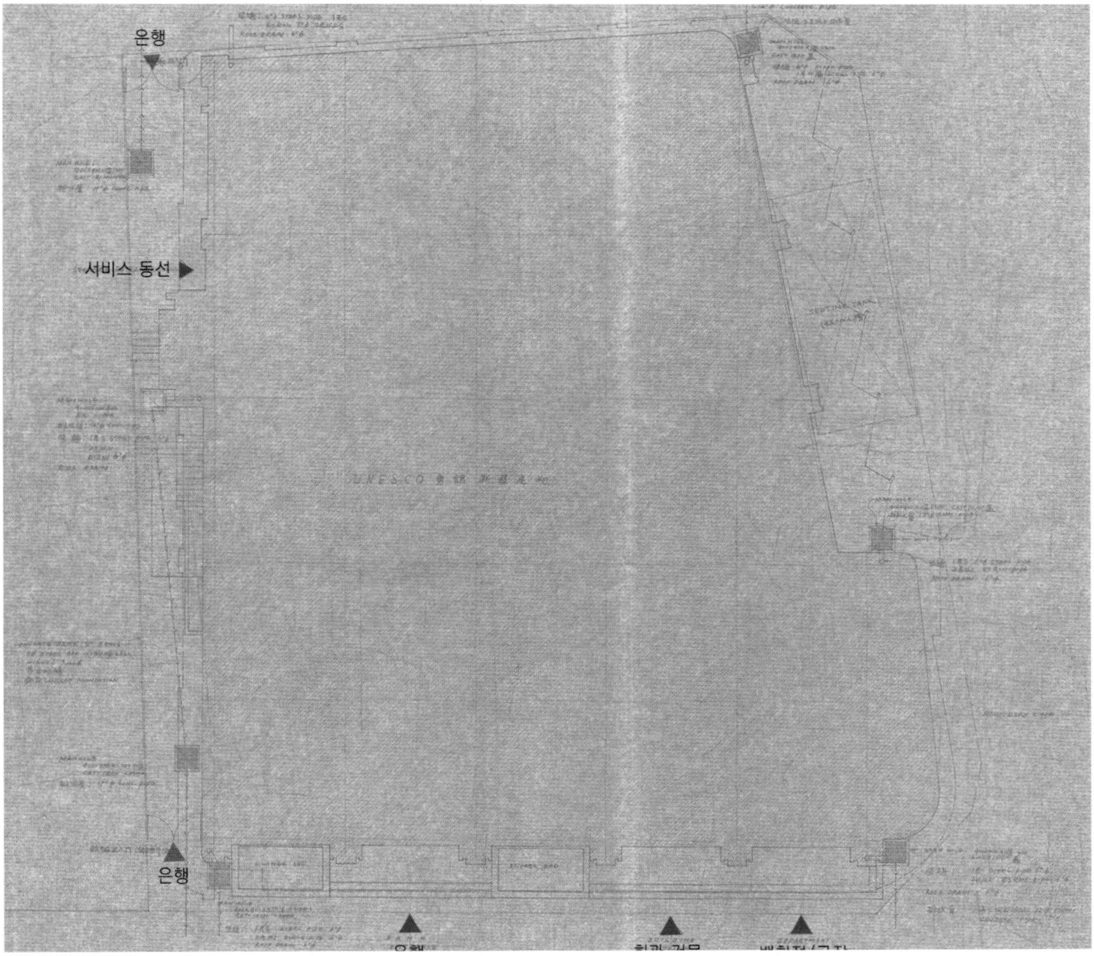

유네스코회관 설계 변경 후 1층 평면도(1966년)

1층에는 한일은행 외국부와 외국부 영업실을 배치했다. 회관 건물 출입구는 북쪽이 주출입구이고, 건물 동쪽으로 부출입구와 수위실을 배치했다. 1층에서는 2층부터 위치한 극장과 백화점의 경우 별도의 출입구를 배치해 동선이 바로 연결되도록 했다. 명동파출소도 사라졌다.

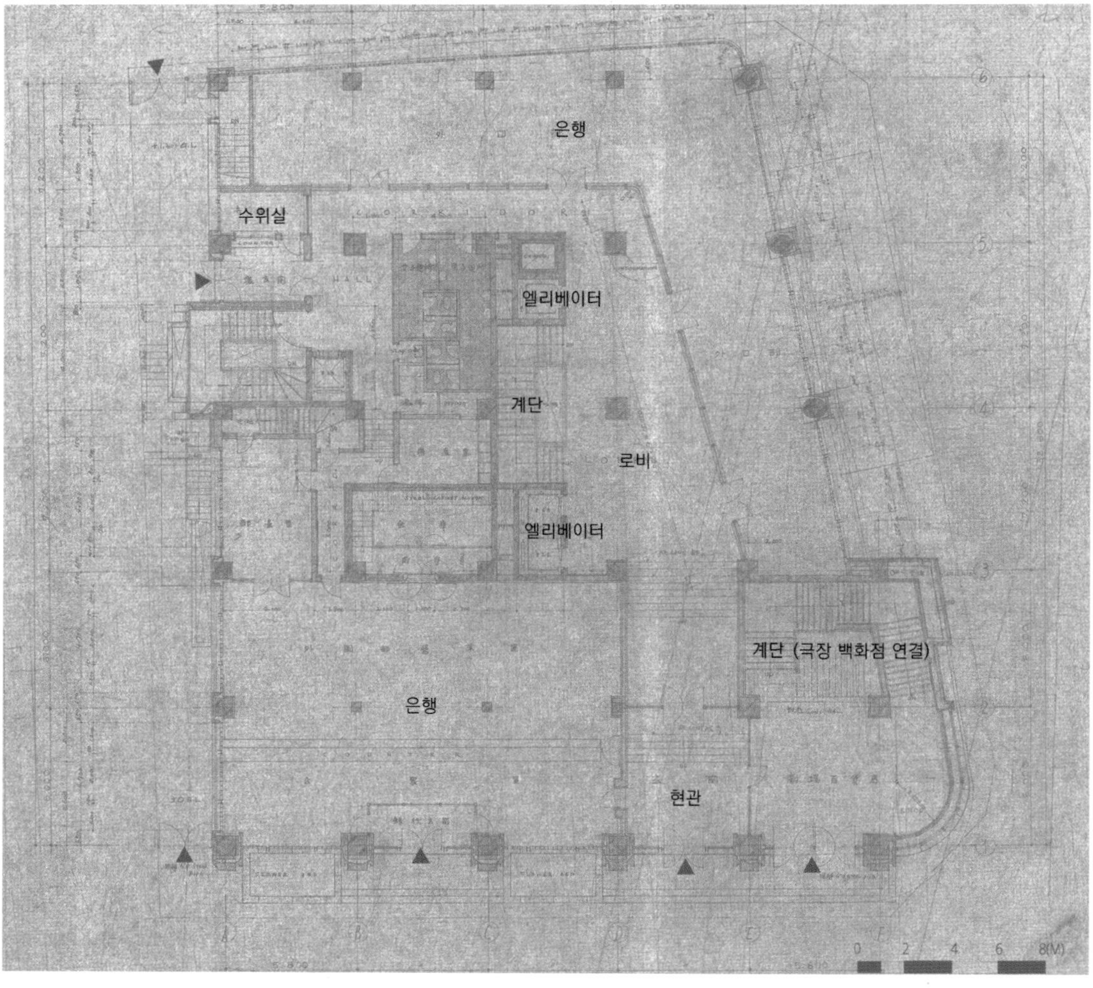

유네스코회관 설계 변경 후 2층 평면도(1966년)

2층은 백화점(상업시설) 공간으로 계획했다. 쇼케이스를 194개 설치할 수 있었다. 당초 준공과 동시에 백화점이 입주할 계획이었으나 여론의 반대로 한일은행 사무실로 사용된다. 다시 몇 년 뒤 백화점이 잠시 입주한다.

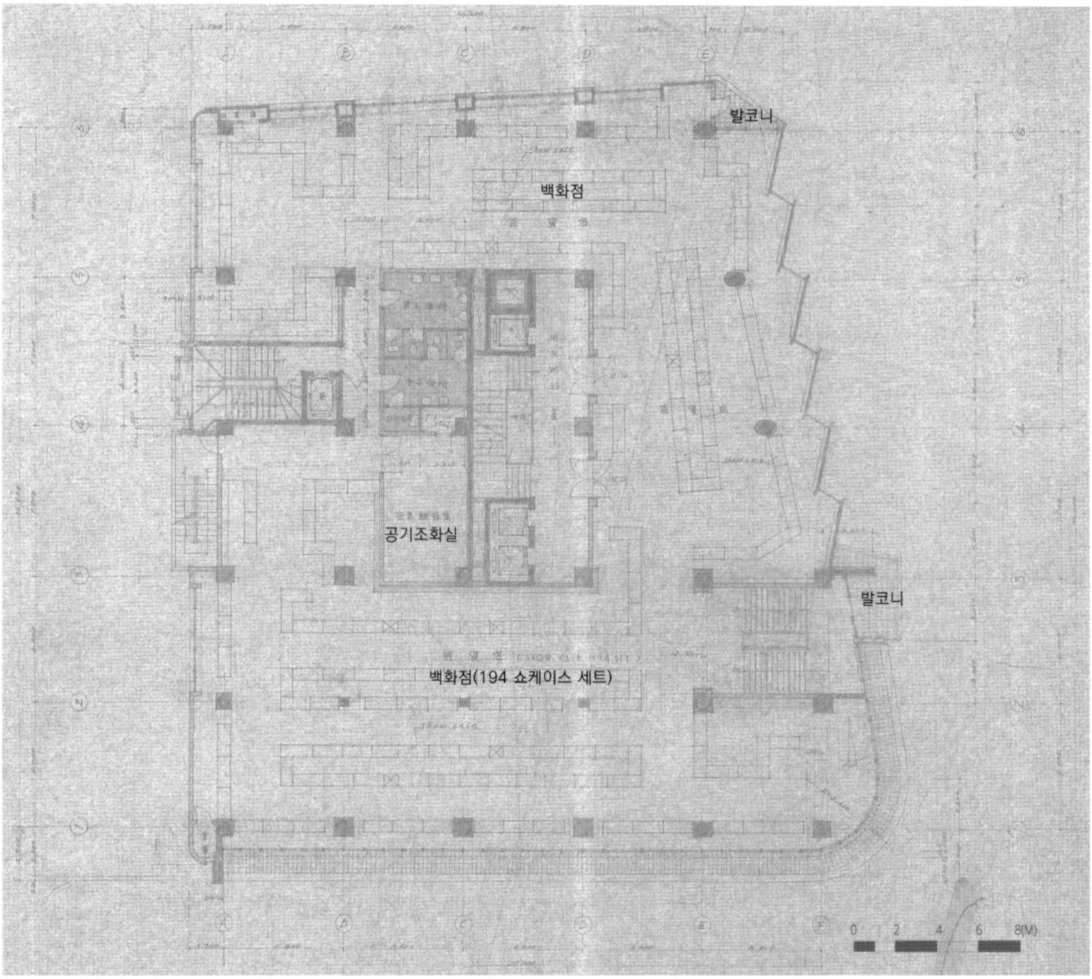

유네스코회관 설계 변경 후 3층 평면도(1966년)

3층부터 5층까지는 세 개 층이 연결된 극장식 회의실을 배치했다. 이 공간구조는 현재까지 잔존해 있다. 그 외 3층에는 회의실 관련 부대시설을 배치했으며, 백화점 공간도 2층에서 연결되고 있다.

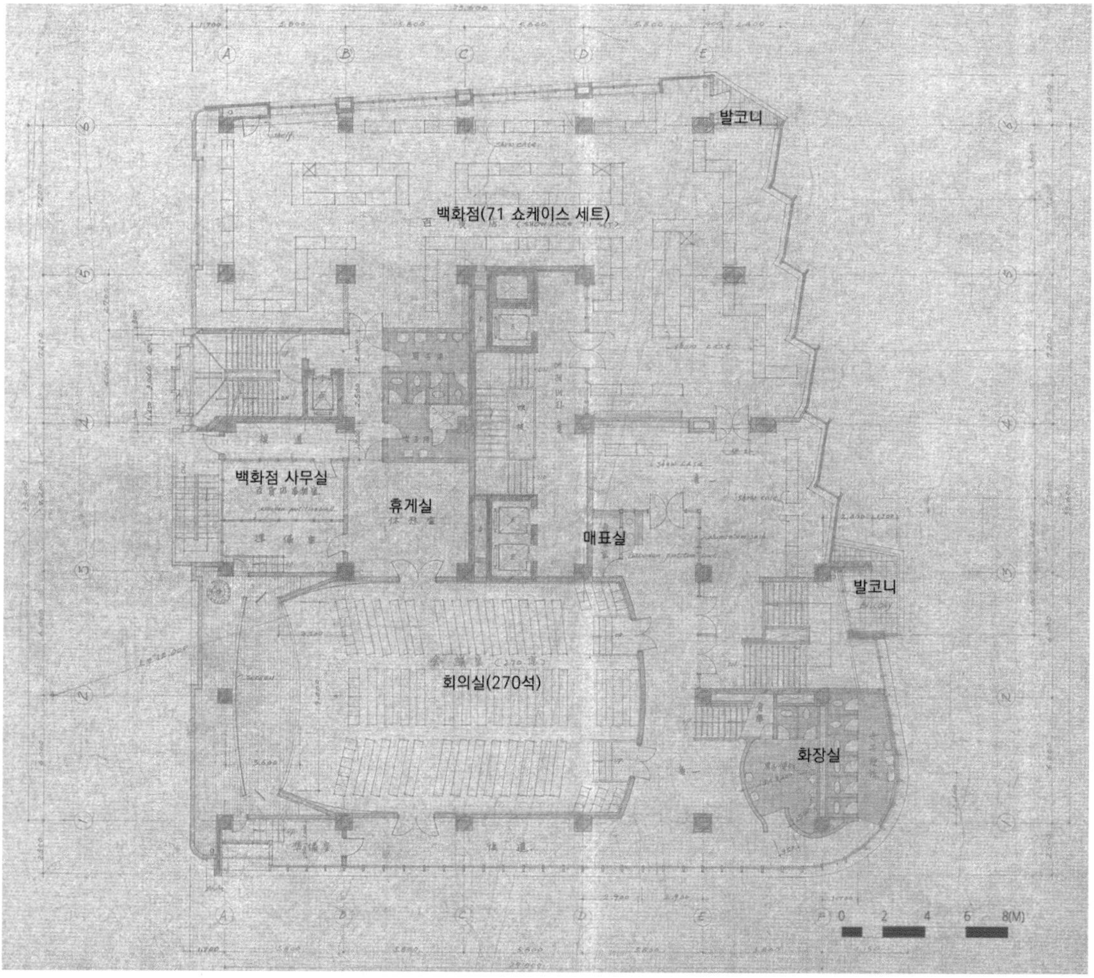

유네스코회관 설계 변경 후 4층 평면도(1966년)

극장 객석의 뒷 좌석으로 진입할 수 있다. 별도의 로비 공간이 있으며, 로비에서 커튼월 유리창을 따라 위층으로 올라가게 하는 나선형 계단이 조성되었다. 그 외 극장 관련 부대시설과 은행시설을 계획했다.

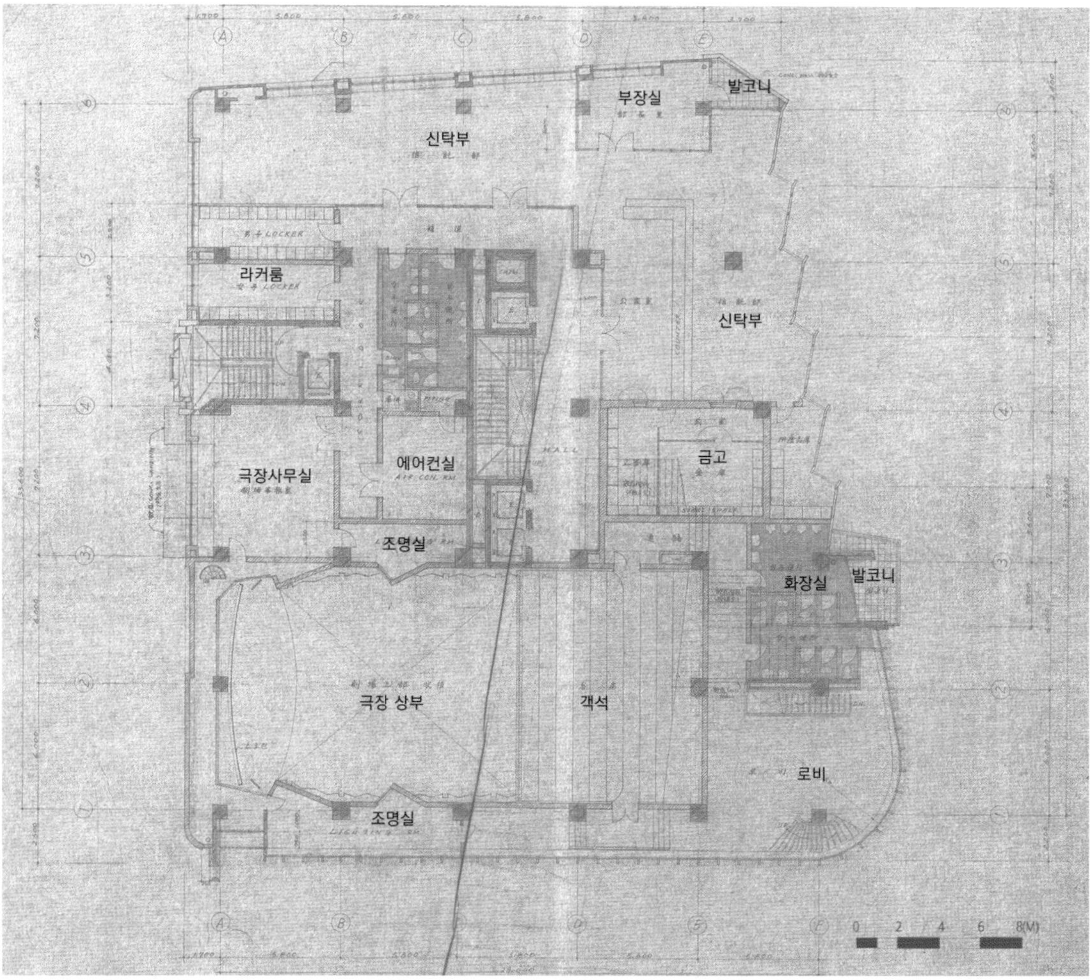

유네스코회관 설계 변경 후 5층 평면도(1966년)

극장 상층 객석으로 244석의 좌석이 있다. 회관 3층부터 5층까지 위치한 극장은 500석 이상의 대형 규모로 조성되었다. 그 외 유네스코 관리본부 및 사무실을 배치 계획하였는데, 당시 한일은행에서 유네스코회관 관리권을 갖고 있어 사용하였다.

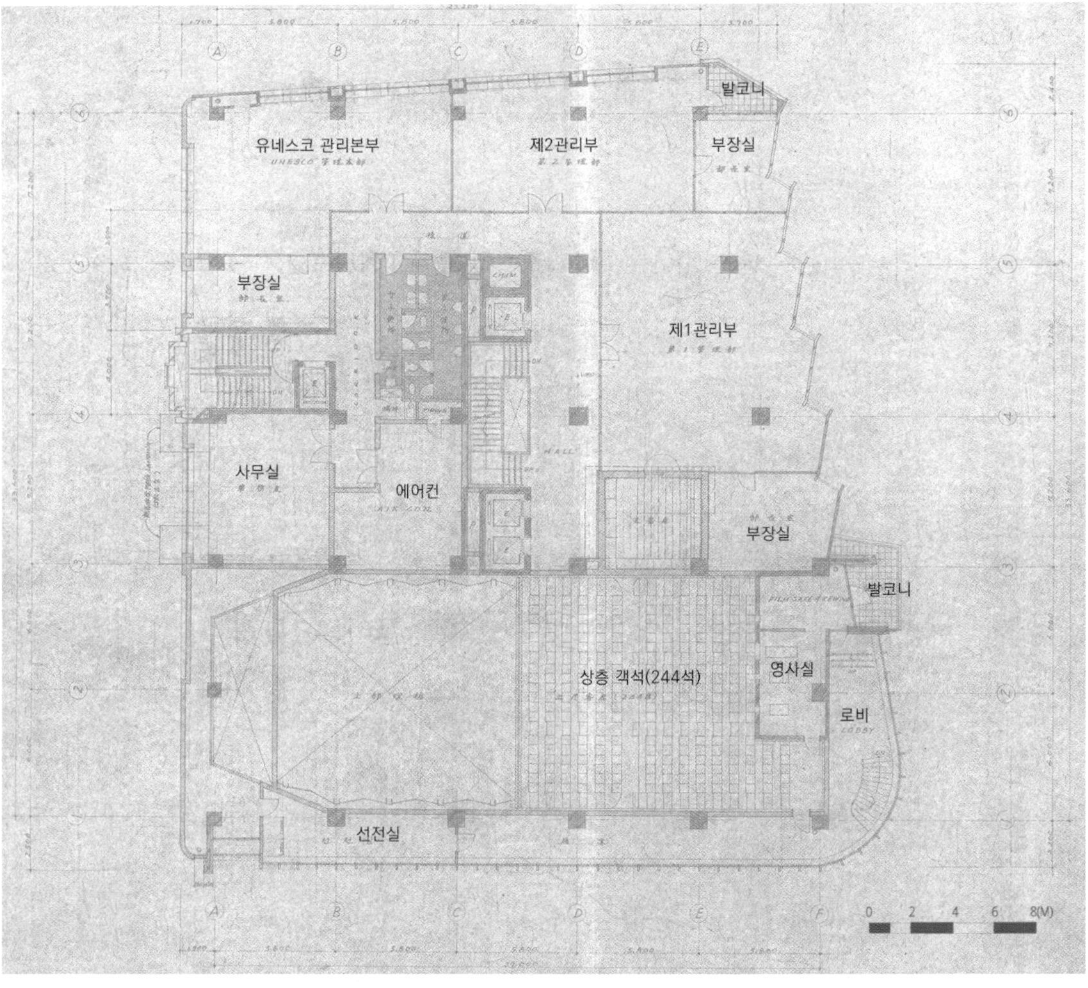

유네스코회관 설계 변경 후 6~9층 평면도(1966년)

6층에서 9층까지는 사무공간으로 임대하고자 계획했다.
그중 7층을 유네스코한국위원회에서 사용하기로 하여, 1967년 2월 20일 건물로 입주하였다.
당시 7층 한 층을 쓰는 데 약 1천3백만 원의 입주보증금을 내고 월세 1백30만 원을 한일은행에 납부했다고 한다.(“내일 개관하는 유네스코회관 丹粧 9年”, 조선일보 1967.2.16. 기사)

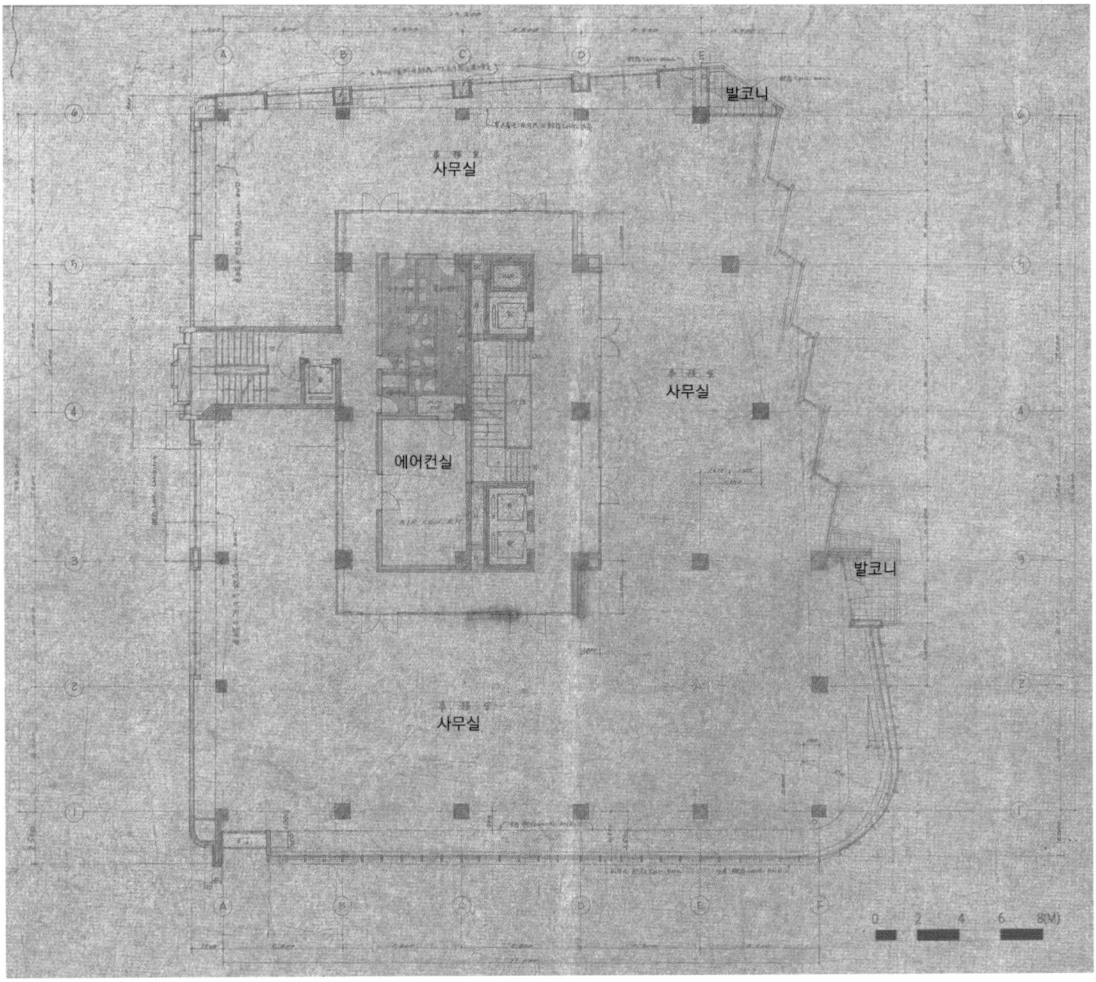

유네스코회관 설계 변경 후 10층 평면도(1966년)

10층에는 사무실과 라운지, 침실 등이 들어가도록 계획했다.

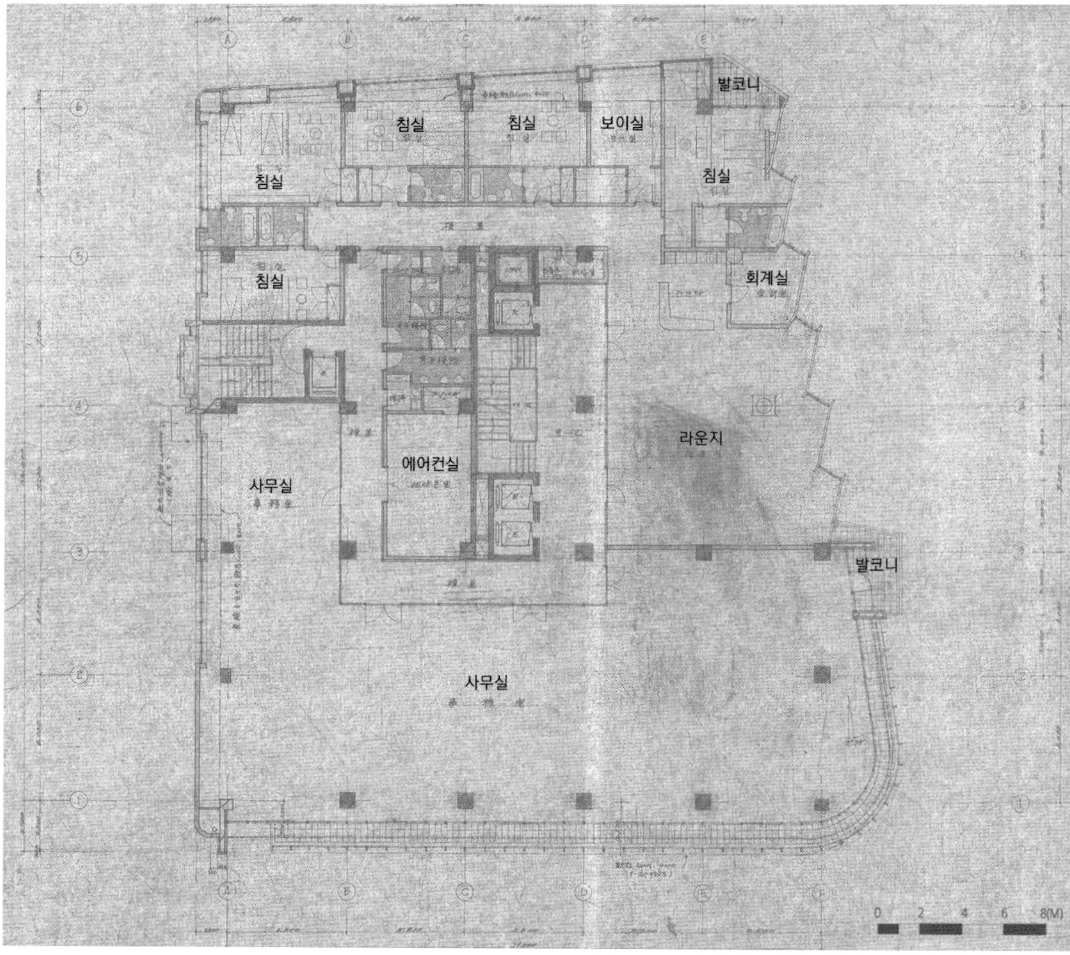

유네스코회관 설계 변경 후 11층 평면도(1966년)

11층은 스카이라운지, 접회실(接會室), 식당을 배치했다. 식당에서는 옥상으로 나가 전망을 즐길 수 있었다.

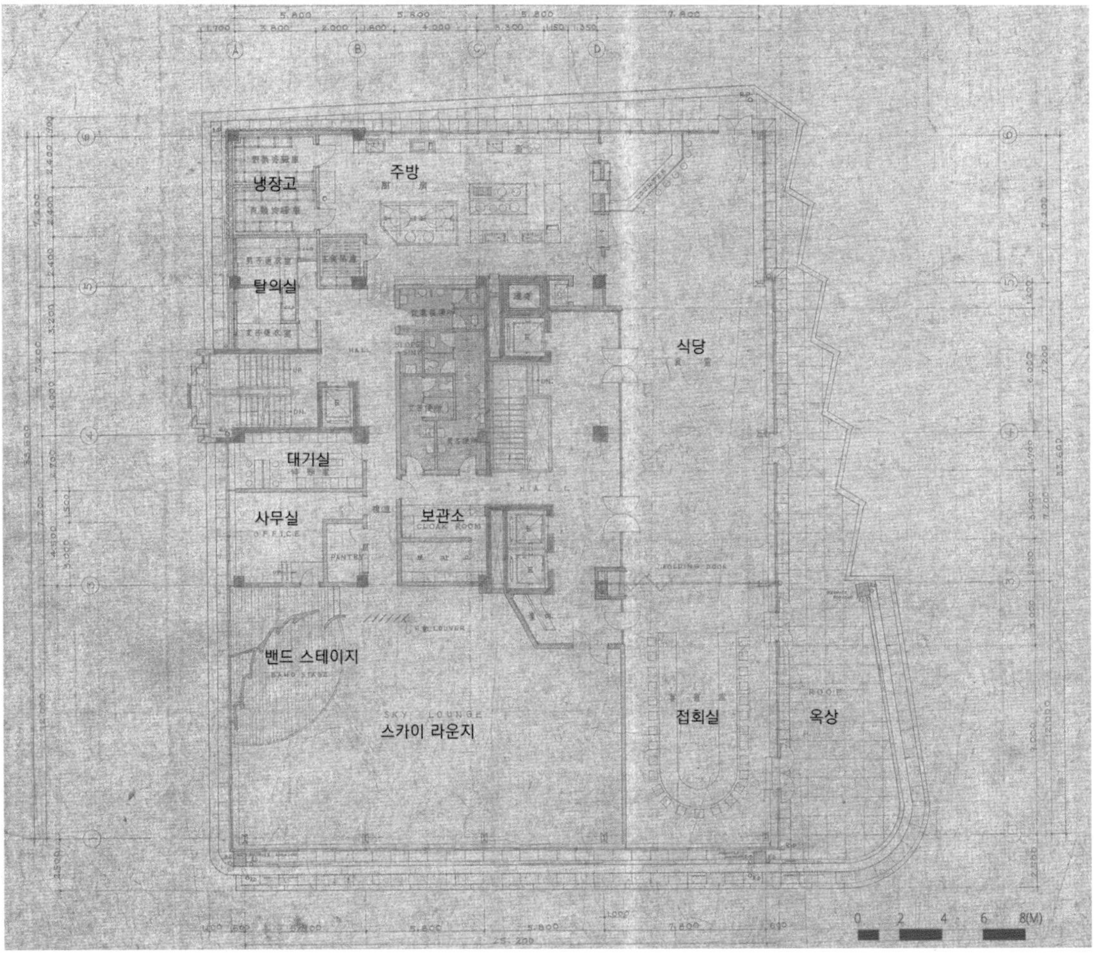

유네스코회관 설계 변경 후 12층 평면도(1966년)

옥상에 해당하는 12층에는 공조기실, 엘리베이터 기계실, 빌딩 전화교환실을 배치했다.

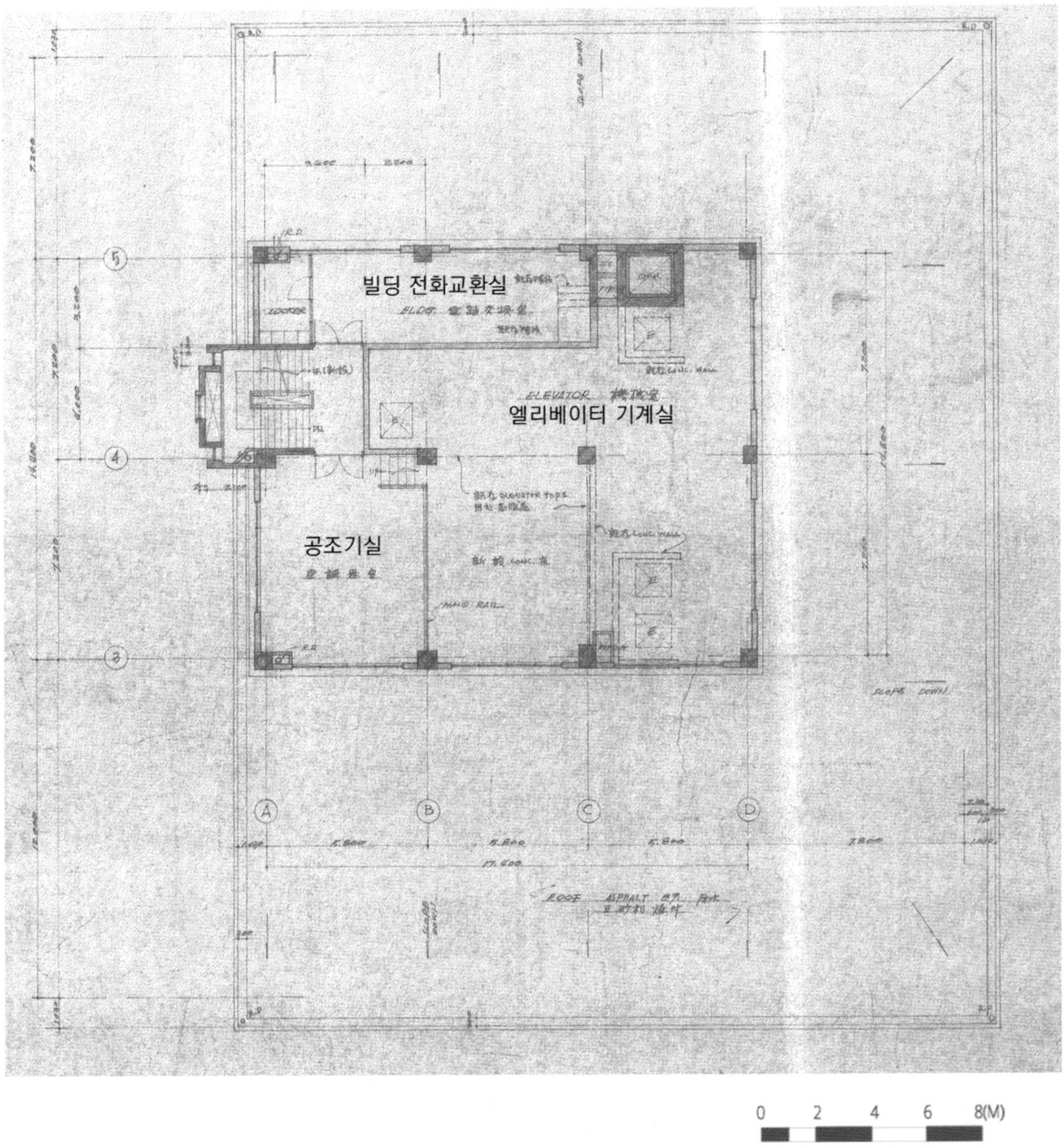

유네스코회관 설계 변경 후 13층 평면도(1966년)

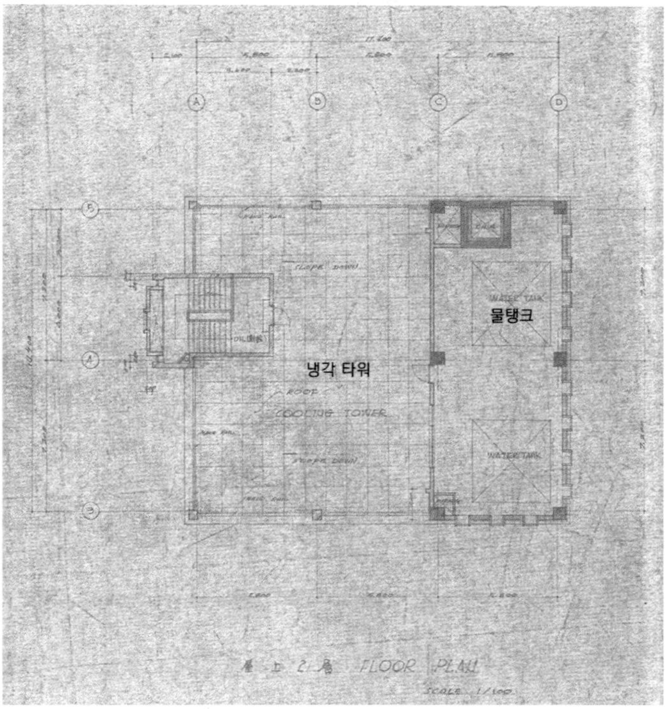

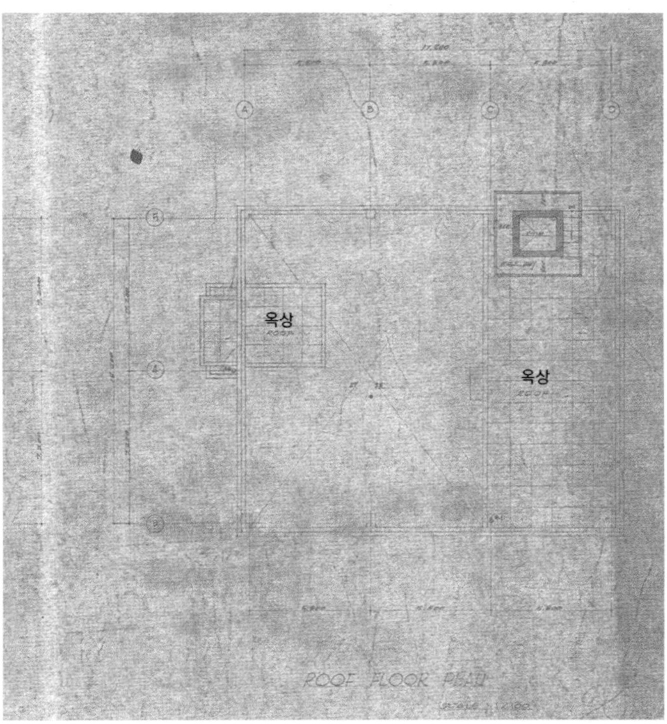

유네스코회관 설계 변경 후 지하층 평면도(1966년)

지하에는 식당, 다실, 이발실이 위치하고 전기실과 기관실의 설비시설을 배치했다.

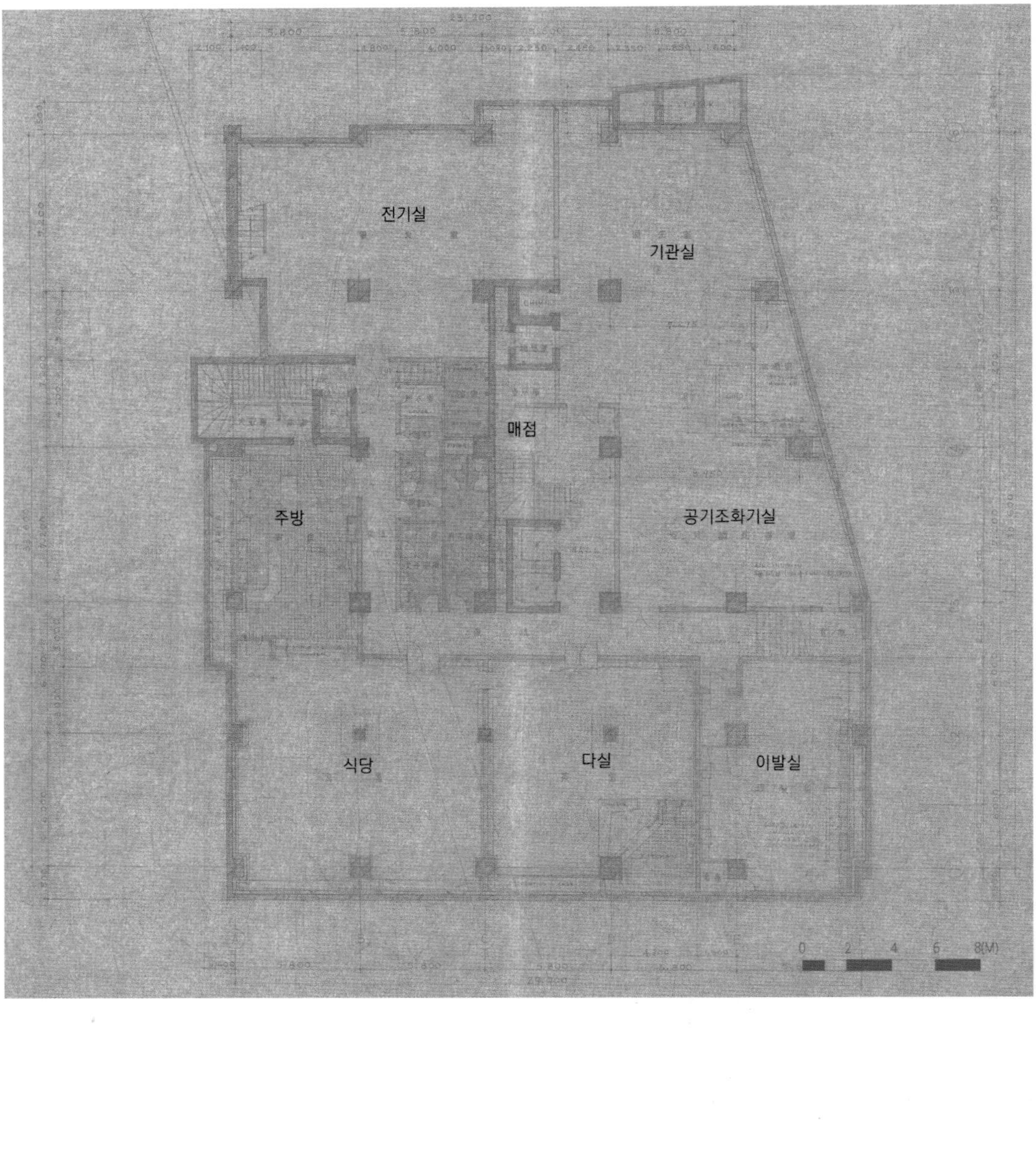

유네스코회관 설계 변경 후 지하중층 평면도(1966년)

지하층은 화장실, 복도 공간을 제외하고는 천정이 지하중층까지 열려 있어, 지하층이지만 높은 천정고로 열린 공간감을 갖도록 조성되었다.

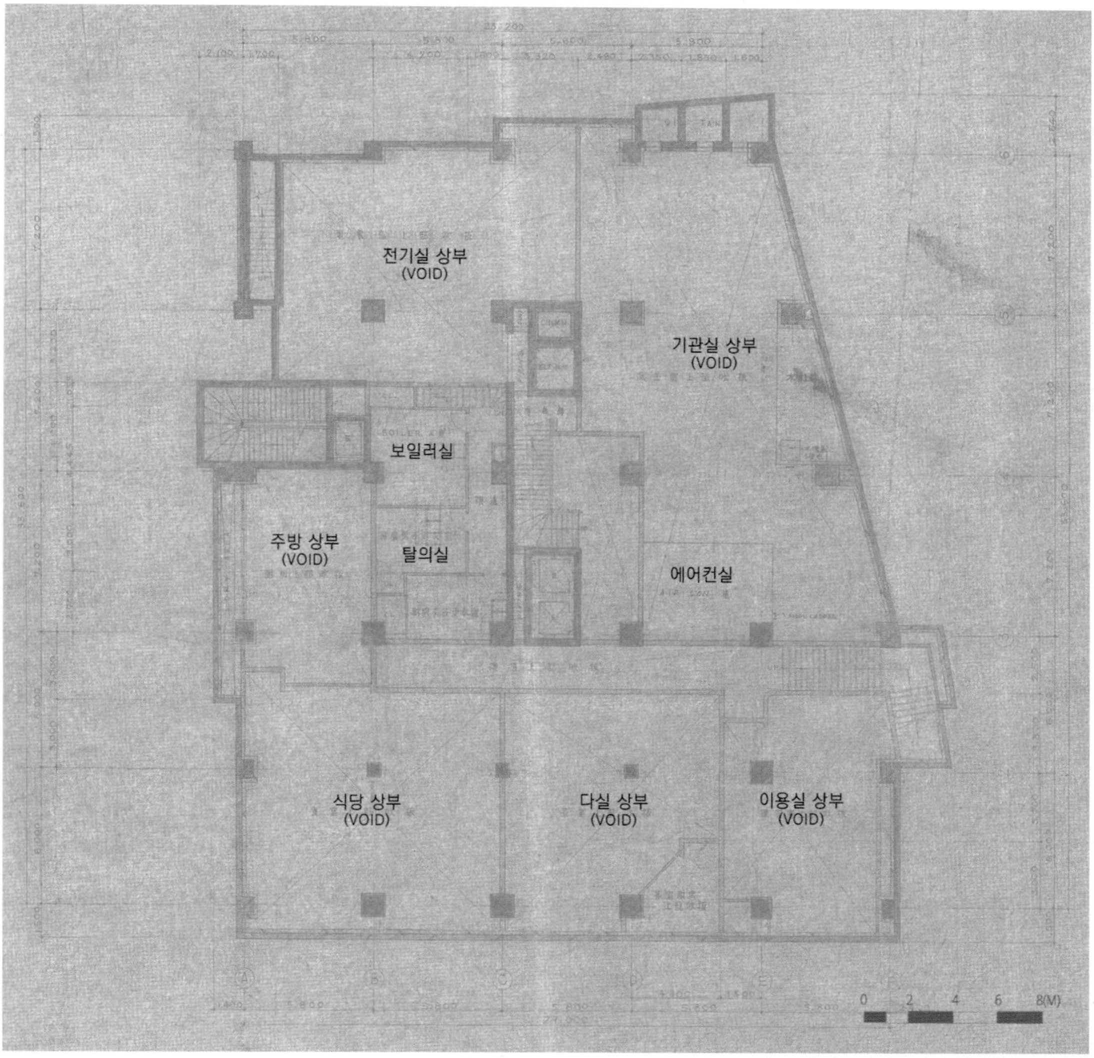

유네스코회관 설계 변경 후 조감도(1966년)

유네스코회관 설계 변경 후 동측 입면도(1966년)

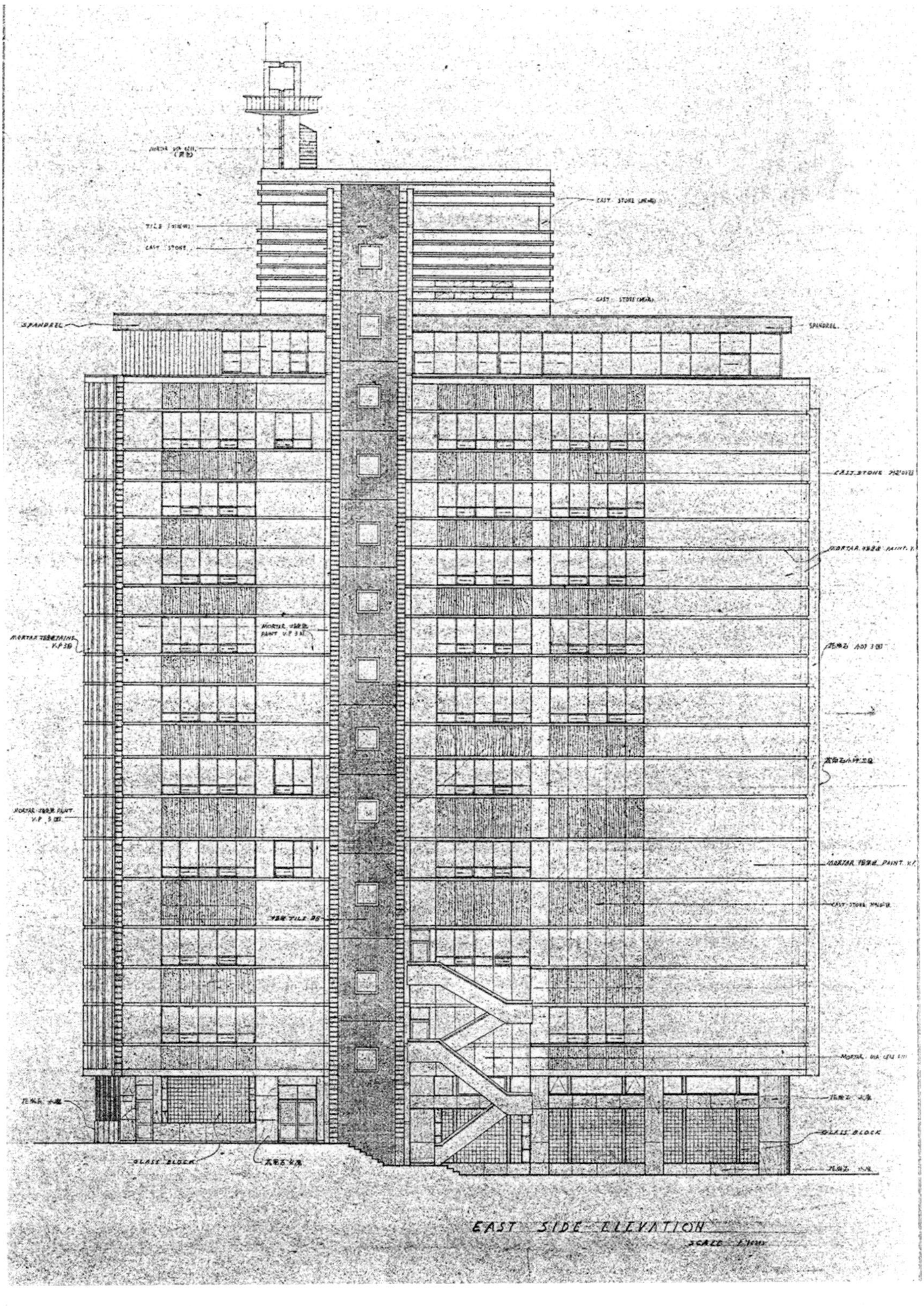

유네스코회관 설계 변경 후 서측 입면도(1966년)

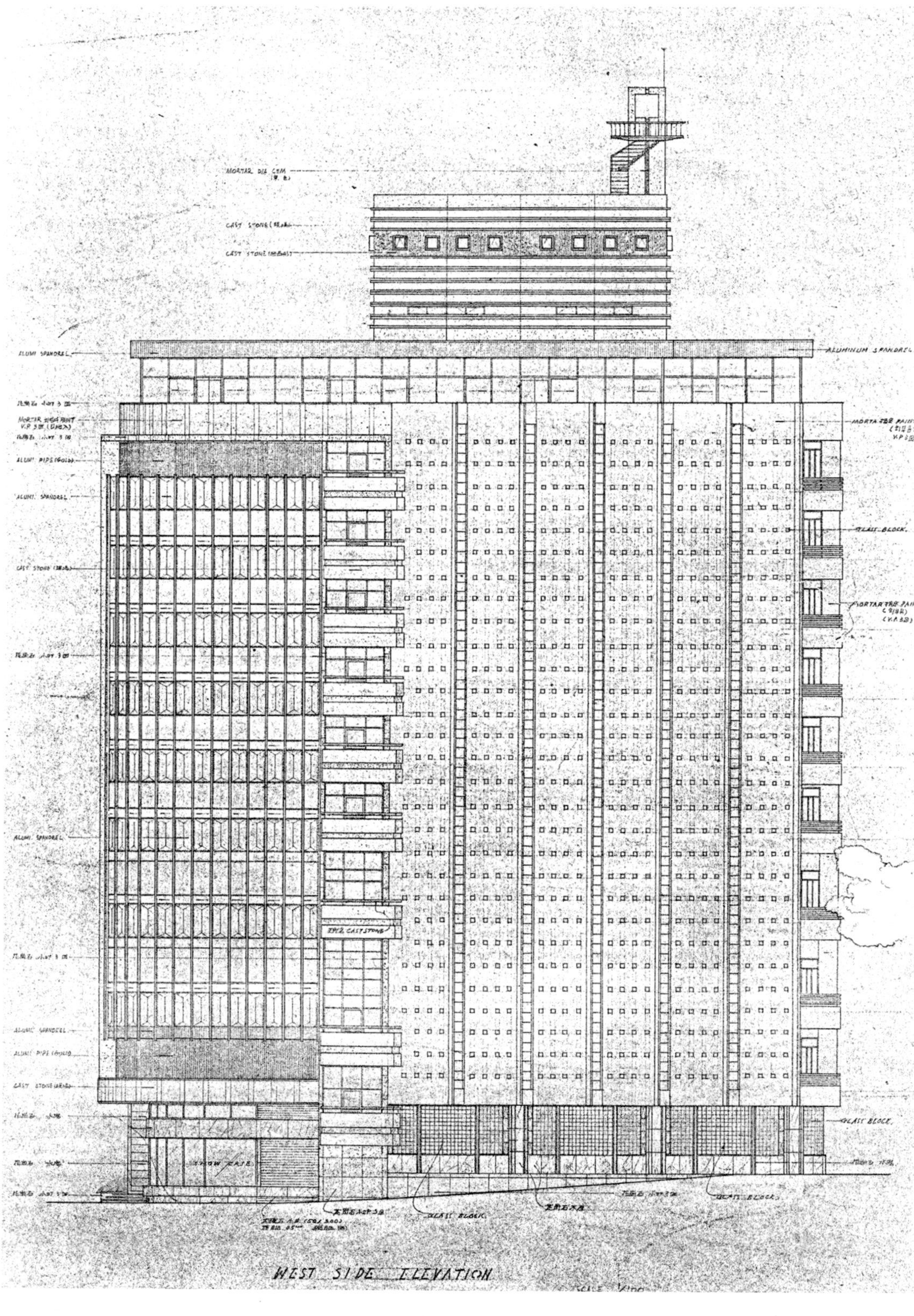

유네스코회관 설계 변경 후 남측 입면도(1966년)

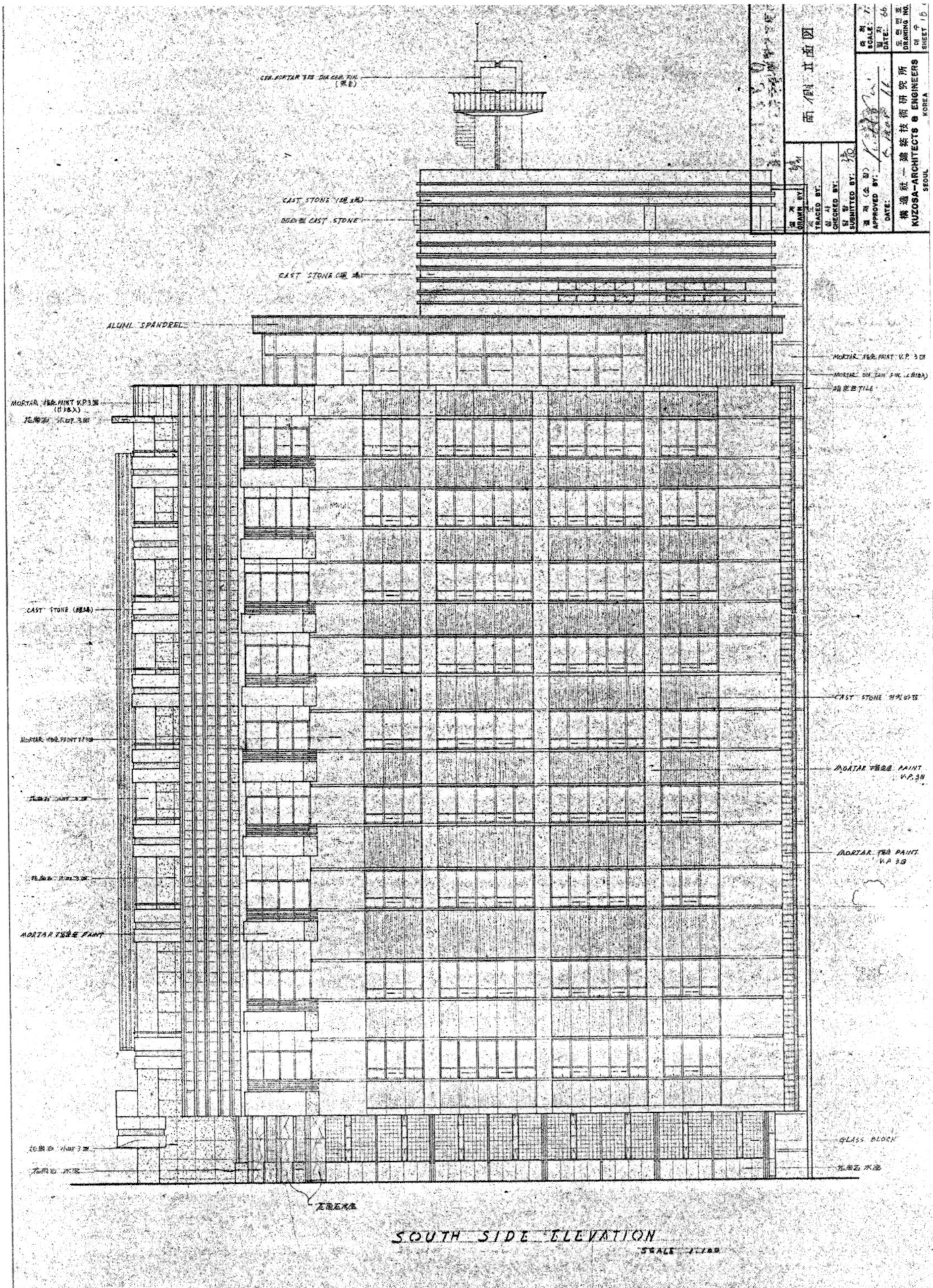

유네스코회관 설계 변경 후 북측 입면도(1966년)

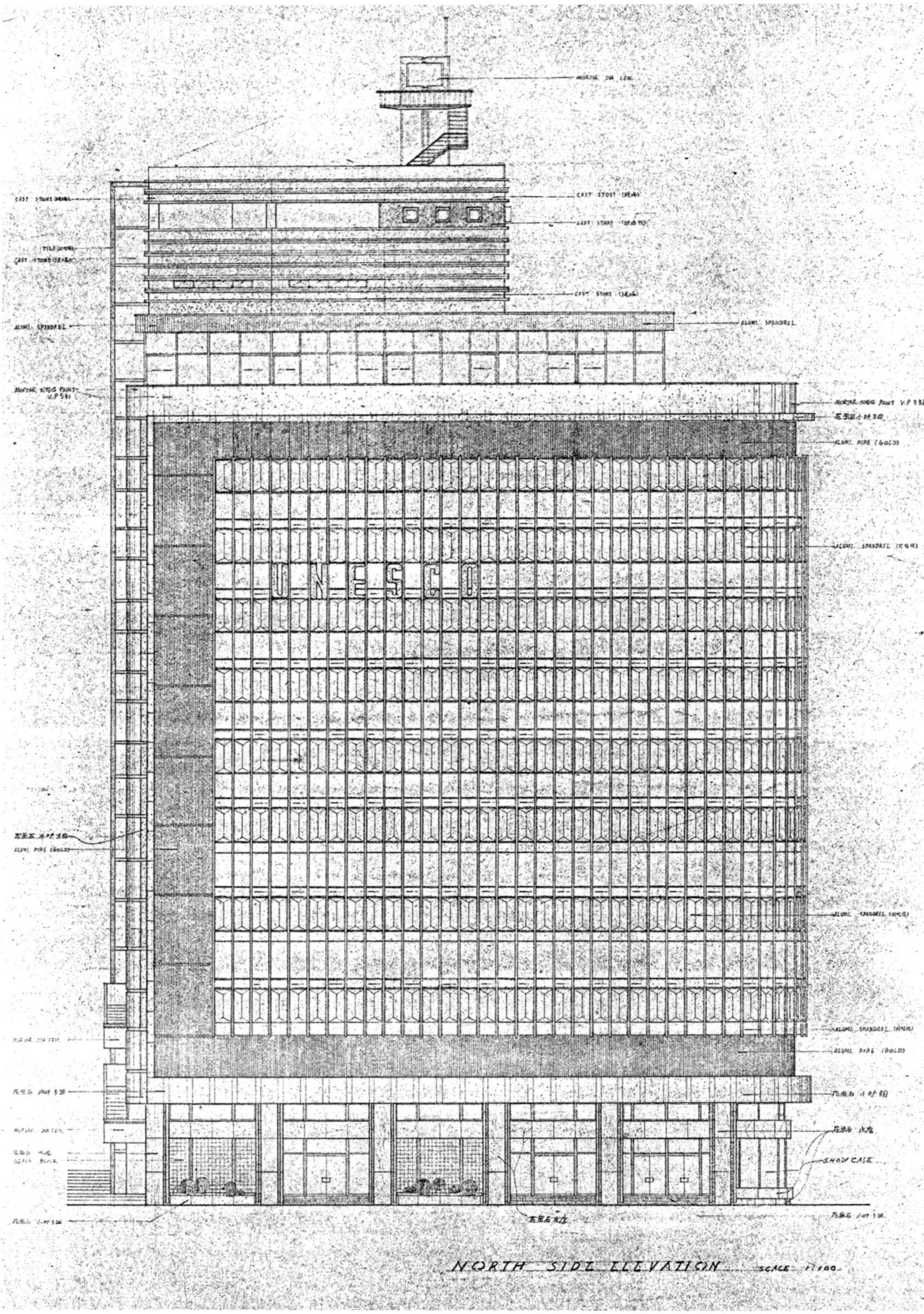

유네스코회관 설계 변경 후 단면도(1966년)

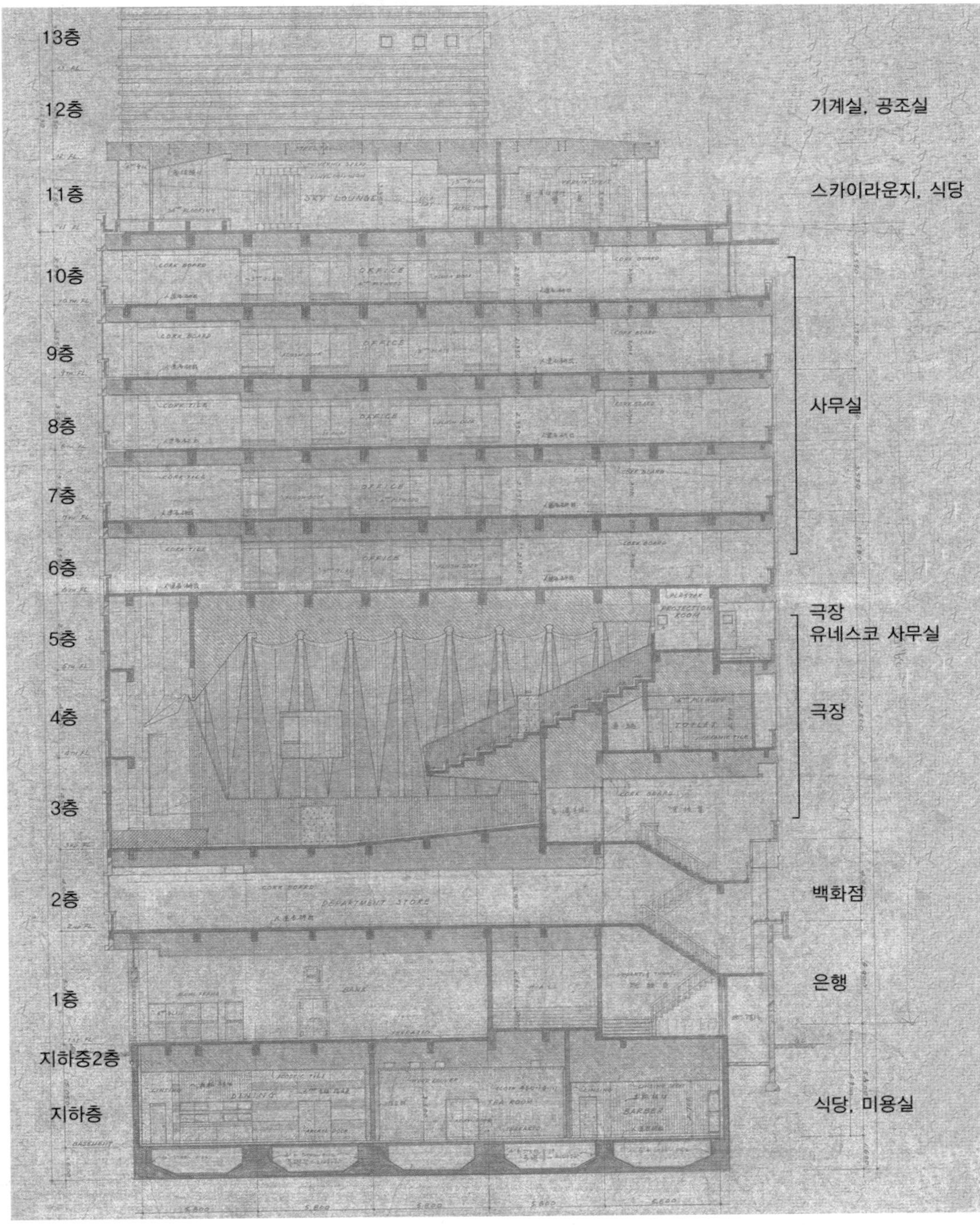

4. 유네스코한국위원회 소장 사진

유네스코회관 기공식 (1959년 4월 11일)

터파기 공사 과정 (1959년)

명동오락장

유네스코회관 설계도 현상모집 입선작 시상식 및 전시회 (1959년 6월 3일~7일, 소공동 중앙공보관)

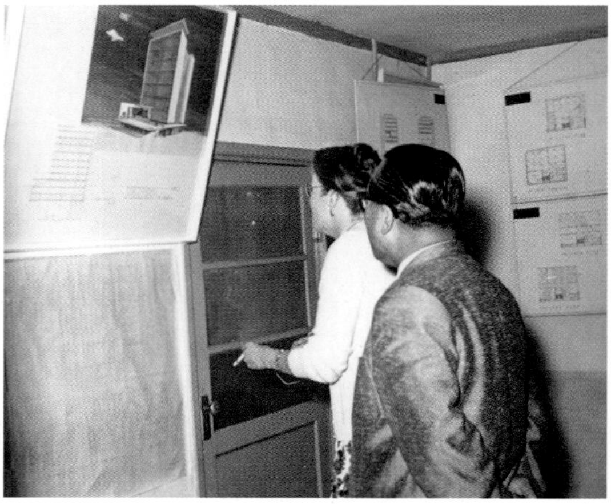

UNESCO

UNESCO

UNESCO

유네스코회관 상량식 (1962년 7월 24일)

유네스코회관 준공기념식 (1967년 2월 17일)

유네스코회관준공기념
OPENING CEREMONY

세계평화는 우리의 마음속에서부터 우리의 발전은 UNESCO 활동으로

오리온 유네스코 동양제과공업주식회사
유네스코회관준공기념
OPENING CEREMONY
OF THE KOREAN UNESCO BUILDIN

CEREMONY

마음속에서부터 우리의 발전은 UNESCO 활동으로

유네스코회관준공기념
OPENING CEREMONY

OPENING
THE KOREAN

UNESCO

5. 유네스코본부
(UNESCO Headquarters)

**

2019년 11월 12일~27일간 제40차 유네스코 총회에 참석한
박경립 유네스코회관소위원회 위원장(유네스코한국위원회 집행위원)이
촬영한 사진이다.

유네스코본부, 영원한 집을 짓다.

유네스코는 2차 대전 중 나치 독일과 싸우던 연합국 교육장관들이 영국 런던에서 모여 기구 설립을 논의하기 시작하였다. 1945년 유네스코가 정식으로 창립된 후 사무국을 프랑스 파리에 설치하기로 하고, 곧바로 청사 건립 준비에 착수했다. 먼저 유네스코는 1949년 유네스코본부위원회(UNESCO Headquarters Committee)를 구성하고, 청사 건축 업무를 전담하도록 하였다. 1952년에는 프랑스 정부로부터 파리 에펠탑 근처에 있는 퐁트노아(Fontenoy) 광장의 땅을 무상으로 대여해주겠다는 제안을 받는다.[1] 이 땅은 에펠 탑 근처 프랑스 육군사관학교 뒤에 있는 반달형 부지로 당시 군부대가 주둔해있었다. 프랑스 정부는 나중에 부대를 이전하고 부속건물들도 철거하는 등 지원을 아끼지 않았다. 청사 총 건축비는 USD 6,000,000을 넘지 않도록 유네스코총회에서 결정되었는데, 1952년 유네스코 전체 예산이 USD 8,718,000이라는 점을 감안할 때, 무척이나 큰 금액이었다.[2]

같은 해 유네스코는 건축가 세 명을 청사 설계자로 위촉하였다. 미국의 마르셀 브로이어(Marcel Breuer), 이탈리아의 피에르 루이지 네르비(Pier Luigi Nervi), 프랑스의 베냉 제퓌스(Bernard Zehrfuss)이다. 이와 별도로 그로피우스(Gropius), 마르켈리우스(Markelius), 로저스(Ernesto N. Rogers), 에로 사리넨(Eero Saarinen), 그리고 르 꼬르비제(Le Corbusier) 등 다섯 명으로 국제심사위원회를 구성하였다. 심사위원 중 한 명이었던 르 꼬르비제는 현대 건축의 거장이자 프랑스 건축가로서 미국 유엔 본부 건물의 설계자 중 한사람이기도 하다. 그는 유네스코 건물도 설계하고 싶어했다. 하지만 유엔 건물을 지으면서 고생한 미국 정부가 강력히 반대하는 바람에 결국 꿈을 이루지 못했다고 한다.

1955년 11월 23일, 유네스코본부 청사의 초석을 놓는 착공식이 열렸다. 본 공사는 착공식부터 약 삼 년이 소요되어 1958년 11월 3일, 드디어 모든 과정을 마치고 유네스코 청사 준공식이 열렸다. 프랑스 대통령까지 참석한 성대한 행사였다. 유네스코본부는 큰 건물 세 동으로 이루어져 있는데, 사무동, 회의동, 그리고 각국의 상주대표부들을 위한 건물이다. 사무동은 8층이고, 삼각형 별모양이다. 당초 퐁트노아 광장이 반달형인 것을 살려서 디자인하였다.

1) '.....French Government was offering the site known as Quarter de Fontenoy for a term of 99 years renewable. The total cost of construction was not to exceed the sum of $6,000,000.' 『A History of UNESCO』, p89.

2) 『A History of UNESCO』, p82.

준공식이 열린 다음날인 1958년 11월 4일, 제10차 유네스코 정기총회가 처음으로 새 건물에서 개최되었다. 1958년 11월 한달 간 노벨상을 수상한 과학자 5명이 한꺼번에 참석하는 인간과 과학기술의 진보 원탁회의 등 각종 회의와 콘서트, 전시회 등 풍성한 행사가 열려 준공을 축하했다. 유네스코가 태동한 지 십여 년이 지나면서, 프랑스 파리에 세워진 유네스코본부 건물은 최첨단 건축기술과 피카소, 후안 미로 같은 세계적인 예술가들의 작품으로 이루어진 현대 건축의 기념비가 된 것이다.

유네스코총회 한국대표단의 방문

한국은 1958년 유네스코본부 청사 준공기념식이 열린 제10차 유네스코총회에 김법린 전 문교부장관이자 제1대 유네스코한국위원회 위원장을 비롯해 임한영, 김동일, 모윤숙 유네스코한국위원회 위원과 장내원 유네스코한국위원회 사무국장 등 다섯 명을 대표단으로 파견하였다. 김법린 전 위원장은 1958년 10월 7일 막 창립총회를 마친 한국유네스코후원회의 초대 후원회장이었다. 장내원 역시 초대 후원회 사무국장을 겸임하였다. 김법린 후원회장과 장내원 사무국장은 초기 유네스코회관 건립 사업을 이끌어가는 핵심 인사들이었다.

김법린 전 장관과 장내원 사무국장을 포함한 한국대표단은 에펠탑이 바라다보이는 넓은 대지에 우뚝 선 웅장한 유네스코청사를 보면서, 이제 우리도 서울에서 이렇게 훌륭한 건물을 지을 수 있다는 포부와 설레임으로 가득찼을 지도 모른다.

유네스코본부는 프랑스 파리 Place de Fontenoy 거리에 세워진 청사 건물에 1958년 11월 3일 입주했다. Y 형태의 건물은 다른 국적의 세 명의 건축가들이 설계해 'three-pointed star'의 별칭으로도 불리며, 현대건축의 대표적 사례가 되었다. 그 외에도 세 개의 건물이 더 세워졌다. 총회가 열리는, 주름진 구리 천장으로 '아코디언'이라 불리는 계란 모양의 홀, 큐브 형태의 건물, 6개의 움푹 패인 선큰 중정 주변 지하 사무층이 있다.

한 동안 2차 대전 이후 파리에서 세워진 가장 중요한 건물이라고 불렸던 유네스코 청사는 대표적인 현대 건축물로서 루브르 박물관, 에펠탑과 어깨를 나란히 하는 관광 명소였다. 하지만 이후 시간이 지나면서 "현대 건축과 예술의 골동품 박물관"이라는 혹평을 받기도 했다. 이제는 그마저도 사라져 유네스코 청사는 조용히 유네스코 활동을 뒷받침하며 유네스코의 영원한 집으로서 제 기능을 다하고 있다.

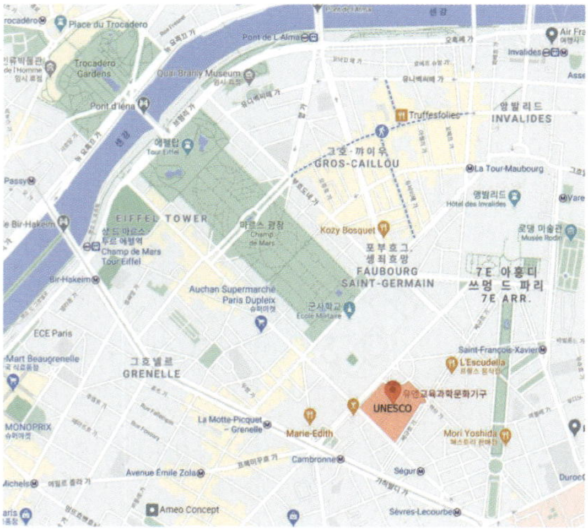

에펠탑이 보이는 파리 중심부에 입지한 UNESCO map.google.com

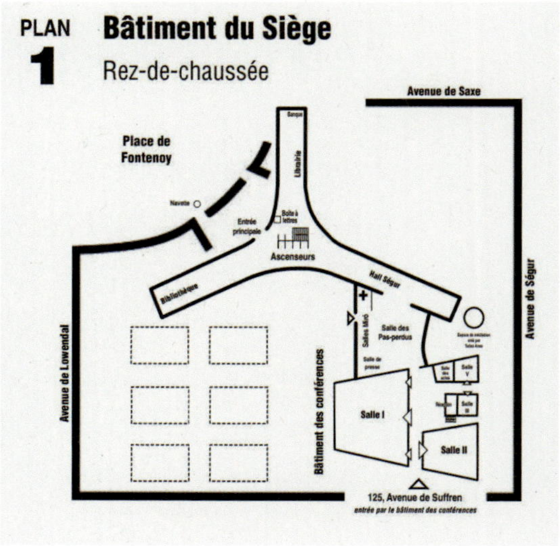

https://en.unesco.org/sites/default/files/2379_17_gestion-c onferences_2019.pdf

FONTENOY

총회가 열리는 아코디언 에그홀(Room I)

Room I

Room I

Room I

Room I

Room I

Room IX

Room VI

집행이사회가 열리는 Room XI

Room XI

REPUBLIQUE UNIE
DE TANZANIE
OUZBEKISTAN
PAKISTAN
ESTONIE
DOMINIQUE
GUYANE

Conference Foyer

외부공간

외부공간에서는 Isamu Nogushi의 일본정원이나 Ando Tadao의 명상공간과 같은 유리와 콘크리트로 된 "House of Peace" 를 접할 수 있다. 외부공간 곳곳에는 Miró, Picasso, Giacometti, Calder 등 600여 개 UNESCO 소장 예술 작품들을 찾아 볼 수 있다.

유네스코본부 7층에서 바라본 에펠탑과 육군군사학교

6. 관련 문서 목록

1. 유네스코회관 건축 당시의 문헌자료

- 유네스코한국위원회, 1964, 한국 유네스코 활동 10년사: 45-46.
- 유네스코한국위원회, 1964, 유네스코회관 건립에 관한 대정부 건의안.
- 유네스코한국위원회, 1965, 유네스코회관에 관한 대정부 건의안.
- 구조사 건축기술연구소, 1966, UNESCO회관 신축공사 설계변경마감공사 시방서.
- 건축허가통지서, 1967.
- 유네스코한국위원회·한일은행, 1967, 유네스코회관 준공기념식.
- 유네스코한국위원회, 1969, 유네스코한국위원회 15년사: 21-22.
- 유네스코한국위원회, 1976, 한국 유네스코 활동사(1954-1975).
- 편집부, 1966, "작품: 한국상업은행본점/대한체육회회관/삼성빌딩/유네스코회관/Hotel 그리인 파아크/예장동 P시 주택/서울시외전화국청사/신촌전", 건축 10(3): 39-45.
- 대한건축사협회, 1968, "화보<주택>: 천주교 불광동성당, 유네스코회관", 건축사 3(8): 9-12.
- 편집부, 1967, "竣工뉴우스-유네스코會館", 공간 2(2): 88.
- 편집부, 1970, "現代建築家像 배기형", 공간 44: 78-84.
- 한국건축가협회 편, 1971, 한국현대건축작품집 2, 사무소건축.
- 국립현대미술관, 1978, 한국현대미술사, 건축.

2. 유네스코회관 관련 기사

- 경향신문, 1954년 4월 29일자.
- 조선일보, 1956년 1월 22일자.
- "유네스코會館推進", 경향신문 1957년 9월 21일자 2면.
- "숨은 애국자-금덩어리같은땅 五百坪", 동아일보 1957년 9월 29일자 3면.
- "整理 1958年 유네스코韓委의一年". 경향신문 1958년 12월 16일자 4면.
- "「유네스코」에 一億圓을 喜捨 在日僑胞姜熙澤씨", 경향신문 1959년 2월 17일자 3면.
- "유네스코會館 起工式", 동아일보 1959년 4월 9일자 4면.
- "三年計劃으로起工 유네스코韓國會館". 동아일보 1959년 4월 11일자 3면.
- "다시工事착수 유네스코韓國會館", 동아일보 1960년 10월 10일자 3면.
- "明洞에 建立中인 유네스코會館", 경향신문 1962년 1월 26일자 4면.
- "유네스코會館 24日에 上樑式", 경향신문 1962년 7월 21일자 3면.
- "「知性의宮殿」28개월만에上樑 「유네스코」회관", 경향신문 1962년 7월 24일자 4면.
- "『유네스코』會館 어제上양式거행", 동아일보 1962년 7월 25일자 3면.

- “13層의「유네스코」會館”, 경향신문 1962년 7월 25일자 3면.
- “새會館과 駐車”, 경향신문 1962년 8월 25일자 7면.
- “遲遲不振소걸음 서울의 두「맘모스」工事”, 동아일보 1962년 9월 25일자 3면.
- “유네스코會館 건축말썽 重要視할性質이못된다”, 경향신문 1962년 10월 3일자 7면.
- “궁금한뒷소식 (5) 유네스코會館建築”, 경향신문 1962년 11월 10일자 7면.
- “"後援"싸움에 서다가 만 最高層”, 경향신문 1963년 6월 4일자 7면.
- “工事를完全中斷”, 동아일보 1963년 8월 24일자 7면.
- “骨體美 뿐인 맘모스 빌딩”, 경향신문 1963년 9월 4일자 6면.
- “햇볕볼『유네스코』會館”, 동아일보 1963년 10월 24일자 5면.
- “年內까지完工서둘러”, 경향신문 1964년 6월 18일자 1면.
- “말썽의 꼬리문-유네스코會館建立 또 難關에”, 동아일보 1964년 8월 21일자 3면.
- “제모습찾게될유네스코會館 말썽부린「後援會」해체”, 경향신문 1964년 8월 27일자 3면.
- “새로 推進委를 構成”, 동아일보 1964년 8월 27일자 3면.
- “「유네스코」會館”, 경향신문 1964년 12월 2일자 3면.
- “會館建立건의 유네스코韓委서”, 경향신문 1965년 6월 1일자 3면.
- “會館完工促求 政府에建議案”, 동아일보 1965년 6월 3일자 5면.
- “유네스코 會館 明年9月完工”, 경향신문 1965년 11월 10일자 7면.
- “豊田과 隨契締結”, 매일경제 1966년 4월 8일자 4면.
- “大企業體에貸與 유네스코會館”, 매일경제 1966년 11월 21일자 4면.
- “유네스코會館 百貨店내지 않기로”, 매일경제 1966년 11월 25일자 3면.
- “海外開館公社 移轉 15日 유네스코會館에”, 매일경제 1967년 2월 6일자 4면.
- “유네스코會館竣工式”, 매일경제 1967년 2월 17일자 3면.
- “유네스코會館개관 着工7年 10月만에”, 1967년 2월 17일자 3면.
- “유네스코會館준공”, 동아일보 1967년 2월 17일자 4면.
- “서울의 유행을 잉태하는 明洞”, 경향신문 1967년 3월 25일자 5면.
- “複雜한 現實을 파헤치고… 그解決의 方向을 짚어보는 越南戰爭 심포지움 韓國安保硏究會 主催”, 경향신문 1967년 12월 16일자.
- “會館管理權 돌려주기로”, 경향신문 1968년 1월 10일자 7면.
- “유네스코會館 競賣위기”, 동아일보 1968년 2월 3일자 7면.
- “어느生活(5) 朴景淑여사”, 경향신문 1968년 2월 5일자 5면.
- “이번엔 映畵館”, 경향신문 1968년 3월 8일자 3면.
- “유네스코會館에劇場 許可取消를 요구”, 동아일보 1968년 3월 8일자 4면.

- “73年까지韓一銀에 유네스코會館 管理權을넘겨”, 경향신문 1968년 5월 15일자 7면.
- “會館紛糾매듭”, 동아일보 1968년 6월 27일자 7면.
- “「유네스코」회관에 百貨店”, 매일경제 1969년 10월 27일자 4면.
- “유네스코회관內 명동백화점 12월 15일 개점”, 매일경제 1969년 11월 24일자 4면.
- “명동百貨店 개장”, 매일경제 1969년 12월 15일자 2면.
- “서울 새風俗圖 (215) 明洞 [15] 많기도한 韓國제일”, 경향신문 1971년 8월 12일 6면.
- “서울市內 10層이상빌딩”, 경향신문 1972년 1월 6일자 6면.

3. 유네스코회관 건축 분석 자료

- 편집부, “다시보는 건축”, 건축가 9210: 54-59.
- 김봉렬, 1993, “60년대 모더니즘의 현대적 의미”, 공간 306: 23-27.
- 원정수, 1997, “한국의 건축가 10-배기형(1)”, 건축사 9710: 101-105.
- 원정수, 1997, “한국의 건축가 10-배기형(2)”, 건축사 9711: 42-46.
- 원정수, 1997, “한국의 건축가 10-배기형(3)”, 건축사 9712: 44-48.
- 원정수, 1998, “한국의 건축가 10-배기형(완)”, 건축사 9801: 92-97.
- 한국건축가협회 편, 2011, “건축가 배기형과 유네스코 회관”, 건축가 251: 18-20.
- 이현정, 2007, 1960년대 서울 도심건축물의 가치와 보존요소에 관한 연구, 성균관대학교 대학원 건축학과 박사학위논문: 42-65.
- 이현정·윤인석, 2007, “한국 근대건축의 보존과 활용-명동지역의 장소성을 중심으로”, 서울학연구 28: 67-100.
- 목천건축아카이브, 2017, 배기형과 구조사: 아카이브 목록. 1, 설계도서편.
- 임기택, 2020, “근대 구조기술 전파과정 중 건축가 배기형의 연계성 연구”, 대한건축학회연합논문집 22(2): 9-17.

유네스코회관 건축 이야기

발행일	2020년 12월 26일
기획	유네스코한국위원회
지은이	박경립, 강원대학교 건축학과 명예교수 한경구, 서울대학교 자유전공학부 교수 위행복, 한양대학교 국제문화대학 중국학과 교수 신미아, 유네스코한국위원회 개발협력본부장 이왕기, 이코모스한국위원회 위원장 길지혜, 이코모스한국위원회 상임간사
펴낸곳	유네스코한국위원회
펴낸이	김광호
주소	서울시 중구 명동길(유네스코길) 26
전화	02-6958-4100
전자우편	kocom@unesco.or.kr
홈페이지	www.unesco.or.kr
편집 및 교열	박경립, 신미아, 길지혜
디자인	박장호
인 쇄	금강기획인쇄

ISBN 979-11-90615-16-7
유네스코한국위원회 간행물등록번호 CL-2020-BK-I

이 책은 유네스코한국위원회가 대한민국교육부의 지원을 받아 제작하였습니다. 동 출판물에 기재된 구체적인 내용과 방향은 유네스코한국위원회의 입장과 반드시 일치하지 않을 수도 있습니다.

정 가 23,000원

판매처 ㈜**집문당 출판사** 03134 서울시 종로구 돈화문로 82, 5층
영업부 (02)743-3192~3, 팩스 (02)742-4657
E-mail sale@jipmoon.com / 홈페이지 www.jipmoon.com